国产数控系统应用技术丛书

数控机床维护与维修教程

——华中数控

主　编　陈吉红　孙海亮
副主编　路东健　杨　威　石义淮　陈亭志

华中科技大学出版社
中国·武汉

内容简介

本书共分 7 个章节。第 1、2 章讲解数控机床的维护和维修基础、维修常用工具及其用法，第 3、4、5 章内容包括数控系统、进给系统、主轴驱动系统等典型功能部件的相关知识及其常见故障与维修方法，第 6 章对数控机床机械故障及维修等内容进行了阐述，第 7 章的主要内容是数控机床安装、调试、检测与验收。

本书可作为从事数控机床设计、使用、调试、维修等各类工程技术人员的培训和参考用书，也可作为高等工科院校和高等职业院校机械制造、机电一体化、数控技术及维修等专业的参考教材。

图书在版编目(CIP)数据

数控机床维护与维修教程：华中数控/陈吉红，孙海亮主编. —武汉：华中科技大学出版社，2017.6(2025.3 重印)

(国产数控系统应用技术丛书)

ISBN 978-7-5680-2582-9

Ⅰ.①数…　Ⅱ.①陈…　②孙…　Ⅲ.①数控机床-维修-高等学校-教材　Ⅳ.①TG659

中国版本图书馆 CIP 数据核字(2017)第 034035 号

数控机床维护与维修教程——华中数控　　陈吉红　孙海亮　主编

Shukong Jichuang Weihu yu Weixiu Jiaocheng——Huazhong Shukong

策划编辑：万亚军
责任编辑：罗　雪
封面设计：原色设计
责任校对：李　琴
责任监印：周治超
出版发行：华中科技大学出版社(中国·武汉)　　电话：(027)81321913
武汉市东湖新技术开发区华工科技园　　邮编：430223
录　　排：武汉三月禾文化传播有限公司
印　　刷：广东虎彩云印刷有限公司
开　　本：710mm×1000mm　1/16
印　　张：15
字　　数：318 千字
版　　次：2025 年 3 月第 1 版第 12 次印刷
定　　价：49.80 元

前　　言

数控机床是现代机械制造工业的重要技术装备，也是先进制造技术的基础装备。随着数控技术的快速发展，普通机械设备日益被高效率、高精度的数控机械设备代替，几乎所有传统机床都有相应的数控机床可替代。随着科学技术的迅速发展，数控机床以其高效、高精度及高柔性的特点，在各行各业获得了越来越广泛的应用。在许多场合，我国数控机床的数量、品种急剧增加，应用范围迅速扩大，数控技术全面普及。在这种背景下，企业急需大量掌握数控系统与产品应用相关技术的人员。

数控机床已成为企业保证产品质量、提高生产效率和管理水平的关键设备之一。尽管数控系统的性能和品质已有了极大的提高，能够保证数控机床的稳定性和可靠性，但是，数控机床是“机”“电”“液”“气”高度一体化的复杂机电设备，在使用中难免出现故障。通过科学的方法和行之有效的措施，迅速判别故障发生的原因，随时解决出现的问题，既是保证数控机床安全、可靠运行，提高设备使用率的关键所在，也是当前数控机床的操作与维修人员必备的技能之一。本书正是为满足读者这一需要而编写的。

本书以武汉华中数控股份有限公司的主流产品为阐述对象，讲解了数控机床的维护和维修基础、维修常用工具及其用法，深入浅出地阐明了数控机床故障诊断的理论根据，从数控系统、进给系统、主轴驱动系统等典型功能部件出发，全面、系统地叙述了数控机床故障诊断与维修的基本方法和步骤。本书内容还包含数控机床机械故障及维修，数控机床安装、调试、检测与验收等。本书注重内容的先进性、实用性与技术的综合性，旨在提高数控机床维修工作的快速性与针对性，克服盲目性与片面性，以期达到多、快、好、省的维修效果。本书既可以供企业从事数控机床设计、调试、使用与维修的各类工程技术人员学习，又可以作为高等工科院校和高等职业院校机械制造、机电一体化、数控技术及维修等专业的参考教材。

本书由华中数控股份有限公司陈吉红、孙海亮担任主编，由辽宁建筑职业学院路东健、华中数控股份有限公司杨威、石义淮、陈亭志担任副主编。

限于编者的水平，加上数控技术的快速发展，许多问题还有待探讨，书中不妥之处在所难免，恳请读者不吝赐教，提出宝贵的意见。

本书涉及的相关产品，由于改进、升级的需要，部分参数难免发生变化，导致实际产品相关参数与本书的内容不完全一致，但书中阐述的技术内容参考价值不变，还请读者明鉴。

编　者

2017 年 2 月

目　　录

第1章　数控机床的维护和维修基础

1.1　数控基本概念

数控技术，简称数控(numerical control，NC)，是利用数字化信息对机械运动及加工过程进行控制的一种技术。由于现代数控都采用了计算机进行控制，因此，也可以称其为计算机数控(computerized numerical control，CNC)。

要对机械运动及加工过程进行数字化信息控制，就必须具备相应的硬件和软件。用来实现数字化信息控制的硬件和软件的整体称为数控系统(numerical control system)，数控系统的核心是数控装置(numerical controller)。

采用数控技术进行控制的机床，称为数控机床(NC 机床)。它是一种综合应用了计算机技术、自动控制技术、精密测量技术和机床设计等先进技术的典型机电一体化产品，是现代制造技术的基础。数控机床是数控技术应用最早、最广泛的领域，因此，数控机床的水平代表了当前数控技术的性能、水平和发展方向。

数控机床种类繁多，有钻铣镗床类、车削类、磨削类、电加工类、锻压类、激光加工类和其他特殊用途的专用数控机床等。凡是采用了数控技术进行控制的机床统称为数控机床。

带有自动换刀装置(automatic tool changer，ATC)的数控机床(带有回转刀架的数控车床除外)称为加工中心(machine center，MC)。它通过刀具的自动交换，使工件可以经一次装夹便完成多工序的加工，实现了工序的集中和工艺的复合，从而缩短了辅助加工时间，提高了机床的效率，减少了工件安装、定位次数，提高了加工精度。加工中心是目前产量最大、应用最广的数控机床。

在加工中心的基础上，通过增加多工作台(托盘)自动交换装置(auto pallet changer，APC)及其他相关设备，形成的加工单元称为柔性加工单元(flexible manufacturing cell，FMC)。它不仅实现了工序的集中和工艺的复合，而且通过工作台(托盘)的自动交换和较完善的自动监测、监控功能，可以进行一定时间的无人化加工，从而进一步提高了设备的加工效率。它既是柔性制造系统(flexible manufacturing system，FMS)的基础，又可以作为独立的自动化加工设备使用，因此其发展速度较快。

在柔性加工单元和加工中心的基础上，增加物流系统、工业机器人及其他相关设备,并由中央控制系统进行集中统一控制和管理,就形成了柔性制造系统(flexible manufacturing system,FMS)。它不仅可以进行长时间的无人化加工,而且可以实现多品种零件的全部加工和部件装配,实现了车间制造过程的自动化,是一种高度自动化的先进制造系统。

随着科技发展,为了适应市场需求多变的形势,对现代制造业来说,不仅需要发展车间制造过程的自动化,而且要实现从市场预测、生产决策、产品设计、产品制造直到产品销售的全面自动化。综合了这些要求的完整的生产制造系统,称为计算机集成制造系统(computer integrated manufacturing system,CIMS)。它将一个周期更长的生产、经营活动进行了有机的集成,实现了更高效益、更高柔性的智能化生产,是当今自动化制造技术发展的最高阶段。它不仅实现了生产设备的集成,更主要的是实现了以信息为特征的技术集成和功能集成。计算机是集成的工具,计算机辅助的自动化单元技术是集成的基础,信息和数据的交换及共享是集成的桥梁,最终形成的产品可以看成是信息和数据的物质体现。

1.2 NC、SV 与 PLC 的概念

NC(CNC)、SV 与 PLC(PC、PMC)是数控设备中最为常用的英文缩写,实际使用时,在不同的场合具有不同的含义。

(1) NC(CNC)。由于现代数控都采用了计算机控制,因此,可以认为 NC 和 CNC 的含义完全等同。在工程应用上,根据使用场合的不同,NC(CNC)通常有三种不同的含义:在广义上代表一种控制技术——数控技术;在狭义上代表一种控制系统的实体——数控系统;此外,还可以代表一种具体的控制装置——数控装置。

(2) SV。SV 是伺服驱动(servo drive,简称伺服)的常用英文缩写。按日本工业标准 JIS 规定的术语,它是“以物体的位置、方向、状态作为控制量,追踪目标值的任意变化的控制机构”。简言之,它是一种能够自动跟随目标位置等物理量的控制装置。

在数控机床上,伺服驱动装置的作用主要有两个:一是使坐标轴按照数控装置给定的速度运行;二是使坐标轴按照数控装置给定的位置定位。

伺服驱动装置的控制对象通常是机床坐标轴的位移和速度,执行机构是伺服电动机或步进电动机。对输入指令信号进行控制和功率放大的部分常称为伺服放大器(亦称为驱动器、放大器、伺服单元等),它是伺服驱动装置的核心。

伺服驱动装置不仅可以和数控装置配套使用,而且可以单独作为一个位置(速度)随同系统使用,故也常称为伺服系统。在早期的数控系统上,位置控制部分一般与 CNC 制成一体,伺服驱动装置只进行速度控制,因此,伺服驱动装置又常称为速度控制单元。

(3) PLC(PC、PMC)。PC 是可编程控制器(programmable controller)的英文缩写。随着个人计算机的日益普及,为了避免和个人计算机(亦称 PC)混淆,现在一般都将可编程控制器称为可编程逻辑控制器(programmable logic controller,PLC)或可编程机床控制器(programmable machine controller,PMC)。因此,在数控机床上,PC、PLC、PMC 具有完全相同的含义。

PLC 具有响应快、性能可靠、使用方便、编程和调试容易等特点,并可直接驱动部分机床电器,被广泛用作数控设备的辅助控制装置。目前,大多数数控系统都带有内部 PLC,用于处理数控机床的辅助指令,从而大大简化了机床的辅助控制装置。此外,在很多场合,还可以直接利用 PLC,通过其轴控制模块、定位模块等特殊功能模块,实现点位控制、直线控制以及简单的轮廓控制,组成数控专用机床或数控生产线。

1.3　数控机床的组成与加工原理

1.3.1　数控机床的基本组成

数控机床是最典型的数控设备。为了了解数控机床的基本组成,首先需要分析数控机床加工零件的工作过程。数控机床通过如下步骤进行零件加工。

(1) 据被加工零件的图样与工艺方案,用规定的代码和程序格式,将刀具的移动轨迹、加工工艺过程、工艺参数、切削用量等编写成数控系统能够识别的指令形式,即编写加工程序。

(2) 将所编写的加工程序输入数控装置。

(3) 数控装置对输入的程序(代码)进行译码、运算处理,并向各坐标轴的伺服驱动装置和辅助控制装置发出相应的控制信号,以控制机床各部件的运动。

(4) 在运动过程中,数控系统需要随时检测机床的坐标轴位置、行程开关的状态等,并与程序的要求相比较,以决定下一步动作,直到加工出合格的零件为止。

(5) 操作者可以随时对机床的加工情况、工作状态进行观察、检查,必要时还需要对机床动作和加工程序进行调整,以保证机床安全、可靠地运行。

由此可知,数控机床的基本组成应包括输入/输出装置、数控装置、伺服驱动装置、测量反馈装置、辅助控制装置和机床本体等部分,如图 1-1 所示。

图 1-1 中的虚线框部分统称为数控系统,实现对机床主机的加工控制。目前数控系统大部分采用计算机数控系统(CNC),图中的输入/输出装置、计算机数控装置、伺服驱动装置和测量反馈装置构成机床的数控系统。

(1) 输入/输出装置。

输入/输出装置的作用是将数控加工程序或运动控制程序、加工与控制数据、机

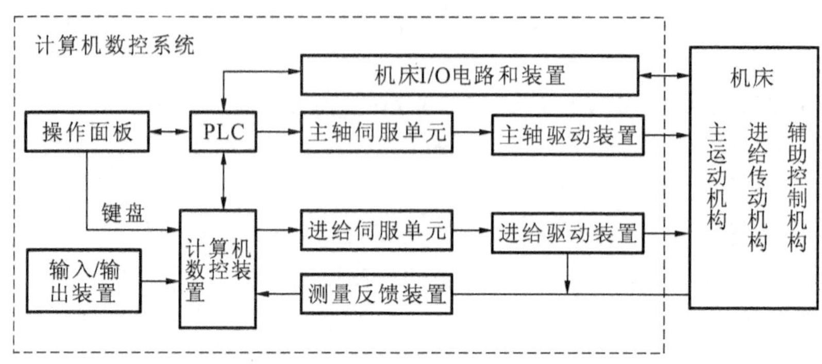

图 1-1　数控机床的基本组成

床参数以及坐标轴位置数据、检测开关的状态等数据进行输入/输出。键盘和显示器是任何数控设备都必备的最基本的输入/输出装置。此外，根据数控系统的不同，还可以配备光电阅读机、磁带机或软盘驱动器等。作为外围设备，计算机是目前常用的输入/输出装置之一。

(2) 数控装置。

数控装置是数控系统的核心。它由输入/输出接口线路、控制器、运算器和存储器等部分组成。数控装置的作用是将输入装置输入的数据，通过内部的逻辑电路或控制软件进行编译、运算和处理，并输出各种信息和指令，以控制机床的各部分进行规定的动作。

在这些控制信息和指令中，最基本的是坐标轴的进给速度、进给方向和进给位移量指令。它们经插补运算后生成，提供给伺服驱动装置，经驱动器放大，最终控制坐标轴的位移。它们直接决定了刀具或坐标轴的移动轨迹。

此外，根据系统和设备的不同，控制信息和指令也不同。如在数控机床上，还可能有主轴转速、转向和启、停指令，刀具的选择和交换指令，冷却、润滑装置的启、停指令，工件的松开、夹紧指令，工作台的分度等辅助指令。在数控系统中，它们通过接口，以信号的形式提供给外部辅助控制装置，由辅助控制装置对以上信号进行必要的编译和逻辑运算，放大后驱动相应的执行器件，带动机床机械部件、液压气动等辅助装置完成指令规定的动作。

(3) 伺服驱动装置。

伺服驱动装置通常由伺服放大器(亦称驱动器、伺服单元)和执行机构等部分组成。在数控机床上，目前一般采用交流伺服电动机作为执行机构；在先进的高速加工机床上，已经开始使用直线电动机。另外，20 世纪 80 年代以前生产的数控机床，也有采用直流伺服电动机的；对于简易数控机床，步进电动机也可以作为执行机构。伺服放大器的形式取决于执行机构，它必须与驱动电动机配套使用。

以上是数控系统最基本的组成部分。随着数控技术的发展和机床性能水平的提高，用户对系统的功能要求也日益增强。为了满足不同机床的控制要求，保证数控系统的完整性和统一性，并方便用户使用，常用的较为先进的数控系统一般都带有内部可编程控制器，作为机床的辅助控制装置。此外，在金属切削机床上，主轴驱动装置也可以成为数控系统的一个部分；在闭环数控机床上，测量、检测装置也是数控系统必不可少的部分。先进的数控系统有时甚至采用计算机作为系统的人机界面和数据的管理、输入/输出设备，从而使其功能更强、性能更完善。

(4) 测量反馈装置。

测量反馈装置是闭环(半闭环)数控机床的检测设备，其作用是通过现代化的测量元件，如脉冲编码器、旋转变压器、感应同步器、光栅、磁尺和激光测量仪等，将执行元件(如刀架等)或工作台等的实际位移的速度和位移量检测出来，反馈回伺服驱动装置或数控装置，并补偿进给的速度或执行机构的运动误差，以达到提高运动机构精度的目的。检测装置的安装、检测信号反馈的位置，取决于数控系统的结构形式。伺服内装式脉冲编码器、测速机及直线光栅等都是较常用的检测部件。

由于先进的伺服驱动装置采用了数字式伺服驱动技术(称为数字伺服)，伺服驱动装置和数控装置间一般都采用总线进行连接。反馈信号在大多数场合都是与伺服驱动装置进行连接，并通过总线传送到数控装置的。只有在少数场合或采用模拟量控制的伺服驱动装置(俗称模拟伺服)时，反馈装置才需要直接和数控装置进行连接。

(5) 辅助控制机构、进给传动机构。

辅助控制机构、进给传动机构是介于数控装置和机床机械、液压部件之间的控制部件。其主要作用是将接收到的数控装置输出的主轴转速、转向和启/停指令，刀具的选择和交换指令，冷却、润滑装置的启/停指令，工件和机床部件的松开、夹紧指令，工作台转位等辅助指令信号，以及机床上检测开关的状态等信号，进行必要的编译、逻辑判断、功率放大后直接驱动相应的执行元件，带动机床机械部件、液压气动等辅助装置完成指令规定的动作。它通常由 PLC 和强电控制回路构成，PLC 在结构上可以与数控系统一体化(内置式 PLC)，也可以相对独立(外置式 PLC)。

(6) 机床本体。

机床本体是数控机床的机械结构件，它是由主传动系统、进给传动系统、床身、工作台，以及辅助运动装置、液压气动系统、润滑系统、冷却装置、排屑装置、防护系统等部分组成的。但为了满足数控的要求，充分发挥机床性能，它在总体布局、外观造型、传动系统结构、刀具系统以及操作性能方面都已发生了很大的变化。机床机械部件包括床身、箱体、立柱、导轨、工作台、主轴、进给机构、刀具交换机构等。

1.3.2　数控加工的原理

在传统的金属切削机床上加工零件时，操作者需要根据图样的要求，通过不断改变刀具的运动轨迹和运动速度等参数，使刀具对工件进行切削加工，才能最终加工出合格零件。

数控机床的加工，其实质是应用了“微分”原理。其工作原理与过程如图 1-2 所示，可以简述如下。

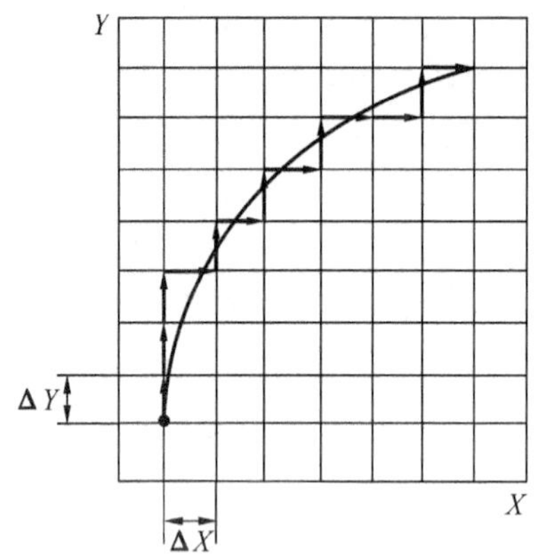

图 1-2　数控机床加工原理示意图

(1) 数控装置根据加工程序要求的刀具轨迹，将轨迹按机床对应的坐标轴，以最小移动量(脉冲当量)进行微分，并计算出各坐标轴需要移动的脉冲数。

(2) 通过数控装置的插补软件或插补运算器，把要求的轨迹用以最小移动量为单位的等效折线进行拟合，并找出最接近理论轨迹的拟合折线。

(3) 数控装置根据拟合折线的轨迹，给相应的坐标轴连续不断地分配进给脉冲，并通过伺服驱动装置驱动机床坐标轴按分配的脉冲运动。

由上可见：第一，只要数控机床的最小移动量(脉冲当量)足够小，所用的拟合折线就可以等效代替理论曲线；第二，只要改变坐标轴的脉冲分配方式，即可以改变拟合折线的形状，从而达到改变加工轨迹的目的；第三，只要改变分配脉冲的频率，即可改变坐标轴(刀具)的运动速度。这样数控机床就实现了控制刀具移动轨迹的根本目的。

以上根据给定的数学函数，在理想轨迹(轮廓)的已知点之间，通过数据点的密化，确定一些中间点的方法，称为插补法。能同时参与插补的坐标轴数，称为联动轴数。显然，数控机床的联动轴数越多，机床加工轮廓的性能就越强。因此，联动轴的数量是衡量数控机床性能的重要技术指标。

1.4　数控机床维修的基本要求

数控机床是一种综合应用了计算机技术、自动控制技术、精密测量技术和机床设计等先进技术的典型机电一体化产品，其控制系统复杂、价格昂贵，因此它对维修人员的素质、维修资料的准备、维修仪器的使用等方面提出了比普通机床更高的要求。

1.4.1　维修人员的素质要求

维修工作开展的好坏(效率高低和效果好坏)首先取决于维修人员的素质高低。为了迅速、准确地判断故障原因，并进行及时、有效的处理，恢复机床的动作、功能和精度，维修人员应具备以下基本素质。

(1) 工作态度要端正。

维修人员应有高度的责任心和良好的职业道德。

(2) 具有较广的知识面。

由于数控机床是集机械、电气、液压、气动等为一体的加工设备，组成机床的各部分之间具有密切的联系，因此其中任何一部分发生故障都有可能影响其他部分的正常工作。而根据故障现象，对故障的真正原因和故障部位尽快进行判断，是机床维修的第一步，这是维修人员必须具备的素质。同时，如何快速地判断也对维修人员素质提出了很高的要求，主要有如下方面。

① 掌握或了解计算机原理、电子技术、电工原理、自动控制与电机拖动、检测技术、机械传动及机械加工工艺方面的基础知识。

② 既要懂“电”，又要懂“机”。“电”包括强电和弱电；“机”包括机械部分、液压系统和气动系统。

③ 维修人员还必须经过数控技术方面的专门学习和培训，掌握数字控制、伺服驱动及 PLC 的工作原理，懂得数控系统和 PLC 编程。

④ 维修时为了对某些电路与零件进行现场测试，维修人员还应当具备一定的工程识图能力。

(3) 具有一定的专业外语基础。

一个高素质的维修人员，需要能对国内、国外多种数控机床进行维修。但国外数控系统的配套说明书、资料往往使用原文，数控系统的报警文本显示亦以外文居多。为了能根据说明书所提供的信息与系统的报警提示迅速确认故障原因，加快维修进程，维修人员应具备专业外语的阅读能力，以便分析、处理问题。

(4) 勤于学习，善于思考。

维修人员不仅要注重分析问题与积累经验，还应当勤于学习，善于思考。国外、国内数控系统种类繁多，而且每种数控系统的说明书内容通常也很多，包括操作、编程、连接、安装调试、维护维修、PLC 编程等多种内容说明。资料内容多，不勤于学习，不善于学习，很难对各种知识融会贯通。每台数控机床内部各部分之间的联系紧密，故障涉及面很广，而且有些现象不一定反映故障产生的原因，维修人员一定要透过故障的表象，通过分析故障产生的过程，针对各种可能产生故障的原因，仔细思考分析，迅速找出发生故障的根本原因并予以排除，应做到“多动脑，慎动手”，切忌草率下结论、盲目更换元器件。

(5) 有较强的动手能力和实验技能。

数控系统的维修离不开实际操作。首先，维修人员要能熟练操作机床，而且要能进入一般操作者无法进入的特殊操作模式，如各种机床及有些硬件设备自身参数的设定与调整，利用 PLC 监控等。此外，为了判断故障原因，维修过程可能还需要编制相应的加工程序，对机床进行必要的运行试验与工件的试切削。其次，维修人员还应该能熟练使用维修所必需的工具、仪器和仪表。

(6) 养成良好的工作习惯。

维修人员需要胆大心细，必须要有明确的目的、完整的思路、细致的操作，应做到如下几点。

① 动手前应仔细思考、观察，找准切入点。

② 动手过程中要做好记录，尤其是对电器元件的安装位置、导线号、机床参数、调整值等都必须做出明显的标记，以便恢复。

③ 维修完成后，应做好“收尾”工作，如将机床、系统的罩壳、紧固件安装到位，将电线、电缆整理整齐等。

在系统维修时应特别注意：数控系统的某些印制电路板和模块是需要电池保持参数的，切勿随意插拔；更不可以在不了解元器件作用的情况下随意调换数控装置、伺服、驱动等部件中的器件、设定端子，任意调整电位器位置，任意改变设置参数，随意更换数控系统软件版本，以免产生更严重的后果。

1.4.2　必要的技术资料

维修的效果和寻找故障的准确性取决于维修人员对系统的熟悉程度和运用技术资料的熟练程度，所以维修人员在平时应认真整理和阅读有关数控系统的重要技术资料。重大的数控机床故障维修应具备以下技术资料。

(1) 数控机床使用说明书。

它是由机床生产厂家编制并随机床提供的资料，通常包括以下与维修有关的内容。

① 机床的操作方法与步骤。

② 机床电气控制原理图。

③ 机床主要传动系统及主要部件的结构原理示意图。

④ 机床安装和调整的方法与步骤。

⑤ 机床的液压、气动、润滑系统图。

⑥ 机床使用的特殊功能及其说明等。

(2) 数控系统方面的资料。

它是数控装置安装、使用(包括编程)、操作和维修方面的技术说明书，其中包括以下与维修有关的内容。

① 数控装置操作面板布置及其操作方法。

② 数控装置内部各印制电路板的技术要点及其外部连接图。

③ 系统参数的含义及其设定方法。

④ 数控装置的自诊断功能和报警清单。

⑤ 数控装置接口的分配及其含义等。

通过上述资料，维修人员可掌握数控系统原理框图、结构布置、各印制电路板的作用、板上发光管指示的含义；可通过面板对系统进行各种操作，进行自诊断检测，检查和修改参数，并能备份；能熟练地通过报警信息确定故障范围，对系统提供的维修检测点进行测试；能充分利用随机的系统诊断功能。

(3) PLC 的资料。

它是根据机床的具体控制要求而设计、编制的机床辅助动作控制软件。PLC 程序包含了机床动作的执行过程，以及执行动作所需的条件，它表明了指令信号、检测元件与执行元件之间的全部逻辑关系。

另外，一些高档的数控系统（如国内的华中数控的华中 8 型系列、国外的 FUNAC 系统、SIEMENS 系统），通过其显示器可以直接对 PLC 程序的中间寄存器状态点进行动态监测和观察，为维修提供了极大的便利。因此，在维修中一定要熟练掌握这方面的操作和使用技能。如果完整的话，PLC 的资料一般包括如下内容。

① PLC 装置及其编程器的连接、编程、操作方面的技术说明书。

② PLC 用户程序清单或梯形图。

③ I/O 地址及其含义清单。

④ 报警文本及 PLC 的外部连接图。

(4) 伺服单元的资料。

它是进给伺服驱动系统和主轴伺服单元的原理、连接、调整和维修方面的技术说明书，其中包括如下内容。

① 电气原理框图和接线图。

② 所有报警显示信息以及重要的调整点和测试点。

③ 各伺服单元参数的含义和设置。

维修人员应掌握伺服单元的原理，熟悉其连接；能从单元板上故障指示发光管的状态和显示屏上显示的报警号确定故障范围；测试关键点的波形和状态，并做出比较；检查和调整伺服参数，对伺服系统进行优化。

(5) 机床主要配套功能部分的说明书与资料。

数控机床往往会有较多的功能部件，如数控转台、自动换刀装置、润滑与冷却系统、排屑器等。这些功能部件的生产厂家一般都提供较完整的使用说明书，机床生产厂家应将其提供给用户，以便在功能部件发生故障时作为维修的参考。

(6) 维修记录。

这是维修人员对机床维修过程的记录与维修的总结。最理想的情况是：维修人员对自己所进行的每一步维修情况进行详细的记录，不管当时的判断是否正确。这样不仅有助于今后进一步维修，而且有助于维修人员总结经验、提高水平。

(7) 其他。

它是有关元器件方面的技术资料，如数控设备所用的元器件清单，备件清单以及各种通用的元器件手册。维修人员应熟悉各种常用的元器件和一些专用元器件的生产厂家及订货编号，一旦需要，能够较快地查阅有关元器件的功能、参数及使用型号。

以上都是在理想情况下应具备的技术资料，但是，实际维修时往往难以做到这一点。

因此，在必要时，维修人员应通过现场测绘、平时积累等方法完善、整理有关技术资料。

1.5　数控机床常见故障分类

数控机床是一种技术复杂的机电一体化设备，其故障发生的原因一般都比较复杂，这给故障诊断和排除带来不少困难。为了便于分析和处理故障，本节按故障发生的部位、故障性质及故障原因等对常见故障作如下分类。

1.5.1　按数控机床发生故障的部件分类

1. 主机故障

数控机床的主机部分主要包括机械、润滑、冷却、排屑、液压、气动与防护装置等。机械安装、调试及操作使用不当等原因引起的机械传动故障与导轨副摩擦过大故障通常表现为传动噪声大，加工精度差，运行阻力大。传动链的挠性联轴器松动，齿轮、丝杠与轴承缺油，导轨塞铁调整不当，导轨润滑不良，以及系统参数设置不当等原因均可造成以上故障。尤其应引起重视的是，机床各部位标明的注油点（注油孔）须定时、定量加注润滑油（脂），这是机床各传动链正常运行的保证。另外，液压、润滑与气动系统的故障主要是管路阻塞或密封不良，引起泄漏，造成系统无法正常工作。

2. 电气故障

电气故障分为弱电故障与强电故障。弱电部分主要指 CNC 装置、PLC 控制器、CRT 显示器及伺服单元、输入/输出装置等电子电路，这部分又有硬件故障与软件故障之分。硬件故障主要是指上述各装置的印制电路板上的集成电路芯片、分立元件、接插件及外部连接组件等发生的故障。常见的软件故障有加工程序出错、系统程序和参数改变或丢失、计算机运算出错等。强电故障是指继电器、接触器、开关、熔断器、电源变压器、电磁铁、行程开关等电气元器件及其所组成的电路故障。这部分的故障十分常见，必须引起足够的重视。

1.5.2　按数控机床发生故障的性质分类

1. 系统性故障

系统性故障通常是指只要满足一定的条件或超过某一设定的限度，工作中的数控机床必然会发生的故障。这一类故障现象极为常见。例如：液压系统的压力值随着液压回路过滤器的阻塞而降到某一设定参数时，必然会发生液压系统故障报警，使系统断电停机的故障；润滑、冷却或液压等系统由于管路泄漏引起游标下降到使用限值，必然会发生液位报警使机床停机的故障；机床加工中因切削用量达到某一限值时必然会发生过载或超温报警，导致系统迅速停机的故障。因此，正确操作与精心维护数控机床是杜绝或避免这类系统性故障发生的切实保障。

2. 随机性故障

随机性故障通常是指数控机床在同样的条件下工作时只偶然发生一次或两次的故障。有的文献称此为"软故障"。由于此类故障在各种条件相同的状态下只偶然发生一两次，因此，随机性故障的原因分析与故障诊断较其他故障困难得多。一般而言，这类故障的发生往往与安装质量、组件排列、参数设定、元器件品质、操作失误与维护不当，以及工作环境影响等诸多因素有关。例如：接插件与连接组件因疏忽未加锁定，印制电路板上的元器件松动变形或焊点虚脱，继电器触点、各类开关触头因污染锈蚀，以及直流电刷接触不良等所造成的接触不可靠等。另外，工作环境温度过高或过低、湿度过大、电源波动与机械振动、有害粉尘与气体污染等原因均可引发此类偶然性故障。因此，加强数控系统的维护检查，确保电气柜门的密封，严防工业粉尘及有害气体的侵袭等，均可避免此类故障的发生。

1.5.3 按数控机床发生故障时有无报警显示分类

1. 有报警显示的故障

这类故障又可分为硬件报警显示与软件报警显示两种。

(1) 硬件报警显示的故障。

硬件报警显示通常是指各单元装置上的警示灯(一般由 LED 发光管或小型指示灯等组成)的指示。在数控系统中有许多用于指示故障部位的警示灯，如控制操作面板、位置控制印制电路板、伺服控制单元、主轴单元、电源单元等部位，以及光电阅读机、穿孔机等外设装置上常设有这类警示灯。数控系统的这些警示灯指示故障状态后，借助相应部位上的警示灯均可大致分析判断出故障发生的部位与性质，这无疑给故障分析诊断带来了极大方便。因此，维修人员在日常维护和排除故障时应认真检查这些警示灯的状态是否正常。

(2) 软件报警显示的故障。

软件报警显示通常是指 CRT 显示屏上显示出来的报警号和报警信息。数控系统具有自诊断功能，一旦检测到故障，即按故障的级别进行处理，同时在 CRT 显示屏上以报警号形式显示该故障信息。这类报警显示常见的有存储器警示、过热警示、伺服系统警示、轴超程警示、程序出错警示、主轴警示、过载警示以及短路警示等。通常软件报警类型少则几十种，多则上千种，这无疑为故障判断和排除提供了极大的帮助。

上述软件报警有来自数控系统的报警和来自 PLC 的报警。前者为数控部分的故障报警，可通过所显示的报警号，对照维修手册中有关数控系统故障报警及说明，来确定可能产生该故障的原因；后者多由 PLC 的报警信息文本所提供，大多数属于机床侧的故障报警，可通过所显示的报警号，对照维修手册中有关 PLC 故障报警信息、PLC 接口说明以及 PLC 程序等内容，检查 PLC 有关接口和内部继电器状态，确定该故障所产生的原因。通常，PLC 报警发生的可能性要比数控系统报警大得多。

2. 无报警显示的故障

这类故障发生时无任何硬件或软件的报警显示,因此分析诊断难度较大。例如:机床通电后,在手动方式或自动方式运行 X 轴时出现爬行现象,无任何报警显示;机床在自动方式运行时突然停止,而 CRT 显示屏上无任何报警显示;在运行机床某轴时发生异常声响,一般也无报警显示等。一些早期的数控系统由于自诊断功能不强,尚未采用 PLC 控制器,无 PLC 报警信息文本,所以出现无报警显示的故障情况会更多一些。

对于无报警显示的故障,通常要具体情况具体分析,要根据故障发生的前后变化状态进行分析判断。例如:上述 X 轴在运行时出现爬行现象,可首先判断是数控部分故障还是伺服部分故障。具体做法是:采用手摇脉冲进给方式,均匀地旋转手摇脉冲发生器,同时分别观察比较 CRT 显示屏上 Y 轴、Z 轴与 X 轴进给数字的变化速率。通常,如数控部分正常,三个轴的上述变化速率应基本相同,从而可确定爬行故障是 X 轴的伺服部分还是机械传动所造成的。有关伺服系统的进一步检查可参阅后续介绍的"交换法"和"隔离法"。

1.5.4 按数控机床发生故障的原因分类

1. 数控机床自身故障

这类故障是由数控机床自身的原因引起的,与外部使用环境条件无关。数控机床所发生的绝大多数故障均属此类故障。

2. 数控机床外部故障

这类故障是由外部原因造成的。例如:数控机床的供电电压过低,波动过大,相序不对或三相电压不平衡;周围的环境温度过高,有害气体、潮气、粉尘侵入;外来振动和干扰,如电焊机所产生的电火花干扰等均有可能使数控机床发生故障。还有人为因素所造成的故障,如操作不当,手动进给过快造成超程报警,自动切削进给过快造成过载报警。又如操作人员不按时按量给机床机械传动系统加注润滑油,易造成传动噪声或导轨摩擦因数过大,而使工作台进给超载。据有关资料统计,首次使用数控机床或由不熟练的工人来操作,在使用第一年内,由于操作不当所造成的外部故障要占故障总数的三分之一以上。

除上述常见故障分类外,还可按故障发生时有无破坏性来分,可分为破坏性故障和非破坏性故障;按故障发生的部位分,可分为数控装置故障,进给伺服系统故障,主轴系统故障,刀架、刀库、工作台故障等。

1.6 数控机床故障的排除思路和原则

1.6.1 数控机床故障的排除思路

数控系统型号颇多,所产生的故障原因往往比较复杂,这里介绍故障处理的一种思路，大致如下。

1. 确认故障现象，调查故障现场，充分掌握故障信息

当数控机床发生故障时，维修人员进行故障的确认是很有必要的，特别是在操作使用人员不熟悉机床的情况下，尤其重要。不该也不能让非专业人士随意开动机床，特别是出现故障后的机床，以免故障进一步扩大。

数控系统出现故障后，专业维修人员也不要急于动手，盲目处理。首先要查看故障记录，向操作人员询问故障出现的全过程。其次，在确认通电对系统无危险的情况下，再通电亲自观察，特别要注意确定一下主要故障信息，包括系统有何异常、CRT显示的报警内容是什么等，具体如下。

(1) 故障发生时报警号和报警提示是什么，有哪些指示灯和发光管指示了什么报警。

(2) 如无报警，系统处于何种工作状态，系统的工作方式和诊断结果是什么。

(3) 故障发生在哪个程序段，执行何种指令，故障发生前进行了何种操作。

(4) 故障发生在何种速度下，机床轴处于什么位置，与指令值的误差量有多大。

(5) 以前是否发生过类似故障，现场有无异常现象，故障是否重复发生。

(6) 观察系统的外观、内部各部分是否有异常之处。

2. 根据所掌握的故障信息，明确故障的复杂程度并列出故障部位的全部疑点

在充分调查现场，掌握第一手材料的基础上，把故障问题正确地列出来。俗话说，能够把问题说清楚，就已经解决了问题的一半。

3. 分析故障原因，制定排除故障的方案

分析故障时，维修人员不应局限于数控系统部分，而是要对机床强电、机械、液压、气动等方面都做详细的检查，并进行综合判断，制定出排除故障的方案，达到快速确诊和高效排除故障的目的。

分析故障原因时应注意以下两个方面。

(1) 思路一定要开阔。无论是数控系统、强电部分，还是“机”“液”“气”等部分，都有可能引起故障，要将每一种可能解决的方法全部列出来，进行综合、判断和筛选。

(2) 在对故障进行深入分析的基础上，预测故障原因，并拟定检查的内容、方法和步骤，制订排除故障的方案。

4. 检测故障，逐级定位故障部位

根据预测的故障原因和预先确定的排除方案，用试验的方法验证，逐级定位故障部位，最终找出发生故障的真正部位。

5. 故障的排除

根据故障部位及准确的原因，采用合理的故障排除方法，高效、高质量地恢复故障现场，尽快让机床投入生产。

6. 解决故障后的资料的整理

排除故障后，应迅速恢复机床现场，并做好相关资料的整理，以便提高自己的业

务水平，便于机床的后续维护及维修。

1.6.2 故障的排除应遵循的原则

在检测故障的过程中，应充分利用数控系统的自诊断功能，如系统的开机诊断、运行诊断、PLC的监控功能等，根据需要随时检测有关部分的工作状态和接口信息。同时还应灵活应用数控系统故障检查的一些行之有效的方法，如交换法、隔离法等。在本书后面的章节中会介绍这些方法。

另外，在检测、排除故障的过程中还应遵循以下若干原则。

1. 先方案后操作（或先静后动）

维修人员碰到机床故障后，应先静下心来，考虑出解决方案再动手。维修人员本身要做到先静后动，先询问机床操作人员故障发生的过程及状态，阅读机床说明书、图样资料，然后方可动手查找和处理故障。如果一上来就盲目动手，徒劳的结果也许尚可容忍，但造成现场破坏导致误判或引入新的故障导致更严重的后果则后患无穷。

2. 先安检后通电

方案确定后，对有故障的机床仍要秉着"先静后动"的原则，先在机床断电的静止状态下，进行观察、分析，确认为非恶性循环性故障或非破坏性故障后，方可给机床通电。在运行工况下，进行动态的观察、检验和测试，查找故障。对于恶性的破坏性故障，必须先排除危险，方可通电，在运行工况下进行动态诊断。

3. 先软件后硬件

在发生故障的机床通电后，应先检查软件的工作是否仍正常。有些故障可能是软件的参数丢失或是操作人员的使用方式、操作方法不对造成的。切忌一上来就大拆大卸，以免造成更严重的后果。

4. 先外部后内部

数控机床是机械、液压、电气一体化的机床，故其故障必然要从机械、液压、电气这三者综合反映出来。在检修数控机床时，维修人员要掌握"先外部后内部"的原则。即在数控机床发生故障后，维修人员应先采用问、看、听、触、嗅等方法，由外向内逐一进行检查。比如在数控机床中，外部的行程开关、按钮开关、液压气动元件连接部位，印制电路板插座、边缘接插件与外部或相互之间的连接部位，电控柜插座或端子板这些机电设备之间的连接部位等，因其接触不良造成信号传递失真，这是造成数控机床故障的重要因素。此外，由于在工业环境中，温度、湿度变化较大，油污或粉尘对元件及印制电路板的污染，机械振动等，都将对信号传送通道的接插件部位产生严重影响。在检修中要重视这些因素，首先检查这些部位就可以迅速排除较多的故障。另外，尽量避免随意地启封、拆卸。不适当的大拆大卸，往往会扩大故障范围，使机床受到损伤，丧失精度，性能降低。

5. 先机械后电气

由于数控机床是一种自动化程度高、技术较复杂的先进机械加工设备，一般来讲，机械故障较易察觉，而数控系统故障的诊断则难度要大些。"先机械后电气"就是在数控机床的检修中，首先检查机械部分是否正常，行程开关是否灵活，气动液压部分是否正常等。从经验来看，很大部分数控机床的故障是由机械动作失灵引起的。所以，在故障检修之前，首先逐一排除机械部分的故障，往往可以达到事半功倍的效果。

6. 先公用后专用

公用性的问题往往影响全局，而专用性的问题一般只影响局部。如机床的几个进给轴都不能运动，这时应先检查和排除各轴公用的数控系统、PLC、电源、液压等部分的故障，然后再设法排除某轴的局部问题。又如电网或主电源故障是全局性的，因此一般应首先检查电源部分，看看熔断器是否正常，直流电压输出是否正常。总之，只有先解决影响大的主要矛盾，局部的、次要的矛盾才有可能迎刃而解。

7. 先简单后复杂

当出现多种故障相互交织掩盖，一时无从下手时，应先解决容易的问题，后解决难度较大的问题。常常在解决简单问题的过程中，难度大的问题也可能变得容易，或者在排除简易故障时受到启发，对复杂故障的认识更为清晰，从而也有了解决办法。

8. 先一般后特殊

在排除某一故障时，要先考虑最常见的可能原因，然后再分析很少发生的特殊原因。例如：数控车床 Z 轴回零不准常常是由降速挡块位置移动所造成的。一旦出现这一故障，应先检查该挡块位置，在排除这一常见的可能性之后，再检查脉冲编码器、位置控制等环节。

总之，在数控机床出现故障后，应视故障的难易程度，以及故障是否属于常见性故障，合理地采用不同的分析问题和解决问题的方法。

1.7　数控机床维修的基本步骤

1.7.1　故障记录

数控机床发生故障时，操作人员应首先关停机床，保护现场，然后对故障进行尽可能详细的记录，并及时通知维修人员。故障的记录可为维修人员排除故障提供第一手材料。记录内容应包括下述几个方面。

1. 故障发生时的情况记录

需要记录的具体内容如下。

(1) 发生故障时的机床型号，采用的控制系统型号，系统的软件版本号。

(2) 故障的现象，发生故障的部位，以及发生故障时机床与控制系统的现象，如是否有异常的声音、烟、味道等。

(3) 发生故障时系统所处的操作方式，如 AUTO/SINGLE(自动/单段方式)、MDI(手动数据输入方式)、STEP(步进方式)、HANDLE(手轮方式)、JOG(手动方式)、HOME(回零方式)等。

(4) 如故障在自动方式下发生，则应记录发生故障时的加工程序号，出现故障的程序段号，加工时采用的刀具号及刀具的位置等。

(5) 若故障发生在精度超差或轮廓误差过大时，应记录被加工工件号，并保留不合格工件。

(6) 在发生故障时，若系统有报警显示，则应记录报警显示情况与报警号。

(7) 通过诊断画面，记录机床故障时所处的工作状态，如系统是否在执行 M、S、T 等功能，系统是否进入暂停状态或是急停状态，系统坐标轴是否处于“互锁”状态，进给倍率是否为 0 等。

(8) 发生故障时，各坐标轴的位置跟随误差的值。

(9) 发生故障时，各坐标轴的移动速度、移动方向，主轴转速、转向，等等。

2. 故障发生的频繁程度的记录

需要记录的具体内容如下。

(1) 故障发生的时间与周期，如机床是否一直存在故障，若为随机故障，则一天发生几次，是否频繁发生。

(2) 故障发生时的环境情况，如是否总是在用电高峰期发生；故障发生时周围其他机械设备的工作情况如何。

(3) 若为加工零件时发生的故障，则应记录加工同类零件时发生故障的概率情况。

(4) 检查故障是否与“进给速度”“换刀方式”或“螺纹切削”等特殊动作有关。

3. 故障的规律性记录

需要记录的具体内容如下。

(1) 在不危及人身安全和设备安全的情况下，是否可以重现故障现象。

(2) 检查故障是否与机床的外界因素有关。

(3) 故障如果是在执行某固定程序段时出现，则可利用 MDI 方式单独执行该程序段，检查是否还存在同样故障。

(4) 若机床故障与机床动作有关，则在可能的情况下，应检查在手动情况下执行该动作，是否也有同样的故障。

(5) 机床是否发生过同样的故障，周围的数控机床是否也发生同一故障，等等。

4. 故障发生时的外界条件记录

需要记录的具体内容如下。

(1) 故障发生时，周围环境温度是否超过允许温度，是否有局部的高温存在。

(2) 故障发生时，周围是否有强烈的振动源存在。

(3) 故障发生时，系统是否受到阳光的直射。

(4) 故障发生时,电气柜内是否有切削液、润滑油、水进入。

(5) 故障发生时,输入电压是否超过了系统允许的波动范围。

(6) 故障发生时,车间内或线路上是否有使用大电流的装置正在启动或制动。

(7) 故障发生时,机床附近是否存在吊车、高频机械、焊接机或电加工机床等强电磁干扰源。

(8) 故障发生时,附近是否正在安装、修理或调试机床,是否正在修理、调试电气和数控装置。

1.7.2 维修前的检查

维修人员在维修故障前,应根据故障现象与故障记录,认真对照系统与机床使用说明书进行各项检查,以便确认故障的原因。这些检查包括以下方面。

1. 机床的工作状况检查

(1) 机床的调整状况如何,机床工作条件是否符合要求。

(2) 加工时所使用的刀具是否符合要求,切削参数选择是否合理、正确。

(3) 自动换刀时,坐标轴是否到达了换刀位置,程序中是否设置了刀具偏移量。

(4) 系统的刀具补偿量等参数设定是否正确。

(5) 系统坐标轴的间隙补偿量是否正确。

(6) 系统的设定参数(包括坐标旋转、比例缩放因子、镜像轴、编程尺寸单位选择等)是否正确。

(7) 系统的工作坐标系位置、"零点偏置值"的设置是否正确。

(8) 工件安装是否合理,测量手段、方法是否正确、合理。

(9) 机械零件是否存在因温度、加工而产生变形的现象,等等。

2. 机床运转情况检查

(1) 机床自动运转过程是否改变或调整过操作方式,是否插入了手动操作。

(2) 机床侧是否处于正常加工状态,工作台、夹具等装置是否处于正常工作位置。

(3) 机床操作面板上的按钮、开关位置是否正确,机床是否处于锁住状态,进给倍率是否设定为0。

(4) 机床各操作面板上、数控系统上的"急停"按钮是否处于急停状态。

(5) 电气柜内的熔断器是否熔断,自动开关、断路器是否跳闸。

(6) 机床操作面板上的方式选择开关位置是否正确,进给保持按钮是否被按下。

3. 机床与系统之间连接情况的检查

(1) 电缆是否有破损,电缆拐弯处是否有破裂、损伤现象。

(2) 电源线与信号线布置是否合理,电缆连接是否正确、可靠。

(3) 机床电源进线是否可靠接地,接地线的规格是否符合要求。

(4) 信号屏蔽线的接地是否正确,端子板上接线是否牢固、可靠,系统接地线是否连接可靠。

(5) 继电器、电磁铁等电磁部件是否装有噪声抑制器(灭弧器),等等。

4. 数控装置的外观检查

(1) 是否在电气柜门打开的状态下运行数控系统,有无切削液或切削粉末进入柜内,空气过滤器清洁状况是否良好。

(2) 电气柜内部的风扇、热交换器等部件的工作是否正常。

(3) 电气柜内部系统、驱动器的模块、印制电路板是否有灰尘、金属粉末等污染。

(4) 在使用纸带阅读机的场合,检查纸带阅读机是否有污物,阅读机上的制动电磁铁动作是否正常。

(5) 电源单元的熔断器是否熔断。

(6) 电缆连接器插头是否完全插入、拧紧。

(7) 系统模块、印制电路板的数量是否齐全,模块、印制电路板安装是否牢固、可靠。

(8) 机床操作面板 MDI/CRT 单元上的按钮有无破损,位置是否正确。

(9) 系统的总线设置和模块的设定端的位置是否正确。

总之,维修时应检查、记录的原始数据、状态越多,记录越详细,维修就越方便。用户最好根据本厂的实际情况,编制一份故障维修记录表,在系统出现故障时,操作者可以根据表的要求及时填写完善,供维修时参考。

1.7.3 数控系统故障自诊断

大型的数控、PLC 装置都配有故障诊断系统,可以由各种开关、传感器等把油位、温度、油压、电流、速度等状态信息,设置成数百个报警提示,诊断并指示出发生故障的部位。维修人员在维修时要首先利用自诊断提示进行故障处理。自诊断程序主要包括启动自诊断、在线诊断、离线诊断等。所谓诊断程序就是对数控机床各部分包括数控系统本身进行状态或故障监测的软件。当机床出现故障时,可利用该诊断程序诊断出故障源范围及其具体位置。

1. 启动自诊断(初始化诊断)

启动自诊断是指数控系统通电时,由系统内部诊断程序自动执行的诊断,它类似于计算机的开机诊断。

启动自诊断可以对系统中的关键硬件,如 CPU、存储器、I/O 接口单元、CRT/MDI 单元、纸带阅读机、软驱等装置或外部设备进行自动检查,确定数控设备的安装、连接状态与性能。部分系统还能对某些重要的芯片,如 RAM、ROM、专用 LSI 等进行诊断。

数控系统的启动自诊断在开机时进行,只有当全部项目都被确认无误后,系统才能进入正常运行准备状态,即 CRT 显示进入正常运行的基本画面(一般为位置显示画面)。如果检查出有错,系统则不再转入正常运行状态,而是转成报警状态,通过

CRT 或硬件(发光二极管)显示报警信息或报警号。诊断的时间取决于数控系统,一般只需数十秒钟,但有的采用硬盘驱动器的驱动系统则需要几分钟,如 SINUMER1K840C 系统因要调用硬盘中的文件,时间要略长一些。上述启动自诊断有些可将故障原因定位到印制电路板或模块上,有些甚至可将故障原因定位到芯片上,如指出哪块 EPROM 出了故障,但在不少情况下仅将故障原因定位在某一范围内,维修人员需要通过维修手册中所指出的可能产生的故障及相应排除方法找到真正的故障原因并加以排除。

在对数控系统进行维修时,维修人员应了解该系统的自诊断所能检查的内容及范围,做到心中有数。在遇到级别较高的故障报警时,可以关机,然后重新开机,让系统再进行启动自诊断,检查数控系统这些关键部分是否正常。下面举例介绍启动自诊断在排除系统故障中的应用。

【例 1-1】 由意大利 F90 钻床改制的大型数控导轨钻床,采用 FUNAC-6M 系统。每次系统通电,进行启动自诊断时,CRT 上出现"SYSTEM ERROR 908",系统不能进入正常工作状态。

故障分析　908 号报警为磁泡驱动器软件奇偶校验错故障。现对磁泡存储器重新进行初始化。然而,故障仍存在。将备用磁泡存储器存储板(BMU)调换,调换前先将备用板的坏环信息记下,以便对其进行初始化时输入新的坏环信息。调换备用板并进行初始化后,故障仍然存在。可见,故障原因不在 BMU 板上。后从故障记录上发现,该机在频繁出现 908 号报警时,曾在 CRT 上偶尔出现过一次 081 号(ROM 故障)报警,因此,可用调换 ROM 或 ROM 板的方法来排除故障疑点。将备用 ROM 板与原 ROM 板调换。调换之后故障消除。

维修实例表明,启动自诊断可保证所检测部件的可靠性,一旦发生故障,马上禁止系统运行。同时,这也为维修人员迅速排除一些疑难故障提供了帮助。然而,目前一些数控系统的自诊断存在局限性,不可能将全部故障原因准确定位到一个具体的模块上。因此,维修人员要思路开阔,不放过任何故障疑点,逐一排除,最终找出故障真正原因。

2. 在线诊断(后台诊断)

数控机床的在线诊断是指数控系统通过内装程序,在系统处于正常运行状态时,对数控系统内部的各种状态及与数控装置相连的机床各执行部件进行自动诊断检查的方法。在线诊断包括数控系统内部设置的自诊断功能和用户单独设计的对加工过程状态的监测与诊断功能,这些功能都是在机床正常运行过程中监视其运行状态的。只要系统不断电,在线诊断就一直进行而不停止。

另外,在线诊断是采用监控的方式来提示报警的,所以也叫在线监控。它可分为数控系统内部监控与外部设备监控两种形式。

数控系统内部监控是通过数控系统的内部程序,对各部分状态进行自动诊断、监视和检查的方法。在线监控范围包括数控系统本身及与数控系统相连的伺服单元、伺服电动机、主轴伺服单元、主轴电动机、外部设备等。在线监控在数控系统工作过程中始终生效。

数控系统内部监控包括接口信号显示、内部状态显示和故障信息显示三方面的内容。

(1) 接口信号显示。

它可以显示数控系统和 PLC、数控系统和机床之间的全部接口信号的现行状态,指示数字输入/输出信号的通断情况,帮助分析故障。

维修时,维修人员必须了解上述各信号所代表的含义,以及信号产生、撤销应具备的各种条件,才能进行相应检查。数控系统生产厂家所提供的功能说明书、连接说明书及机床生产厂家提供的机床电气原理图是进行以上状态检查的技术指南。

(2) 内部状态显示。

一般来说,利用内部状态显示功能,可以显示以下几方面的内容。

① 造成循环指令(加工程序)不执行的外部原因。如数控系统是否处于“到位检查”中;是否处于“机床锁住”状态;是否处于“等待速度到达”信号接通状态;在主轴每转进给编程时,是否等待“位置编码器”的测量信号;进给速度倍率是否设定为 0 等。

② 复位状态显示。指示系统是否处于“急停”状态或是“外部复位”信号接通状态。

③ 存储器内容是否能被正常读取的显示。

④ 负载电流的显示。

⑤ 位置跟随误差的显示。

⑥ 伺服驱动部分的控制信息显示。

⑦ 编码器、光栅等位置检测元件的输入脉冲显示,等等。

(3) 故障信息显示。

在数控系统中,故障信息一般以报警显示的形式在 CRT 上进行显示。报警显示的内容根据数控系统的不同有所区别。这些信息大都以报警号加文本的形式出现,具体内容及排除方法在数控系统生产厂家提供的“维修说明”上可以查阅。

外部设备监控是指采用计算机、PLC 编程器等设备,对数控机床的各部分状态进行自动诊断、检查和监视的方法。如通过计算机、PLC 编程器对 PLC 程序以梯形图、功能图的形式进行动态监测,它可以在机床生产厂家未提供 PLC 程序时,进行 PLC 程序的阅读、检查,从而加快数控机床的维修进度。此外,伺服驱动系统、主轴驱动系统的动态性能测试、动态波形显示等,通常也需要借助必要的在线监控设备来进行检测。

随着计算机网络技术的发展,作为外部设备在线监控的一种,通过网络连接进行的远程诊断技术正在进一步完善、普及。通过网络,数控系统生产厂家可以直接对其生产的产品在现场的工作情况进行检测、监控,及时解决系统中所出现的问题,为现场维修人员提供指导和帮助。

一旦在线诊断监视的信息超限,诊断系统就通过显示器或指示灯等发出报警信号，提供报警号，配以适当注释，并显示在屏幕上。维修人员根据这些故障信息，经过分析处理，确诊故障点并及时排除故障。

当然，实际诊断并不是那么容易的，因为系统所提供的报警信息，并非是唯一准确的，而是故障可能的原因，即仅仅提供了一些查找故障原因的线索。维修人员应结合机床结构，查阅机床维修手册，凭借自己的实践经验，注意排除故障假象，找出真正的故障所在。另外，故障现象与故障原因并非一一对应关系，而往往是一种故障现象是由几种原因引起的，或一种原因引起几种故障，即大部分故障是以综合故障形式出现的。

数控机床自诊断系统功能的强弱是评价一个数控系统性能高低的一项重要指标。

各种数控机床的自诊断功能报警号不完全相同，只能根据具体机床的使用说明书和维修手册进行分析、诊断。不过报警号的分类方法大同小异，一般按机床上各元器件的功能进行编号。例如某机床的数控系统的报警号编组如下。

① 与数控系统硬件（如存储器、伺服系统等）有关的报警号为 1～99。

② 与机械控制有关的报警号为 100～339。

③ 与操作失误有关的报警号为 400～499。

④ 与外部通信对话有关的报警号为 500～599。

⑤ 与加工程序编制错误有关的报警号为 600～699。

此外，可编程控制器故障，连接方面的故障，温度、压力、液压等不正常，行程开关（或接近开关）状态不正常等都有对应的编号。在每一类报警号范围内，又按故障分类报警。如过热报警类、系统故障报警类、存储器故障报警类、伺服系统报警类、行程开关报警类、印制电路板间的连接故障报警类、编程/设定错误报警类、无操作报警类等。

机床自诊断的故障报警显示给维修带来了极大的方便，在使用和维修过程中，一定要充分重视故障报警显示的状态信息，经分析后加一些必要的测试，最后找出真正的故障原因。

为此，要特别重视、注意保护系统软件及系统数据，特别是数控机床与数控机床数据、PLC 用户程序、报警文本等随机所带的数控系统的关键技术资料，它们用电池保存于 RAM 中。

【例 1-2】 配置某数控系统的卧式加工中心在工作过程中 Y 轴、Z 轴突然不能动作，并发出 401 号报警，关机后再启动，还能继续工作，此后关机再启动也不起作用（即不动了）。

故障分析　检查 401 号报警内容表：X 轴、Y 轴、Z 轴速度控制“READY”信号断开。由此检查 X 轴、Y 轴、Z 轴的速度控制单元板，发现 Y 轴速度控制单元板（A06B-6045-C001）的 TGLS 报警灯亮，说明是 Y 轴伺服系统的故障。提示可能原因有以下几个方面。

① 印制电路板设定不合适。

② 速度反馈电压没给或断续给。

③ 电动机动力电缆没有接到速度控制单元 T1 板的 5、6、7、8 端子上或动力电缆短路。

经检查 Y 轴伺服电动机动力电缆已烧断,更换电刷,故障排除。

维修实例表明,数控系统的自诊断功能在故障的诊断中起着十分重要的作用,不但能保证系统的可靠运行,而且是维修人员排除故障的基本手段和方法。

3. 离线诊断

当数控系统出现故障或要判断系统是否真正有故障时,往往要停机检查,此时称为离线诊断(或脱机诊断)。其主要目的是查明故障和进行故障定位,力求把故障定位在尽可能小的范围内,如缩小到某一模块上、某个印制电路板上或印制电路板上的某部分电路甚至某个芯片或元器件上。这种诊断方法属于高层次诊断,其诊断程序存储及使用方法一般不相同。

数控系统的离线诊断需要专用诊断软件或专用测试装置,因此,它只能在数控系统的生产厂家或专门的维修部门进行。随着计算机技术的发展,现在数控系统的离线诊断软件正在逐步与数控系统控制软件一体化,有的系统已将"专家系统"引入故障诊断中。通过这样的软件,操作者只要在 CRT/MDI 上做一些简单的会话操作,即可诊断出数控系统或机床的故障。如美国 A-B 公司 8200 系统在离线诊断时,只需要把专用的诊断程序读入数控系统中即可运行检查故障。而有的系统将这些诊断程序与数控系统控制程序一同存入数控系统中,维修人员可随时用键盘调用这些程序并使之运行,在 CRT 上观察诊断结果。离线诊断可以在现场、维修中心或数控系统制造厂进行操作和控制。

1.7.4 故障诊断与排除的基本方法

数控机床系统出现报警,发生故障时,维修人员不要急于动手处理,而应多观察,应遵循两条原则。一是充分调查故障现场,充分掌握故障信息,这是维修人员取得第一手材料的一个重要手段。一方面要查看故障记录单,向操作者调查、询问出现故障的全过程,彻底了解曾发生过什么现象,采取过什么措施等。另一方面要对现场亲自做细致的勘查。从系统的外观到系统内部的各个印制电路板都应细心察看是否有异常之处。在确认数控系统通电无危险的情况下,方可通电,观察系统有何异常,CRT 显示哪些内容。二是认真分析故障的起因,确定检查的方法与步骤。目前所使用的各种数控系统,虽有各种报警指示灯或自诊断程序,但智能化的程度还不是很高,不可能自动诊断出发生故障的确切部位。而往往同一报警号又可以有多种起因。因此,在分析故障的起因时,一定要开阔思路。往往有这种情况:当数控系统自诊断出某一部分有故障时,究其起源,却不在数控系统本身,而是在机械部分。所以,分析故障时,无论是数控系统,机床强电,还是机械、液压、油气路等,只要是有可能引起该故障的原因,都要尽可能全面地列出来,进行综合判断和筛选,然后通过必要的试验,达到确诊和最终排除故障的目的。

对于数控机床发生的大多数故障,总体上来说可采用下述几种方法来进行故障诊断和排除。

1. 直观法(常规检查法)

直观检查是指依靠人的五官等的感觉并借助于一些简单的仪器来寻找机床故障原因的方法。这种方法在维修中是常用的,也是首先采用的。“先外后内”的维修原则要求维修人员在遇到故障时应先采取问、看、听、触、嗅等方法,由外向内逐一进行检查。对于有些故障,采用这些方法可迅速找到故障原因,而采用其他方法要花费许多时间,甚至一时解决不了。

【例 1-3】 配置某系统的 TC1000 型加工中心,控制面板显示消失。经检查,面板 MS401 板电源熔断器烧断,而其内部无短路现象。更换熔断器后,故障消失,显示恢复正常。

【例 1-4】 WY203 型自动换向数控组合机床,Z 轴一启动就出现跟随误差过大而报警停机。经检查发现,位置控制环反馈元件光栅电缆由于运动中受力而拉伤断裂,造成反馈信号丢失,导致故障。

【例 1-5】 TC1000 型加工中心,一启动就发生 114 号报警,经检查发现 Y 轴光栅适配器插头松脱。

【例 1-6】 TH6350 型加工中心,在加工中突然停机,打开电气柜发现 Y 轴电动机主电路熔断器烧坏,经检查与 Y 轴有关的元器件发现,Y 轴电动机动力线外表面被划伤,损伤处碰到机床外壳上造成短路而烧断熔断器。

(1) 问。机床开机时是否正常;比较故障前后工件的精度和传动系统、走刀系统是否正常,出力是否均匀,切深和走刀量是否减少;润滑油牌号、用量是否合适;机床何时进行过保养检修。

(2)看。用肉眼仔细检查有无熔断器烧断现象,有无元器件烧焦、烟熏、开裂现象,有无异物断路现象,以此判断板内有无过流、过压、短路问题。看转速,观察主传动速度快慢的变化,主传动齿轮、飞轮是否跳、摆,传动轴是否弯曲、晃动。

(3) 听。利用人的听觉功能查询数控机床因故障而产生的各种异常声响的声源,如电气部分常见的异常声响有:电源变压器、阻抗变换器与电抗器等因铁心松动、锈蚀等引起的铁片振动的吱吱声;继电器、接触器等磁回路间隙过大,短路环断裂、动静铁心或镶铁轴线偏差,线圈欠压运行等原因引起的电磁嗡嗡声或者触点接触不良的嗡嗡声,以及元器件因为过流或过压运行失常引起的击穿爆裂声。而伺服电动机、气控器件或液控器件等发生的异常声响基本上和机械故障方面的异常声响相同,主要是机械的摩擦声、振动声与撞击声等。

(4) 触,也称敲捏法。数控系统是由多块印制电路板组成的,板上有许多焊点,板与板之间或模块与模块之间又通过插件或电缆相连。所以,任何一处的虚焊或接触不良，都会成为产生故障的主要原因。检查时，用绝缘物（一般为带橡皮头的小锤）轻轻敲击其（即虚焊、接触不良的插件板、组件、元器件等）可疑部位。如果确实是因虚焊或接触不良而引起的故障，则敲击后该故障会重复出现。有些故障在敲击后消失，则也可以认为敲击处或敲击作用力波及的范围是故障部位。同样，用手捏压组件、元器件时，如故障消失或故障出现，可以认为捏压处或捏压作用力波及范围是故障部位。

这种方法常用于检查虚焊、虚接、碰线、多余物短路、多余物卡触点等原因引起的时好时坏的故障现象。在敲捏过程中，要实时地观察机床工作状况。在敲捏组件、元器件时，应一个人专门负责敲捏，另外的人专门负责判断是否出现故障消失或故障复现的情况。如果一个人又敲捏又判断故障现象，一心二用，可能敲偏漏检。敲捏的力度要适当，并且应由弱到强，防止引入新的故障。

(5) 嗅。在诊断电气设备或有各种易挥发物体的器件时采用此方法效果较好。如一些烧坏的烟气、焦煳味等异味；因剧烈摩擦，电器元件绝缘处破损短路，使附着的油脂或其他可燃物质发生氧化蒸发或燃烧而产生的烟气、焦煳味气等，都能通过嗅觉感知。

利用直观检查，有针对性地检查可疑的元器件，可以判断明显的故障。如热继电器脱扣、熔断器状况、印制电路板（损坏、断裂、过热等），连接线路、更改的线路是否与原线路相符，并注意获取故障发生时的振动、声音、焦煳味、异常发热、冷却风扇运行是否正常，等等。这种检查很简单，但非常必要。

利用人的视觉功能可观察到设备内部器件或外部连接的形状变化。如电气方面可观察线路元器件的连接是否松动，短线或铜箔是否断裂，继电器、接触器与各类开关的触点是否烧蚀或压力失常，发热元器件的表面是否过热变色，电解电容的表面是否膨胀变形，保护器件是否脱扣，耐压元器件是否有明显的电击点及碳刷接触表面与接触压力是否正常等。另外，对开机发生的火花、亮点等异常现象更应重点检查。机械故障方面，主要可观察传动链中组件是否存在间隙过大等问题，固定锁紧装置是否松动，工作台导轨面、滚珠丝杠、齿轮及传动轴等表面的润滑状况是否正常，以及是否有其他明显的碰撞、磨损与变形现象等。

现场维修中，利用人的嗅觉功能和触觉功能可查询因过流、过载或超温引起的故障，然后可通过改变参数设置或 PLC 程序来排除这些故障。

例如，某龙门式加工中心在安装调试后不久，Z 轴运动时偶尔出现报警信号，指示实际位置与指令不一致。采用直观法发现 Z 轴编码器外壳因被撞而变形，故怀疑该编码器已损坏。调换一个新编码器后上述故障排除。

2. 系统自诊断法

充分利用数控系统的自诊断功能，根据 CRT 上显示的报警信息及各模块上的发光二极管等器件的指示，可判断出故障的大致起因。进一步利用系统的自诊断功能，还能显示系统与各部分之间的接口信号状态，找出故障的大致部位。这是故障诊断过程中最常用、有效的方法之一。

3. 拔出插入法

拔出插入法是通过相关的接头、插卡或插拔件拔出再插入这个过程，确定拔出插入的连接件是否为故障部位的方法。有的本身就只是接插件接触不良而引起的故障，经过重新插入后，问题就解决了。

在应用拔出插入法时，需要特别注意，在插件板或组件拔出再插入的过程中，改变状态的部位可能不只是连接接口。因此，不能因为拔出插入后故障消失，就肯定是接口的接触不良，还有内部的焊点虚焊恢复接触状态、内部的短路点恢复正常等可能性（虽然这种可能性很小）。

4. 参数检查法

数控系统的机床参数是经过理论计算并通过一系列试验、调整而获得的重要数据，是保证机床正常运行的前提条件，直接影响着数控机床的性能。

参数通常存放在系统存储器（RAM）中。电池电量不足、系统受到外界的干扰或系统长期不通电，都可能导致部分参数丢失或变化，使机床无法正常工作。通过核对、调整参数，有时可以迅速排除故障。特别是机床长期不用时，参数丢失的现象经常发生。因此，检查和恢复机床参数，是维修中行之有效的方法之一。另外，数控机床经过长期运行之后，由于机械运动部件磨损、电气元器件性能变化等，也需要对有关参数进行重新调整。

【例 1-7】 配置某系统的XK715型数控立铣床，开机后不久出现403号（伺服未准备好）和420号、421号、422号（*X*、*Y*、*Z*各轴超速）报警。

故障分析 这种现象常与参数有关。检查参数，发现数据混乱。将参数重新输入，上述报警消失。再对存储器重新分配后，机床恢复正常。

在排除某些故障时，对一些参数还需进行调整，因为有些参数（如各轴的漂移补偿值、螺距误差补偿值、KV系统、反向间隙补偿值、定位允差等）虽在安装时调整过，但由于受加工的局限、加工要求或控制要求改变，个别参数会有不适应的情况。同样的，由于长时间的运行，机械传动部件会磨损，电气元器件性能会变化，调换零部件也会引起参数的变化，因此也需对有关参数进行调整。

参数调整、修改前，有的系统还要求输入保密参数值。如西门子公司的SINUMERIK 810、840、880等系统应输入11号保密值。

5. 功能测试法

所谓功能测试法是通过功能测试程序，检查机床的实际动作，判别故障的一种方法。功能测试法可以对系统的功能（如直线插补、圆弧插补、螺纹切削、固定循环、用户宏程序等功能）进行测试：用手工编程方法，编制一个功能测试程序，并通过运行测试程序，来检查机床执行这些功能的准确性和可靠性，进而判断出故障发生的原因。

这种方法常常应用于以下场合。

（1）机床加工造成废品而一时无法确定是编程、操作不当，还是数控系统故障时。

(2) 数控系统出现随机性故障,一时难以区别是外来干扰,还是系统稳定性不好时。如不能可靠地执行各加工指令,可连续循环执行功能测试程序来诊断系统的稳定性。

(3) 闲置时间较长的数控机床再投入使用时或对数控机床进行定期检修时。

【例 1-8】 在配置 FANUC-7CM 数控系统的加工中心加工过程中,出现零件尺寸相差甚大,系统又无报警时,我们使用功能测试法,将功能测试带中的程序输入系统,并空运行。测试过程如图 1-3 所示。

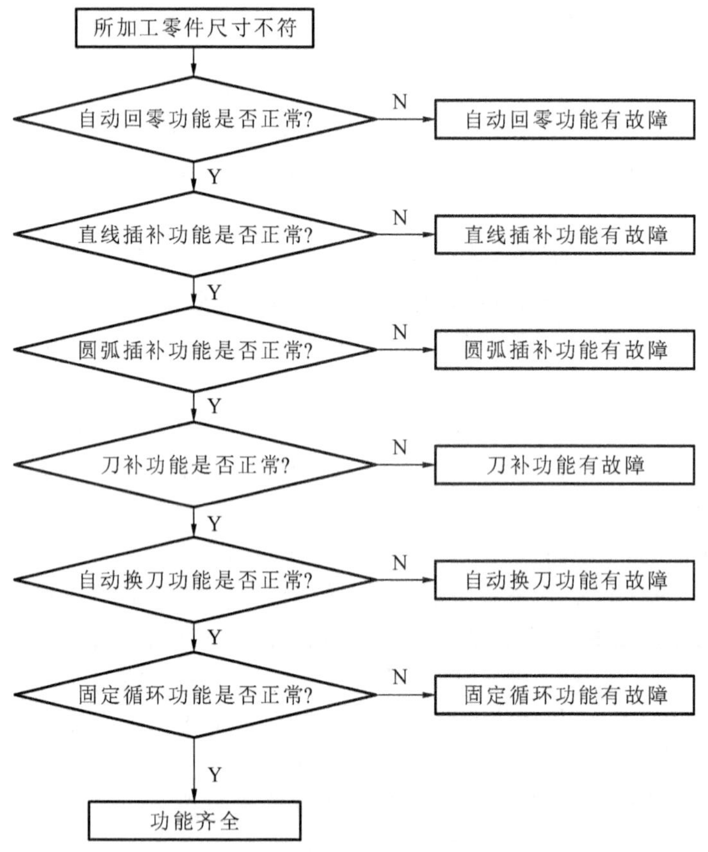

图 1-3 功能测试法流程图

故障分析 当运行到含有 G01、G02、G03、G18、G19、G41、G42 等指令的四角带圆弧的长方形典型程序时,发现机床运行轨迹与所要求的图形尺寸不符,从而确认机床刀补功能不良。该系统的刀补软件存放在 EPROM 芯片中,调换该集成电路后机床加工恢复正常。

6. 交换部件法(部件替换法)

现代数控系统大都采用模块化设计,按功能不同划分为不同的模块。随着现代数控技术的发展，电路的集成规模越来越大，技术也越来越复杂。按照常规的方法，很难把故障定位在一个很小的区域。在这种情况下，交换部件法是维修过程中最常用的故障判别方法之一。

交换部件法又称部件替换法，就是在大致确认了故障范围，并确认外部条件完全正确的情况下，利用装置上同样的印制电路板、模块、集成电路芯片或元器件替换有疑点部分，以此来判别故障的方法。交换部件法简单、易行、可靠，能把故障范围缩小到相应的部件上。

在使用交换部件法时要注意以下几个问题。

(1) 在备件交换之前，应仔细检查、确认部件的外部工作条件；在线路中存在短路、过电压等情况时，切不可轻易更换备件。

(2) 有些印制电路板，例如 PLC 的 I/O 板上有地址开关，交换时要相应改变设置值。

(3) 有些印制电路板上有跳线及桥接调整电阻、电容，也应调整至与原板相同，方可交换。

(4) 模块的输入、输出必须相同。以驱动器为例，互换的型号要相同，若不同，则要考虑接口、功能的影响，避免故障扩大。

(5) 备件(或交换板)应完好。

数控机床的进给模块、检测装置备有多套，当出现进给故障时，可以考虑采用模块互换的方法。

【例 1-9】 某数控车床，*X* 轴不动，其他功能正常。故障判断就可以采用交换部件法进行。*X* 轴、*Z* 轴的连接如图 1-4 所示。

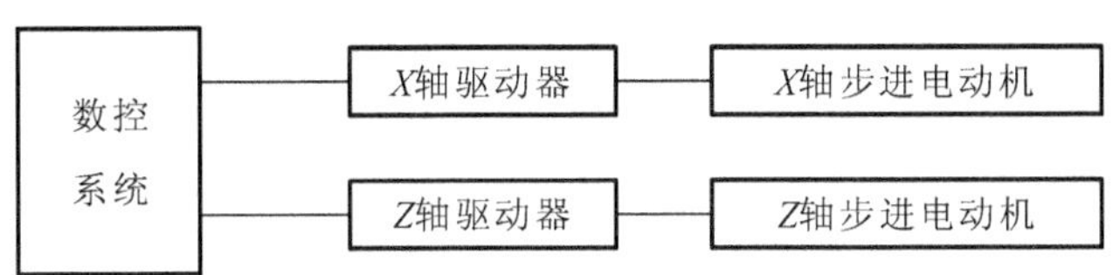

图 1-4　*X* 轴、*Z* 轴连接示意图

故障分析　*X* 轴不能动，故障可能发生在系统、驱动器或电动机。将 *X*、*Z* 两轴步进电动机驱动电缆交换，发现 *X* 轴电动机正常，而 *Z* 轴电动机不动，说明原 *X* 轴正常，系统到驱动器信号也正常。由此判断原 *X* 轴驱动器损坏，需拆开机箱检修。后经更换相同型号驱动器，故障排除。

交换部件法是电器修理中常用的一种方法，主要优点是简单和方便。在查找故障的过程中，如果对某部分有怀疑，只要有相同的替换件，换上后故障范围大都能分辨出来，所以这种方法在电气维修中经常被采用。但是如果使用不当，也会带来许多麻烦，造成人为故障。因此，正确认识和掌握交换部件法的使用范围和操作方法，是提高维修工作效率和避免人为故障的必要条件。

在电气修理中，采用交换部件法来检查判断故障应注意其使用范围。对一些比较简单的电气元件，如接触器、继电器、开关及其他各种单一电气元件，在对其有怀疑而一时又不能确定故障部位的情况下，使用交换部件法效果较好。而对由电子元件组成的各种印制电路板、控制器、功率放大器及所接的负载，替换时应小心谨慎。如果无现成的备件替换，需从相同的其他设备上拆卸时更应慎重从事，以防原有故障没找到，替换上的新部件又损坏，造成新的故障。

在确认要对某一部分进行替换前，应认真检查与其连接有关线路和其他相关的电器。确认无故障后才能将新的备件替换上去，防止外部故障引起替换上去的部件损坏。

此外，在交换数控装置的存储器或 CPU 板时，通常还要对系统进行某些特定的操作，如存储器的初始化操作等，并重新设定各种参数，否则系统不能正常工作。这些操作步骤应严格按照系统的操作说明书、维修说明书进行。

7. 隔离法

当某些故障，如轴抖动、爬行，一时难以区分是数控部分还是伺服系统或机械部分造成的，常采用隔离法进行检查。隔离法将“机”“电”分离，将数控系统与伺服系统分离，或将位置闭环分开做开环处理。这样，复杂的问题就化为简单的问题，便于较快地找出故障原因。

【例 1-10】 配置某系统的 JCS-018 立式加工中心，Z 轴忽然出现异常振动声，马上停机，将 Z 轴电动机与丝杠分开，试车时仍然振动，可见振动不是由机械传动机构故障造成的。为区分是伺服单元故障，还是电动机故障，用 Y 轴伺服单元控制 Z 轴，试车时仍然振动，所以初步可判断为 Z 轴电动机故障。更换 Z 轴电动机后，故障排除。

8. 升降温法

当设备运行时间比较长或者环境温度比较高时，机床容易出现故障。这时可人为地（例如可用电热风或红外灯直接照射）使可疑的元器件温度升高（应注意器件的温度参数）或降低，使一些温度特性较差的元器件加速产生“病症”或使其“病症”消除，以此来寻找故障原因。

【例 1-11】 配有某系统的一台 XK715 型数控立式铣床工作数小时后，液晶显示屏（LCD）中部逐渐变白，直至全部变暗，无显示。关机一定时间，工作数小时后，又“旧病复发”。故障发生时机床其他部分工作正常，估计故障在 LCD 部分，且与温度有关。打开数控装置，故意将内部冷却风扇停转，使温度上升，再开机后，马上就出现上述故障，可见，该显示器散热系统不符合条件，调换此 LCD 后故障消除。

9. 电源拉偏法

电源拉偏法就是拉偏（升高或降低但不能反极性）正常电源电压，制造异常状态，暴露故障或薄弱环节，查找发生故障的或处于好坏临界状态的组件、元器件位置的方法。

电源拉偏法常用于工作较长时间才出现故障或怀疑电网波动引起故障等场合。拉偏正常电源电压，可能具有破坏性，要先分析整个系统是否有降额设计或保险系数。要控制拉偏范围（例如，正常工作电压的 85％～120％），三思而后行。

10. 测量比较法(对比法)

数控系统的印制电路板在制造时,为了调整、维修的便利,通常都设置有检测用的端子。维修人员利用这些检测端子,可以测量、比较正常的印制电路板和有故障的印制电路板之间的电压或波形差异,进而分析、判断故障原因及故障所在位置。有时,还可以将正常部分试验性地(如断开连线、拔去组件)造成故障或报警,看其是否和相同部分产生的故障现象相似,以判断故障原因。

通过测量比较法,有时还可以纠正在印制电路板上的调整、设定不当而造成的故障。

使用测量比较法的前提是维修人员应了解或已实际测量印制电路板关键部位、易出故障部位的正常电压值和正确的波形,这样才能进行比较分析,而且对这些数据应随时做好记录并作为资料积累。

【例 1-12】 某数控立铣床,Y 轴移动时出现振动,快速时尤为明显,甚至伴有大的冲击,而其他轴皆运行正常。将故障轴 Y 与正常轴 X 进行对比,用示波器比较低速时 X 轴和 Y 轴测速发电机输出电压波形,如图 1-5 所示。从图中可以看出 Y 轴测速发电机输出的电压纹波明显大于 X 轴的。拆开 Y 轴测速发电机,发现其电枢被碳刷粉末污染。清除碳刷粉末后再测其波形,纹波大为减小。移动 Y 轴,原振动故障消除。

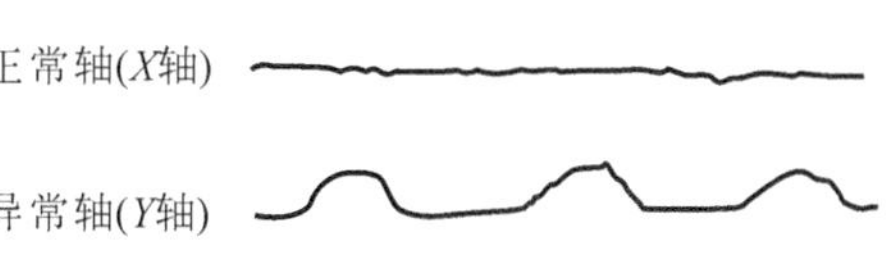

图 1-5　X 轴与 Y 轴测速波形对比

11. 原理分析法(逻辑线路追踪法)

原理分析法是排除故障最基本的方法之一。当其他检查方法难以奏效时,可从电路基本原理出发,一步一步进行检查,最终查出故障原因。

所谓原理分析法,是指通过追踪与故障相关联的信号,从中找到故障单元,根据数控系统原理图(即组成原理),从前往后或从后往前检查有关信号的有无、性质、大小及不同运行方式的状态,与正常情况比较,看有什么差异或是否符合逻辑关系。对于串联线路,发生故障时,所有的元件和连接线都值得怀疑。对于较长的串联回路,可从中间开始向两个方向追踪,直到找到故障单元为止。对于两个相同的线路,可以对它们进行部分交换试验。这种方法类似于把一个电动机从其电源上拆下,接到另一个电源上进行试验。类似地,可以在这个电源上另接一个电动机试验电源,这样可以判断出是电动机有问题还是电源有问题。但是对数控机床来说,问题就没有这么简单,交换一个单元,一定要保证该单元所处大环节(即位置控制环)的完整性。否则可能会使闭环受到破坏,保护环节失效,积分调节器输入得不到平衡。

硬接线系统(如继电器-接触器系统)具有可见接线、接线端子、测试点等。当出现故障时,可用试电笔、万用表、示波器等简单测试工具测量其电压、电流信号的大小、性质、变化状态,电路的短路、断路情况,电阻值变化等,从而判断出故障的原因。

这些检查方法各有特点,维修人员可以根据不同的故障现象,加以灵活应用,以便对故障进行分析,逐步缩小故障范围,直至排除故障。

1.8 数控机床维护

1.8.1 预防性维护方法的重要性

所谓预防性维护，顾名思义，就是要注意把有可能造成设备故障和一旦故障后难以解决的因素排除在故障发生之前。

每台机床的数控系统在运行一定的时间之后，某些元器件或机械部件难免出现一些损坏或故障现象。对这种高精度、高效益且又昂贵的设备，如何延长其元器件的寿命和零部件的磨损周期，预防各种事故，特别是将恶性事故消灭在萌芽状态，从而提高系统的平均无故障工作时间和使用寿命，一个重要方面是要做好预防性维护。

数控机床通常是一个企业的关键设备，有时在运行中出现一些不正常现象，如级别较低的报警，虽然不影响一时运行，但如果怕停机影响生产，不及时进行维护和排除，而让其长时间"带病"工作，必然会造成"小病不治，大病吃苦"的后果。例如：有些地区电网质量差，电压波动大，常造成数控系统跳闸。有些使用者对此现象并不重视，让系统继续在恶劣的供电环境中运行，最后造成主要模块烧坏的严重后果。

总之，做好预防性维护工作是使用好数控机床的一个重要环节，数控维修人员、操作人员及管理人员应共同做好这项工作。

1.8.2 预防性维护工作的主要内容

对数控机床的维护要有科学的管理，有计划、有目的地制定相应的规章制度。对维护过程中发现的故障隐患应及时加以清除，避免停机待修，从而延长平均无故障工作时间，增加机床的开动率。维护工作从时间上来看，分为点检与日常维护。

1. 点检

所谓点检，就是按有关维护文件的规定，对数控机床进行定点、定时的检查和维护。从点检的要求和内容上看，点检可分为专职点检、日常点检和生产点检三个层次，如图 1-6 所示为数控机床点检维修过程示意图。

(1) 专职点检。

专职点检人员负责对机床的关键部位和重要部位按周期进行重点检查、设备状态检测与故障诊断，制订点检计划，做好诊断记录，分析维修结果，提出改善设备维护管理的建议。

(2) 日常点检。

日常点检人员负责对机床的一般部位进行检查，处理和排除机床在运行过程中出现的故障。

(3) 生产点检。

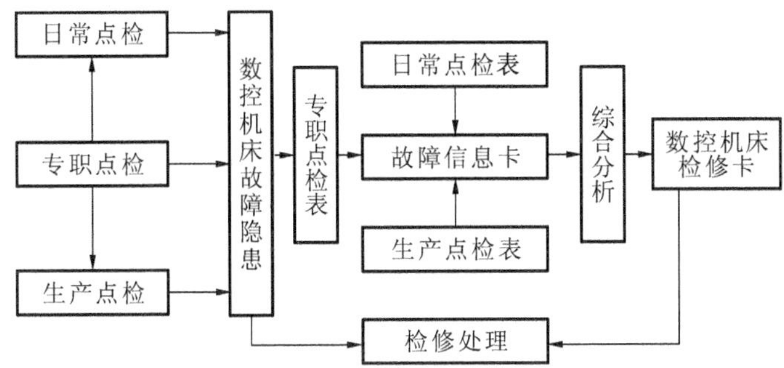

图 1-6　数控机床点检维修过程示意图

生产点检人员负责对生产运行中的数控机床进行检查，并负责润滑、紧固等工作。

数控机床的点检管理一般包括下述几部分内容。

(1) 安全保护装置。

① 开机前检查机床的各运动部件是否在停机位置。

② 检查机床的各保险及防护装置是否齐全。

③ 检查各旋钮、手柄是否在规定的位置。

④ 检查工装夹具的安装是否牢固可靠，有无松动、移位。

⑤ 刀具装夹是否可靠以及有无损坏，如砂轮有无裂缝。

⑥ 工件装夹是否稳定可靠。

(2) 机械及气压、液压仪器仪表。

开机后让机床低速运转 3～5 min，然后检查如下各项目。

① 主轴运转是否正常，有无异味、异声。

② 各轴向导轨是否正常，有无异常现象发生。

③ 各轴能否正常回归参考点。

④ 空气干燥装置中滤出的水分是否已经放出。

⑤ 气压、液压系统是否正常，仪表读数是否在正常值范围之内。

(3) 电气防护装置。

① 各种电气开关、行程开关是否正常。

② 电动机运转是否正常，有无异声。

(4) 加油润滑。

① 设备低速运转时，检查导轨的供油情况是否正常。

② 按要求的位置及规定的油品加润滑油，注油后，将油盖盖好，然后检查油路是否畅通。

(5) 清洁文明生产。

① 设备外观无灰尘、无油污，呈现本色。

② 各润滑面无黑油、无锈蚀，应有洁净的油膜。

③ 丝杠应洁净无黑油，亮泽有油膜。

④ 生产现场应保持整洁有序。

表 1-1 所示为某加工中心的维护点检表。

表 1-1　某加工中心的维护点检表

序号	检查周期	检查部位	检查要求
1	每天	导轨润滑油箱	检查油标、油量，及时添加润滑油，确认润滑泵能定时启动及停止
2	每天	X 轴、Y 轴、Z 轴轴向导轨面	清除切屑及脏物，检查润滑油是否充分，导轨面有无损坏
3	每天	压缩空气气源压力	检查气动控制系统压力是否在正常范围内
4	每天	气源自动分水滤气器和自动空气干燥器	及时清理分水器中滤出的水分，保证自动空气干燥器工作正常
5	每天	气液转换器和增压器油面	发现油量不够时及时补足油
6	每天	主轴润滑恒温油箱	工作正常，油量充足并调节温度范围
7	每天	机床液压系统	油箱、液压泵无异常噪声，压力表指示正常，管路及各接头无泄漏，工作油面高度正常
8	每天	液压平衡系统	平衡压力表指示正常，快速移动时平衡阀工作正常
9	每天	数控系统的输入/输出单元	光电阅读机清洁，机械结构润滑良好
10	每天	各种电气柜散热通风装置	各电气柜冷却风扇工作正常，风道过滤网无堵塞
11	每天	各种防护装置	导轨、机床防护罩等应无松动、泄漏
12	每半年	滚珠丝杠	清洗丝杠上旧的润滑脂，涂上新油脂
13	每半年	液压油路	清洗溢流阀、减压阀、滤油器，清洗油箱箱底，更换或过滤液压油
14	每半年	主轴润滑恒温油箱	清洗过滤器，更换润滑油
15	每年	检查并更换直流伺服电动机碳刷	检查换向器表面，吹净碳粉，去除毛刺，更换长度过短的碳刷，并应磨合后才能使用
16	每年	润滑液压泵、滤油器清洗	清理润滑油池底，更换滤油器
17	不定期	检查各轴导轨上镶条、压滚轮松紧状态	按机床说明书的要求调整
18	不定期	冷却水箱	检查液面高度，切削液太脏时需更换并清理水箱底部，经常清洗过滤器
19	不定期	排屑器	经常清理切屑，检查有无卡住等
20	不定期	清理废油池	及时取走滤油池中的废油，以免外溢
21	不定期	调整主轴驱动带松紧	按机床说明书的要求调整

2. 数控系统日常维护

数控系统维护保养的具体内容，在随机的使用和维修手册中通常都作了规定，现就共同性的问题作以下要求。

(1) 严格遵循操作规程。

数控系统编程、操作和维修人员都必须经过专门的技术培训，熟悉所用数控机床的机械系统、数控系统、强电装置、液压装置、气动装置等部分的使用环境、加工条件等；能按机床和系统使用说明书的要求正确、合理地使用设备；应尽量避免因操作不当引起的故障。通常，在数控机床使用的第一年内，有1/3以上的系统故障是由操作不当引起的。

维修人员应按操作规程要求进行日常维护工作。有些部件需要天天清理，有些部件需要定时加油和定期更换。

(2) 定期维护纸带阅读机或磁盘阅读机。

纸带阅读机是老一代数控系统信息输入的一个重要部件，数控系统参数、零件程序等数据都可通过它输入到数控系统的寄存器中。阅读机读带部分有污物会使读入的纸带信息出现错误，所以操作者应每天对阅读头、纸带压板、纸带通道表面进行检查，用纱布蘸无水酒精擦净污物。对纸带阅读机的运动部分，如主动轮滚轴、导向滚轴、压紧滚轴等应每周定时清理；对导向滚轴、张紧臂滚轴等应每半年加注一次润滑油。对于磁盘阅读机的磁盘驱动器内的磁头，应用专用清洗盘定期进行清洗。

(3) 防止数控装置过热。

定期清理数控装置的散热通风系统，经常检查数控装置上各冷却风扇工作是否正常。应视车间环境状况，每半年或一个季度检查、清扫一次。

环境温度过高可能会造成数控装置内温度超过55 ℃，此时应及时加装空调装置。在我国南方常会发生这种情况，安装空调装置之后，数控系统的可靠性会有比较明显的提高。

(4) 经常监视数控系统的电网电压。

通常，数控系统允许的电网电压范围在额定值的－15％～＋10％之间，超出此范围，轻则使数控系统不能稳定工作，重则会造成重要电子部件损坏。因此，要经常注意电网电压的波动。在电网质量比较恶劣的地区，应及时配置数控系统专用的交流稳压电源装置，这将使故障率有比较明显的降低。

(5) 防止尘埃进入数控装置内。

① 除了进行检修外，应尽量少开电气柜门，以免空气中飘浮的灰尘和金属粉末落在印制电路板和电器接插件上，造成元件间绝缘电阻下降，从而出现故障甚至元件损坏。有些数控机床的主轴控制系统安置在强电柜中，强电柜门关得不严，是使电器元件损坏、数控系统控制失灵的一个原因。

② 一些已受外部尘埃、油雾污染的印制电路板和接插件可用专用电子清洁剂喷洗。

(6) 定期检查和更换存储器电池。

通常，数控系统存储参数用的存储器采用 CMOS 器件，其存储的内容在数控系统断电期间靠支持电池供电保持。一般采用锂电池或可充电的镍镉电池。电池电压下降至一定值就会造成参数丢失。因此，要定期检查电池电压，当该电压下降至限定值或出现电池电压报警时，应及时更换电池。在一般情况下，即使电池尚未消耗完，也应每年更换一次，以确保系统能正常工作。

更换电池时一般要在数控系统通电状态下进行，这样才不会造成存储参数丢失。一旦参数丢失，在调换新电池后，须重新将参数输入。

(7) 备用印制电路板的定期通电。

已经购置的备用印制电路板应定期装到数控系统上通电运行。实践证明，印制电路板长期不用时易出故障。

(8) 数控系统长期不用时的维护。

首先，应注意数控机床不宜长期封存。购买的数控机床要尽快投入生产使用。数控机床闲置时间过长会使电气元器件受潮，加快其技术性能下降或损坏。所以，当数控机床长期闲置不用时，也应定期对数控系统进行维护保养。保证机床每周通电 1～2 次，每次运行 1 h 左右，以防止机床电气元器件受潮，并能及时发现有无电池报警信号，避免系统软件参数丢失。

第2章　数控机床维修常用工具及其用法

数控机床是精密设备，不同的故障所需要的维修工具不尽相同，合格、合理的维修工具是进行数控机床维修的必备条件。数控机床维修常用的工具有百分表、千分表、万用表、示波器、电烙铁、旋具类器具、钳类器具、扳手等，可分为维修类器具和测量类器具等两类。

2.1　维修类器具

2.1.1　旋具类器具

常用的旋具类器具有螺丝刀。螺丝刀就是通常所说的起子，常用的起子有"一"字形和"十"字形两种，其外形分别如图2-1和图2-2所示。

图2-1　"一"字形螺丝刀

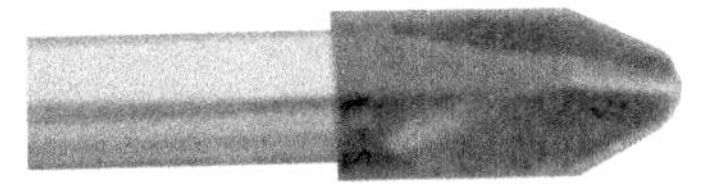

图2-2　"十"字形螺丝刀

螺丝刀主要用来旋转"一"字形或"十"字形槽形的螺钉、木螺钉和自攻螺钉等。它有多种规格，通常说的大、小螺丝刀是用手柄以外的刀体长度来表示的，常用的有100、150、200、300 mm和400 mm等几种。要根据螺钉的大小选择不同规格的螺丝刀。

旋具的使用方法如下。

(1) 使用时，右手握住旋具，手心抵住柄端，旋具和螺钉同轴心，压紧后用手腕拧转，松动后用手心轻压旋具，用拇指、中指、食指快速拧动，如图2-3所示。

(2) 长杆旋具，可用左手协助压紧和拧动手柄，如图2-4所示。

旋具的使用注意事项如下。

(1) 刃口应与螺钉槽口大小、宽窄、长短相适应，刃口不得残缺，以免损坏槽口和刃口。

(2) 不可用锤子敲击旋具柄或把旋具当錾子使用。

(3) 不可把旋具口端用扳手或钳子增加扭力，以免损坏旋杆。

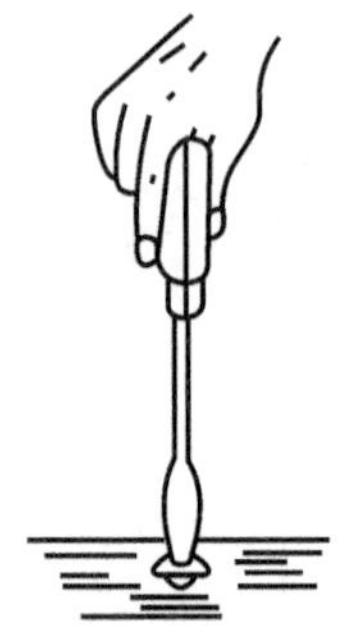
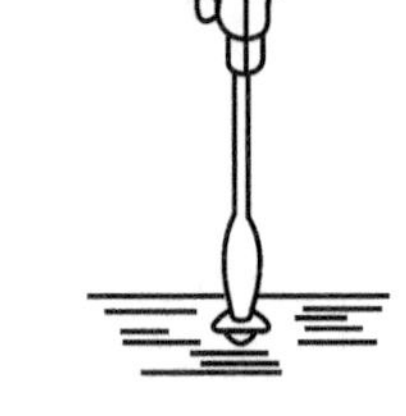

图 2-3　旋具的使用方法

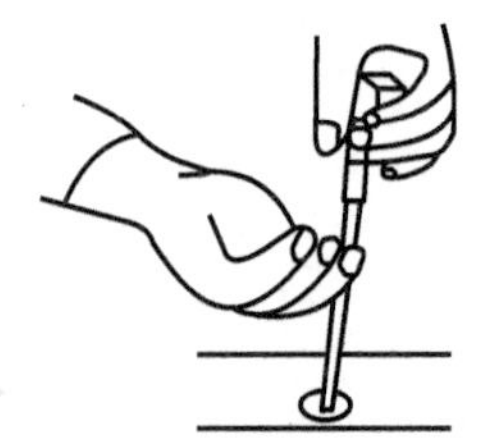

图 2-4　用左手协助使用长杆旋具

(4) 使用旋具时，要求旋具刃口端应平齐，并与螺钉槽的宽度一致，旋具上无油污。让旋具口与螺钉槽完全吻合，旋具中心线与螺钉中心线同心，然后拧转旋具，即可将螺钉拧紧或旋松。

2.1.2　钳类器具

1. 钢丝钳（手钳）

钢丝钳是一种五金工具，是用来夹住工件或剪切工件的专用工具，钳口不是固定的，钳口表面有锯齿和剪切刃口，所以也叫夹剪。有一种钢丝钳是电工用手钳，主要用来剪切线材。钢丝钳外形如图 2-5 所示。

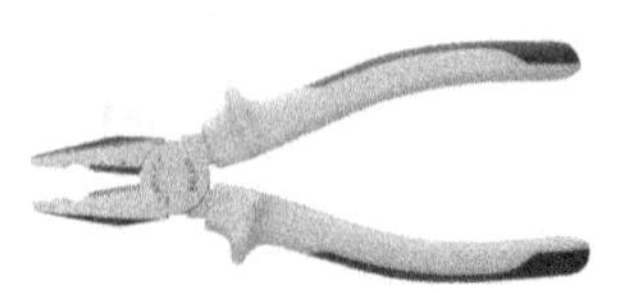
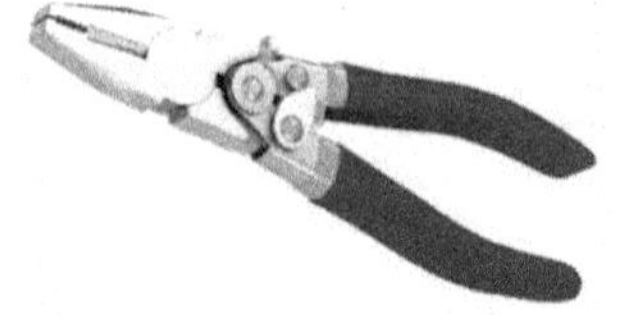

图 2-5　钢丝钳外形

钢丝钳由钳夹头和钳柄组成。电工用钢丝钳的钳柄上套有绝缘胶套，具有一定的耐压作用，以防触电，如图 2-6(a)所示。其使用方法是：刃口朝上，使用者大拇指在上钳柄的上方，食指、中指、无名指在下钳柄的下方，小拇指在下钳柄的上方，大拇指固定上钳柄，其余四指自由活动使钳口张开、闭合，如图 2-6(b)所示。

钢丝钳的使用注意事项如下。

(1) 禁止用钢丝钳代替锤子敲击其他工件，也不允许用来起钉。

(2) 不要将钢丝钳当成扳手使用。剪切线材断头时，为防止飞出的断头伤人，断头应朝地下，操作者应戴上护目镜。电工钳钳柄必须加绝缘胶套。

(3) 钳柄上的绝缘胶套禁止被钉扎，钢丝钳禁止放在高温及有腐蚀性的地方，以防绝缘胶套损坏。若发现钢丝钳钳柄的绝缘胶套已损坏，应及时更换。

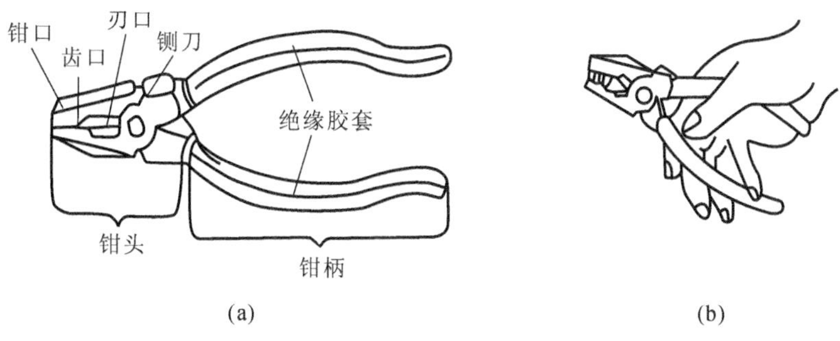

图 2-6　电工用钢丝钳及其使用方法示意图

2. 修口钳(尖嘴钳)

修口钳俗称尖嘴钳,也是数控机床维修常用的工具之一,主要用来剪切线径较小的单股与多股线,给单股导线接头弯圈、剥塑料绝缘层,以及夹取小零件等,能在较狭小的工作空间操作。不带刃口的尖嘴钳只能进行夹、捏工作,带刃口的则能剪切细小零件。尖嘴钳外形如图 2-7 所示。

尖嘴钳的使用注意事项如下。

(1) 使用时注意刃口不要对向自己。使用完放回原处。

(2) 不用尖嘴钳时,应在其表面涂上润滑油,以免生锈或者支点发涩。

3. 斜口钳

斜口钳主要用于剪切导线、元器件多余的引线,还常用来代替一般剪刀剪切绝缘套管、尼龙扎线卡等。斜口钳的刃口可用来剖切软电线的橡皮或塑料绝缘层,也可用来剪切电线、铁丝。剪 8 号镀锌铁丝时,应用刃口绕表面来回割几下,然后只需轻轻一按,铁丝即断。斜口钳的铡口也可以用来切断电线、钢丝等较硬的金属线。电工常用的斜口钳有 150、175、200、250 mm 等多种规格,可根据内线或外线工种需要选购。斜口钳的齿口也可用来紧固或拧松螺母。斜口钳外形如图 2-8 所示。

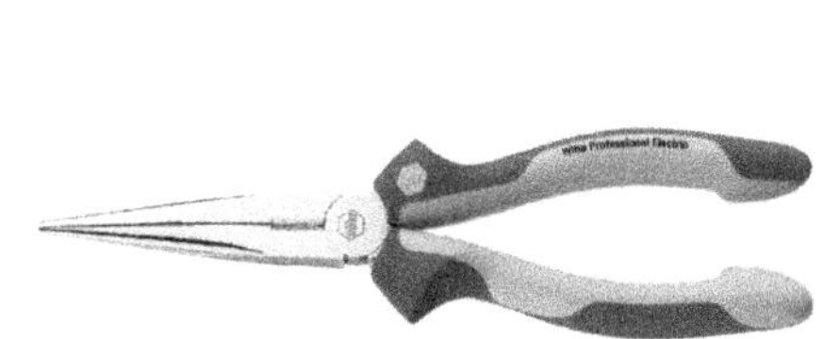

图 2-7　尖嘴钳外形

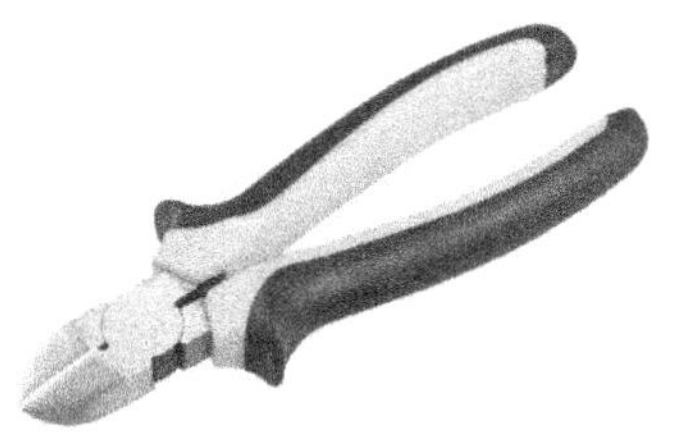

图 2-8　斜口钳外形

斜口钳的使用注意事项如下。

(1) 使用斜口钳时要量力而行,不可以用斜口钳剪切钢丝、钢丝绳、过粗的铜导线和铁丝,否则容易导致钳子崩牙和损坏。

(2) 使用工具的人员必须熟知工具的性能、特点和使用、保管、维修、保养工具的方法。

4. 卡簧钳

卡簧钳是一种用来安装外簧环和内簧环的专用工具，可分为外卡簧钳和内卡簧钳，分别用来拆装轴上用卡簧和孔内用卡簧。其中外卡簧钳又叫轴用卡簧钳，内卡簧钳又叫孔用卡簧钳。常态时钳口闭合的是轴用卡簧钳，常态时钳口打开的是孔用卡簧钳。卡簧钳外形如图 2-9 所示。

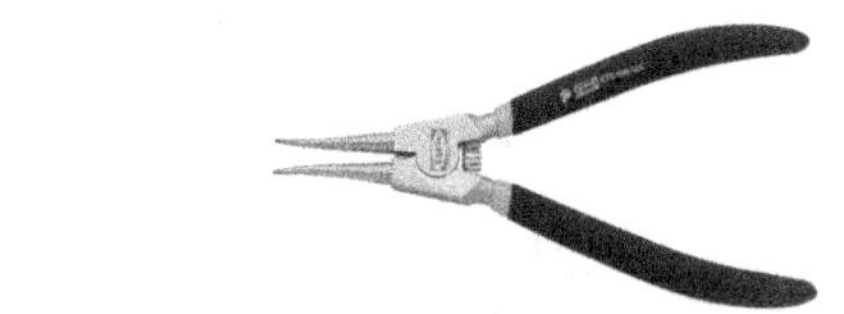

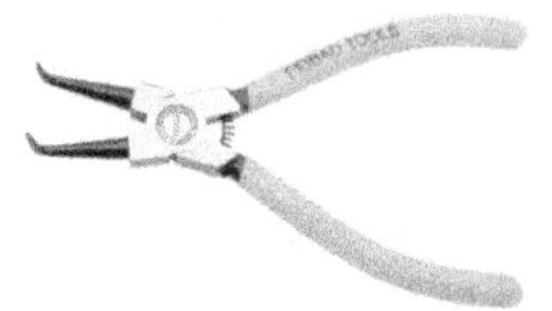

图 2-9　卡簧钳外形

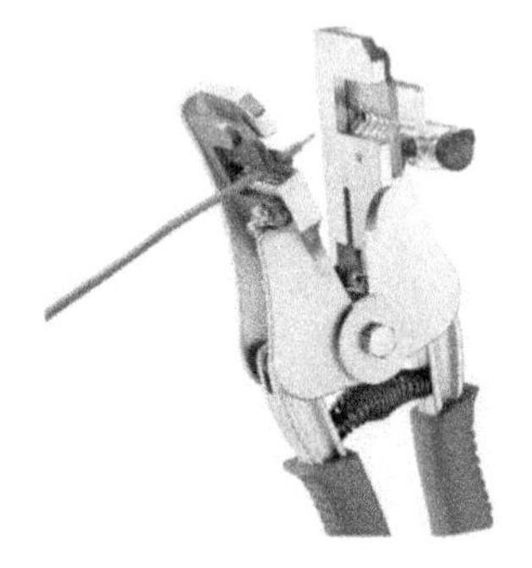

图 2-10　剥线钳外形

卡簧钳的使用注意事项如下。

(1) 用力要平稳，以防钳嘴脱落或断裂。

(2) 用戴手套的手保护卡簧，防止其断裂后伤人。

5. 剥线钳

剥线钳是用来剥除电线头部表面绝缘层的工具，其外形如图 2-10 所示。

剥线钳的使用方法如下。

(1) 根据电缆线的粗细型号，选择相应的剥线刃口。

(2) 将准备好的电缆线放在剥线钳的刀刃中间，选择好要剥线的长度。

(3) 握住剥线钳手柄，将电缆线夹住，缓缓用力使电缆线外表皮慢慢剥落。

(4) 松开剥线钳手柄，取出电缆线，这时电缆金属整齐地露在外面，其余绝缘层完好无损。

2.1.3　扳手类

1. 活动扳手

活动扳手是主要用来旋紧六角形、正方形螺钉和各种螺母的工具，采用工具钢、合金钢或可锻铸铁制成，一般分为通用的、专用的和特殊的等三大类。使用时，应根据螺钉、螺母的形状、规格及工作条件选用规格相适应的活动扳手去操作。活动扳手外形如图 2-11 所示。

活动扳手由扳手体、固定钳口、活动钳口及蜗杆等组成。它的开口尺寸可在一定范围内调节，所以对大小在其开口尺寸范围内的螺钉、螺母一般都可以使用。各种扳手的加力方向是固定的，反向加力时扳口会向外张，所以加力时，须确认扳手的加力方向。活动扳手的使用方法及其使用注意事项如下。

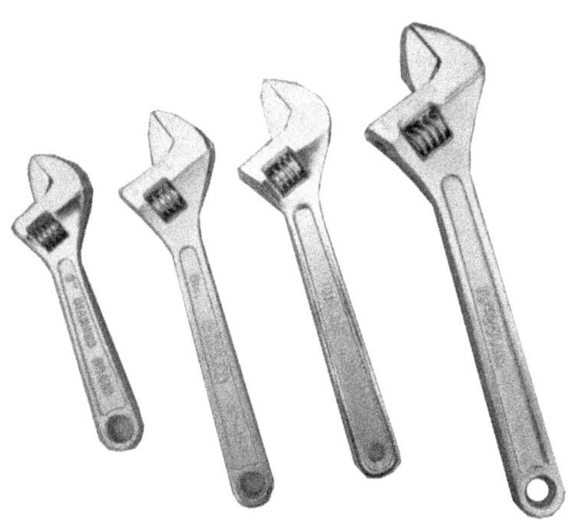

图 2-11　活动扳手外形

(1) 活动扳手的开口尺寸能在一定范围内任意调节。

(2) 用于拆装大小在扳手开口尺寸限度以内的螺栓、螺母。特别是对于不规则的螺栓、螺母,活动扳手更能发挥作用。

(3) 不可用于拧紧力矩较大的螺栓、螺母,以防损坏扳手活动部分。

2. 套筒扳手

套筒扳手一般称为套筒,由多个带六角孔或十二角孔的套筒及手柄、接杆等多种附件组成,特别适用于拧转位于十分狭小处或凹陷很深处的螺栓或螺母。套筒尺寸有公制和英制之分,套筒虽然内凹形状一样,但外径、长短等是针对对应设备的形状和尺寸设计的,国家没有统一规定,所以套筒的设计相对来说比较灵活,符合大众的需要。套筒扳手一般都附有一套各种规格的套筒头,以及摆手柄、接杆、万向接头、旋具接头、弯头手柄等,用来套入六角螺帽。套筒扳手的套筒头是一个凹六角形的圆筒;扳手通常由碳素结构钢或合金结构钢制成,扳手头部具有规定的硬度,中间及手柄部分则具有弹性。套筒扳手外形如图 2-12 所示。

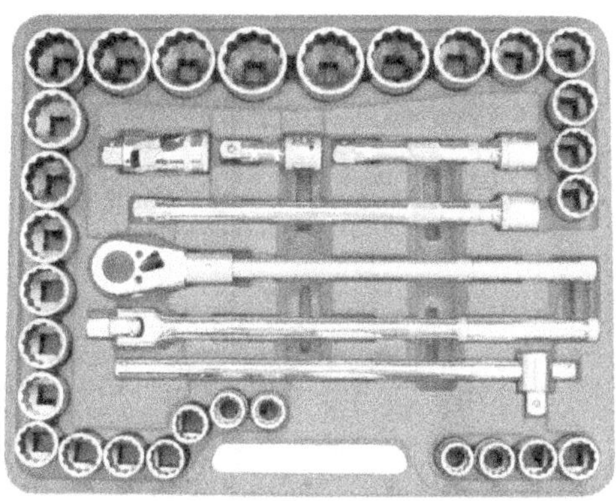

图 2-12　套筒扳手外形

套筒扳手的使用场合及其使用注意事项如下。

(1) 用于拧紧或拧松力矩较大的或头部为特殊形状的螺栓、螺母。

(2) 根据作业空间及力矩要求,选用接杆及合适的套筒进行作业。

(3) 使用时,套筒必须与螺栓或螺母的形状与尺寸相适合,一般不允许使用外接加力装置。

3. 内六角扳手

内六角扳手是一种"L"形的六角棒状扳手,专用于拧转内六角螺钉。它通过扭矩对螺钉施加作用力,大大降低了使用者的用力强度,是数控机床维修中不可或缺的得力工具,其外形如图 2-13 所示。

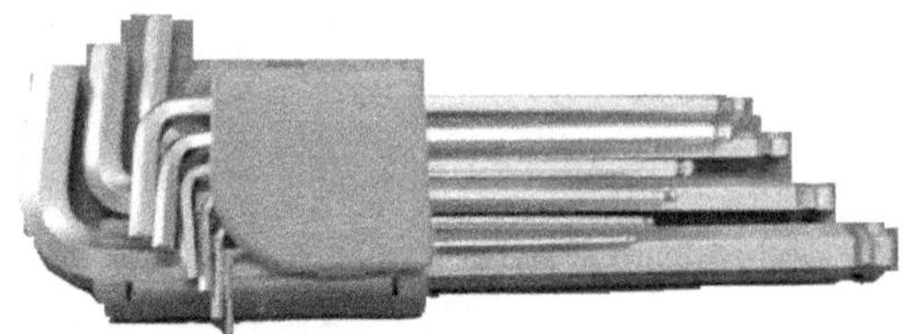

图 2-13 内六角扳手外形

内六角扳手的用途及其使用注意事项如下。

(1) 用于拧紧或拧松标准规格的内六角螺栓或螺母。

(2) 拧紧或拧松的力矩较小。

(3) 内六角扳手的选取应与螺栓或螺母的内六方孔相适应,不允许使用套筒等加长装置,以免损坏螺栓或者扳手。

4. 开口扳手

开口扳手也称呆扳手,开口宽度在 6~24 mm 范围内。开口扳手成组配套,有 6 件一组和 8 件一组两种,适用于拆装一般标准规格的螺栓和螺母,其外形如图 2-14 所示。

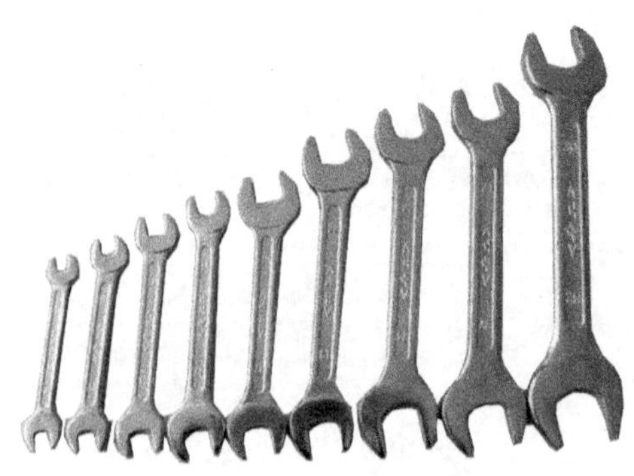

图 2-14 开口扳手外形

开口扳手的使用注意事项如下。

(1) 在使用开口扳手拧动螺栓或螺母时，不得把开口扳手的吃力方向弄反。如果反方向用力拧动，很可能把开口扳手的开口拉开，使开口扳手损坏。

(2) 多用于拧紧或拧松标准规格的螺栓或螺母。

(3) 不可用于拧紧力矩较大的螺栓或螺母。

(4) 可以上、下套入或横向插入，使用方便。

5. 梅花扳手

梅花扳手由于其转角较小，可用于只有较小摆角的地方（只需转过扳手 1/2 的转角）；由于接触面大，无受力方向，可用于强力拧紧；由于具有带六角孔或十二角孔的工作端，适用于工作空间狭小而不能使用普通扳手的场合。梅花扳手广泛用于拆卸和紧固螺栓。在拆卸和紧固螺栓时，应使扳手垂直于螺栓拆卸和紧固方向，否则容易损坏螺栓甚至会伤到操作人员。在使用中要牢记，紧固螺栓时，左手按住螺栓方向的扳手头，保持扳手垂直于螺栓，右手手指伸开，施加推力或拉力，使用掌心推、拉扳手。拆卸时施力方向相反。梅花扳手外形如图 2-15 所示。

图 2-15　梅花扳手外形

梅花扳手适用于拆装尺寸在 5～27 mm 范围内的螺栓或螺母。每套梅花扳手有 6 件一组和 8 件一组两种。梅花扳手两端似套筒，有 12 个角，能将螺栓或螺母的头部套住，工作时不易滑脱。有些螺栓和螺母的安装空间受周围条件的限制，这时梅花扳手尤为适用。

梅花扳手的使用注意事项如下。

(1) 适用于狭窄场合的操作，扳手扳动 30°后，则可更换位置。

(2) 使用时，可将螺栓或螺母的头部全部围住，不易脱落，安全可靠。

(3) 与开口扳手相比，拧紧或拧松力矩较大，但受空间的限制也较大。

能用套筒扳手的地方不用梅花扳手，但需要有足够的空间；能用梅花扳手的地方不用开口扳手；尽量不用活动扳手。

2.1.4　拉马

拉马是使轴承与轴相分离的拆卸工具。使用时用三个抓爪勾住轴承，然后旋转带有丝扣的顶杆，轴承就可被缓缓从轴上拉出。拉马外形如图 2-16 所示。

拉马的使用方法及其使用注意事项如下。

(1) 根据紧固件的大小来选择合适的拉马。

(2) 在操作拉马的时候，要选择合适的操作方位，一定要注意拉的速度不能太快，否则会伤到拉件。

(3) 调整拉马的拉臂固定螺栓的松紧度，以拉臂能灵活转动为准。

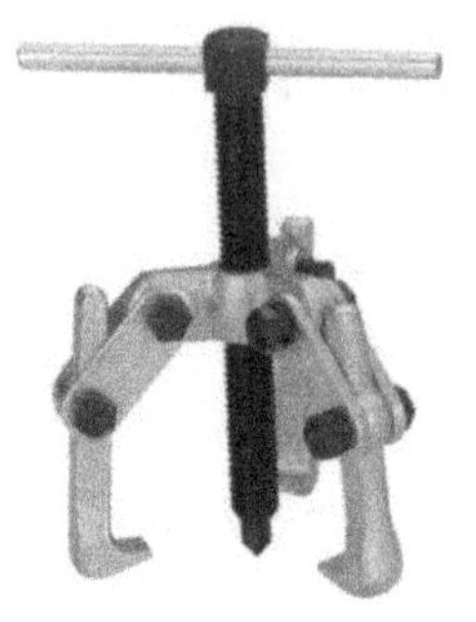

图 2-16　拉马外形

(4) 选择合适的拉动点后，将拉马的拉力螺栓对准固定孔。

(5) 将拉马的拉力臂挂在所要拉出的设备上，用手转动拉力螺栓，使拉力臂受力。

(6) 用操作工具转动拉力螺栓，使拉件一点一点地被拉出。当拉马从受力状态突然变为松弛状态时，可取下拉马，然后取出拉件。

2.1.5　电烙铁

电烙铁是手工施焊的主要工具。它是一种电热器件，通电后产生高温，可使焊锡熔化，主要用途是焊接元件及导线。电烙铁按加热方式可分为内热式电烙铁和外热式电烙铁，按功能可分为无吸锡电烙铁和吸锡式电烙铁，按用途又分为大功率电烙铁和小功率电烙铁。电烙铁的种类很多，结构各有不同，但都是由发热部分、储热部分和手柄三部分组成的。电烙铁外形如图 2-17 所示。

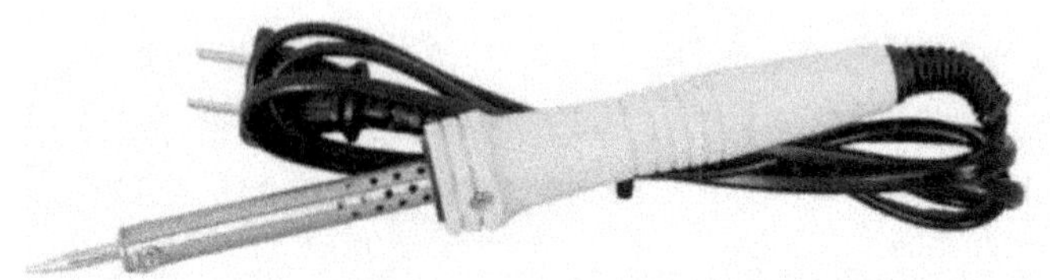

图 2-17　电烙铁外形

1. 电烙铁的种类

(1) 外热式电烙铁。

芯子(发热元件)用电阻丝绕在以薄云母片为绝缘材料的筒子上，烙铁头安装在芯子里面，因而称为外热式电烙铁，如我们常用的 45 W、60 W 电烙铁。

(2) 内热式电烙铁。

芯子安装在烙铁头内，被烙铁头包起来，直接对烙铁头加热。内热式电烙铁芯子的镍铬丝和绝缘瓷管都比较细，因而机械强度较外热式电烙铁的差，不耐冲击，在使用时不要随意敲击、铲撬，更不能用钳子夹发热管子，以免发生意外。

（3）恒温电烙铁。

恒温电烙铁在内热式电烙铁的基础上增加了控温电路，使电烙铁的温度在一定范围内保持恒定。

（4）调温电烙铁。

普通的内热式烙铁增加一个功率、温度控制器（常用晶闸管电路调节）即为调温电烙铁，可以改变供电的输入功率，可调温度范围为100～400 ℃，适合焊接一般小型电子元件和印制电路板。

（5）热风焊烙铁。

热风焊烙铁也叫热风枪，准确地讲它不属于电烙铁，它是用热风作热源的。烙铁工作时，发出定向热风，此时热风附近空间就升温，达到焊接目的。使用热风焊烙铁时，调节温度、风量到需要值，再让风口在需拆的贴片元件附近移动，当元件的锡点熔化时即可取下需拆元件，然后补焊上新元件。

2. 电烙铁的选用要求

（1）要根据焊接件的形状、大小及焊点和元器件密度等要求来选择合适的烙铁头形状。

（2）烙铁头顶端温度应根据焊锡的熔点而定。通常烙铁头的顶端温度应比焊锡熔点高30～80 ℃，而且不应包括烙铁头接触焊点时下降的温度。

（3）所选电烙铁的热容量和烙铁头的温度恢复时间应能满足被焊工件的热要求。

（4）根据元件特点及手头拥有电烙铁的状况，在实际使用过程中应依工序要求选用合适的电烙铁：普通无特殊要求工序（如执锡、焊接普通元器件等），一般选用40～60 W的电烙铁；特殊敏感工序（如SMT元件焊接、集成电路焊接等），选用55 W恒温电烙铁；需指定焊接温度的工序（如MIC焊接等），选用调温电烙铁；热风焊烙铁用于贴片集成块的拆焊。

3. 焊接操作姿势

正确的操作姿势是：挺胸端正直坐，不要弯腰，鼻尖至烙铁头尖端至少应保持20 cm的距离，通常以40 cm为宜。一般握电烙铁的姿势像握钢笔那样，与焊接面约成45°角。

4. 电烙铁的使用方法

（1）选择焊锡丝。

常用的焊锡丝是一种包有助焊剂的焊锡丝，它有直径0.8、1.0、1.2 mm等多种规格，可酌情使用。助焊剂起清除被焊接金属表面的杂质、防止氧化、增加焊锡的浸润作用，可提高焊接的可靠性。手工焊接常用的焊料是焊锡丝，用拇指和食指握住焊锡丝，端部留出3～5 cm的长度，并借助中指往前送料。

（2）准备。

准备好被焊工件，电烙铁加温到工作温度，烙铁头保持干净并吃好锡，一手握好电烙铁，一手抓好焊锡丝，电烙铁与焊锡丝分居于被焊工件两侧。

(3) 加热。

烙铁头接触被焊工件，包括工件端子和焊盘在内的整个焊件全体要均匀受热，不要施加压力或随意拖动烙铁，加热时间以1～2 s为宜。

(4) 加焊锡丝。

当工件被焊部位升温到焊接温度时，送上焊锡丝并与工件焊点部位接触，熔化并润湿焊点。焊锡丝应从电烙铁对面接触焊件。送锡要适量，一般以有均匀、薄薄的一层焊锡，能全面润湿整个焊点为佳。合格的焊点外形应呈圆锥状，没有拖尾，表面微凹，且有金属光泽，从焊点上面能隐隐约约分辨出引线轮廓。焊锡堆积过多，内部就可能掩盖着某种缺陷或隐患，而且焊点的强度也不一定高；但焊锡如果填充得太少，就不能完全润湿整个焊点。

(5) 移去焊锡丝。

熔入适量焊锡(焊锡已被焊件充分吸收并形成一层薄薄的焊料层)后，迅速移去焊锡丝。

(6) 移去电烙铁。

移去焊锡丝后，在助焊剂(锡丝内含有)还未挥发完之前，迅速移去电烙铁，否则将留下不良焊点。电烙铁撤离方向与焊锡留存量有关，一般以与轴向成45°角的方向撤离为准。撤离电烙铁时，应往回收，回收动作要迅速、熟练，以免形成拉尖。收电烙铁的同时，应轻轻旋转一下，这样可以吸除多余的焊料。

以上从放电烙铁到焊件上至移去电烙铁，整个过程以2～3 s为宜。时间太短，焊接不牢靠；时间太长容易损坏元件。

5. 电烙铁的使用注意事项

(1) 使用电烙铁前应检查工作电压是否与电烙铁标称电压相符。

(2) 电烙铁通电后不能任意敲击、拆卸及安装其电热部分零件。

(3) 电烙铁应保持干燥，不宜在过分潮湿或淋雨的环境使用。

(4) 切断电源后，最好利用余热在烙铁头上上一层锡，以保护烙铁头。

(5) 当烙铁头上有黑色氧化层的时候，可用砂纸擦去，然后通电，并立即上锡。

(6) 用海绵来收集锡渣和锡珠，海绵以用手捏刚好不出水的湿度为适。

2.2 测量类工具

2.2.1 百分表

百分表是利用精密齿条齿轮机构制成的表式通用测量工具，通常由测量头、测量杆、防振弹簧、齿条、齿轮、游丝、圆表盘及指针等组成，常用于形状和位置误差及小位移的长度测量。百分表的圆表盘上印制有 100 个等分刻度，每一分度值相当于测量杆移动 0.01 mm。若在圆表盘上印制 1 000 个等分刻度，则每一分度值为 0.001 mm，这种测量工具即称为千分表。改变测量头形状并配以相应的支架，可制成百分表的变形品种，如厚度百分表、深度百分表和内径百分表等。如用杠杆代替齿条，可制成杠杆百分表和杠杆千分表，其示值范围较小，但灵敏度较高。此外，它们的测量头可在一定角度内转动，能适应不同方向的测量，结构紧凑。它们适用于测量普通百分表难以测量的外圆、小孔和沟槽等的形状和位置误差。百分表外形如图 2-18 所示。

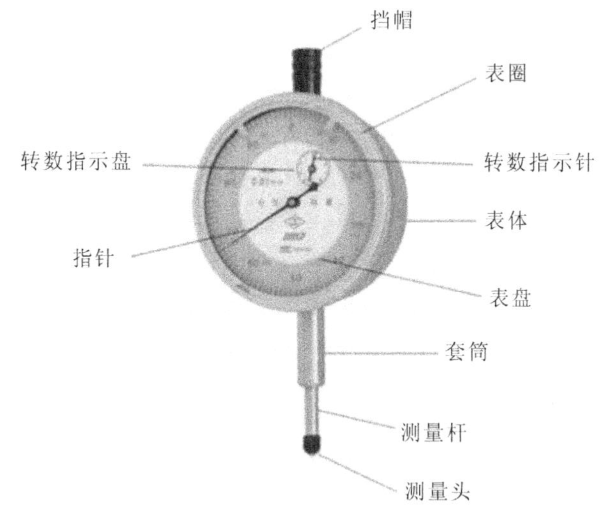

图 2-18　百分表外形

1. 百分表的工作原理

百分表的工作原理是将被测尺寸引起的测量杆的微小直线移动，经过齿轮传动放大，变为指针在刻度盘上的转动，从而读出被测尺寸的大小，如图 2-19 所示。百分表是利用齿条齿轮或杠杆齿轮传动，将测量杆的直线位移变为指针的角位移的计量器具。

2. 百分表的主要用途

百分表主要用于测量工件的尺寸和形状、位置误差等，分度值为 0.01 mm，测量范围为 0～3 mm、0～5 mm 和 0～10 mm。

3. 百分表的读数方法

百分表读数时先读小表盘指针转过的刻度线（即毫米整数），再读大表盘指针转过的刻度线并估读一位（即小数部分），将大表盘指针读数值乘以 0.01，与小表盘指针读数值相加，即得到所测量的数值。

4. 百分表的使用方法

百分表要通过磁性表座固定，大表盘一格是 0.01 mm，小表盘一格是 1 mm，大

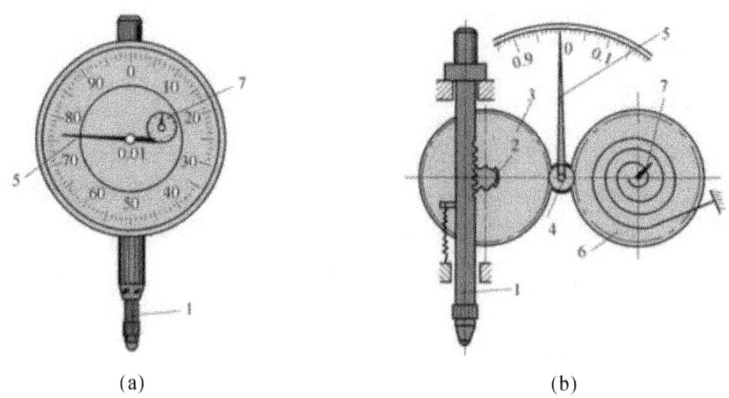

图 2-19 百分表的工作原理示意图

(a) 百分表；(b) 传动原理

1—测量杆；2—小齿轮；3—大齿轮；4—中间齿轮；5—指针；6—拉簧；7—转数指针

表盘指针转一圈，小表盘指针转一格，表示活动测量头移动了 1 mm。

将百分表固定在待测量的物体(一般都是旋转的规则物体，比如圆柱体)上，然后旋转。如果物体是规则的，而且固定的位置准确，那么百分表的测量结果偏差应该为 0。但实际使用时很难实现偏差为 0，比如加工物体，一般测量结果在一个限度内有偏差，即存在误差，这是可以容忍的。

百分表现在有两种。一种是用磁力座式的，测量范围为 0～5 mm。使用时首先架好表座，调整伸缩杆的长度，使小表盘指针指在“2.5”刻度线左右，然后使大表盘指针对到“0”刻度线，压缩表和顶针为正值，松开顶针为负值。这种百分表测量范围较大，误差相对也大。

还有一种杠杆式的，是用夹具夹紧的，正负最大的测量范围为 80 μm。使用时调整杠杆与对轮的松紧度，使得表的测量范围在正负 80 μm 之内，然后再调整大表盘指针对“0”，原理同上。这种百分表读数有时会分不清正负方向，但其消除了磁座因重力而产生的误差，测量更精确。

百分表是一种精度较高的比较量具，它只能测出相对数值，不能测出绝对值，主要用于检测工件的形状和位置误差(如圆度、平面度、垂直度、跳动等)，也可在机床上用于工件的安装找正。百分表的测量准确度为 0.01 mm。其使用方法如下。

(1) 将百分表稳定可靠地固定在表座或表架上。装夹指示表时，夹紧力不能过大，以免套筒变形卡住测量杆。

(2) 调整百分表的测量杆轴线垂直于被测平面。对于圆柱形工件，测量杆的轴线要垂直于工件的轴线，否则会产生很大的误差并损坏指示表。

(3) 测量前调零位。绝对测量用平板做零位基准，比较测量用对比物(量块)做零位基准。调零位时，先使测量头与基准面接触，压测量头使大表盘指针旋转大于一圈，转动刻度盘使大表盘指针与“0”刻度线对齐。然后把测量杆上端提起 1～2 mm，再放手使其落下，反复 2～3 次后检查指针是否仍与“0”刻度线对齐，如不齐则重调。

(4) 测量时,用手轻轻抬起测量杆,将工件放入测量头下测量,不可把工件强行推入测量头下。

5. 百分表的使用注意事项

(1) 使用前,应检查测量杆活动的灵活性,即轻轻推动测量杆时,测量杆在套筒内的移动要灵活,没有任何阻滞现象,每次手松开后,指针能回到原来的刻度位置。

(2) 使用时,必须把百分表固定在可靠的夹持架上,切不可贪图省事,随便夹在不稳固的地方,避免测量结果不准确或摔坏百分表。

(3) 测量时,不要使测量杆的行程超过它的测量范围,不要使测量头突然撞到工件上,也不要用百分表测量表面粗糙度过大或有显著凹凸不平的工件。

(4) 测量平面时,百分表的测量杆要与平面垂直;测量圆柱形工件时,测量杆要与工件的中心线垂直,否则将使测量杆活动不灵或测量结果不准确。

(5) 为方便读数,在测量前一般都让大表盘指针指到"0"刻度线。

6. 百分表的维护保养

(1) 使百分表远离液体,不与切削液、水或油接触。

(2) 在不使用百分表时,要解除其所有负荷,让测量杆处于自由状态。

(3) 除长期不用外,测量杆上不涂任何油脂,以免出现黏结。

(4) 切勿敲击、碰撞、摔打百分表。

(5) 不要使测量杆突然撞落到工件上,也不可强烈振动、敲打指示表。

(6) 测量时注意百分表的测量范围,不要使测量头位移超出量程,以免过度伸长弹簧,损坏指示表。

(7) 不使测量头和测量杆做过多无效的运动,否则会加快零件磨损,使百分表失去应有精度。

(8) 当测量杆移动发生阻滞时,不可强力推压测量头,须送计量室处理。

百分表作为机械长度测量工具中一种精度较高的测量仪器,已被广泛应用。我们平时在使用百分表时,一定要按照正确的使用方法去操作,这样才能保证仪器测量数据的准确性及使用寿命等。

2.2.2　万用表

万用表又叫多用表、三用表、复用表,是一种多功能、多量程的测量仪表,一般可测量直流电流、直流电压、交流电压、电阻和音频电平等,有的还可以测交流电流、电容量、电感量及半导体的一些参数。

1. 万用表的结构

常见的万用表主要由表头、测量线路及转换开关等三个主要部分组成。指针式万用表的外形如图 2-20 所示。

(1) 表头。

表头是一只具有高灵敏度的磁电式直流电流表,万用表的主要性能指标基本上

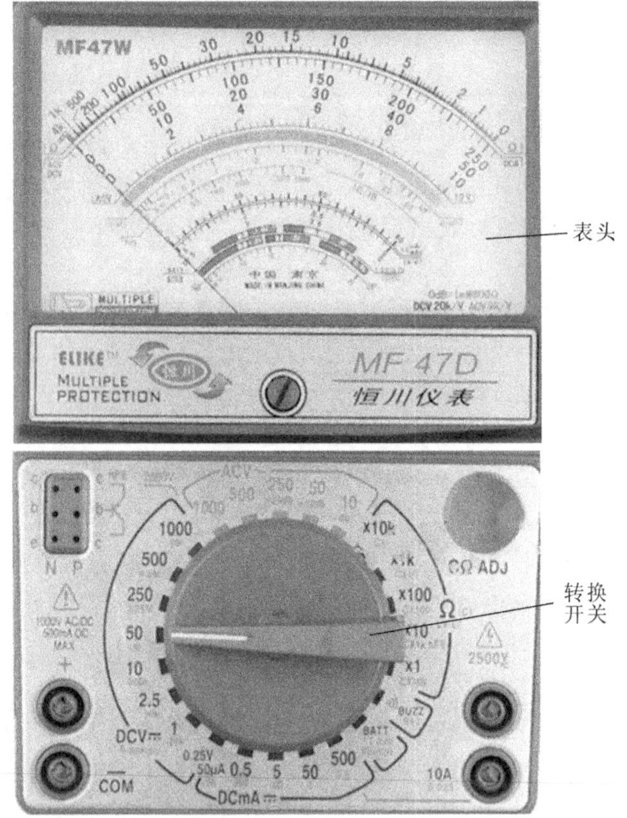

图 2-20　指针式万用表

取决于表头的性能。表头的灵敏度是指表头指针满刻度偏转时流过表头的直流电流值,这个值越小,表头的灵敏度越高。测电压时的内阻越大,其性能就越好。表头上有四条刻度线,它们的功能如下。第一条(从上到下)标有“R”或“Ω”,指示的是电阻值,转换开关在电阻挡时,即读此条刻度线。第二条标有“∽”和“VA”,指示的是交、直流电压和直流电流值,当转换开关在交、直流电压或直流电流挡,量程在除交流10 V以外的其他位置时,即读此条刻度线。第三条标有“10 V”,指示的是10 V的交流电压值,当转换开关在交、直流电压挡,量程在交流10 V时,即读此条刻度线。第四条标有“dB”,指示的是音频电平。

(2) 测量线路。

测量线路是用来把各种被测量转换为适合表头测量的微小直流电流的电路。它由电阻、半导体元件及电池组成,能将各种不同的被测量(如电流、电压、电阻等)、不同的量程,经过一系列的处理(如整流、分流、分压等)统一变成一定范围内的微小直流电流送入表头进行测量。

(3) 转换开关。

转换开关的作用是选择各种不同的测量线路,以满足不同种类和不同量程的测量要求。

2. 万用表的使用

(1) 熟悉表盘上各符号的含义及各个旋钮和选择开关的主要作用。

(2) 进行机械调零。

(3) 根据被测量的种类及大小，选择转换开关的挡位及量程，找出对应的刻度线。

(4) 选择表笔插孔的位置。

(5) 测量电压。测量电压时要选择好量程。如果用小量程去测量大电压，则会有烧表的危险；如果用大量程去测量小电压，那么指针偏转太小，无法准确读数。量程的选择应尽量使指针偏转到满刻度的 2/3 左右为宜。如果事先不清楚被测电压的大小，则应先选择最高量程挡，然后逐渐减小到合适的量程。

① 交流电压的测量。将万用表的转换开关置于交流电压挡的合适量程上，万用表两表笔和被测电路或负载并联连接。

② 直流电压的测量。将万用表的转换开关置于直流电压挡的合适量程上，且"+"表笔（红表笔）接到高电位处，"−"表笔（黑表笔）接到低电位处，即让电流从红表笔流入，从黑表笔流出。若表笔接反，表头指针会反方向偏转，容易撞弯指针。

(6) 测电流。测量直流电流时，将万用表的转换开关置于直流电流挡的合适量程上，电流的量程选择和读数方法与测电压时一样。测量时必须先断开电路，然后按照电流从正极到负极的方向，将万用表串联到被测电路中，即电流从红表笔流入，从黑表笔流出。如果误将万用表与负载并联，则因表头的内阻很小，会造成短路，烧毁仪表。其读数方法为

$$实际值=指示值\times量程/满偏值$$

(7) 测电阻。用万用表测量电阻时，应按下列方法操作。

① 选择合适的倍率挡。万用表电阻挡的刻度线是不均匀的，所以倍率挡的选择应使指针停留在刻度线较稀的部分为宜，且指针越接近刻度尺的中间，读数越准确。一般情况下，应使指针指在刻度尺的 1/3～2/3 之间。

② 电阻挡调零。测量电阻值之前，应将 2 个表笔短接，同时调节电阻值（电气）调零旋钮，使指针刚好指在电阻刻度线右边的零位。如果指针不能调到零位，说明电池电压不足或仪表内部有问题。每换一次倍率挡，都要再次进行电阻值调零，以保证测量准确。

③ 读数。表头的读数乘以倍率，就是所测电阻的电阻值。

3. 测量技巧

(1) 测扬声器、耳机、动圈式传声器好坏。用"$R\times1$"挡，任一表笔接一端，另一表笔接触另一端，正常时会发出清脆响亮的"哒"声。如果不响，则是线圈断了；如果响声小而尖，则是有线圈问题，也不能用。

(2) 测电容。用电阻挡，根据电容容量选择适当的量程，并注意测量时，对于电

解电容,黑表笔要接电容正极。① 估测微法级电容容量的大小:可凭经验或参照相同容量的标准电容,根据指针摆动的最大幅度来判定。所参照的电容耐压值不必一样,只要容量相同即可。例如,估测一个容量为 100 μF/250 V 的电容可用一个容量为100 μF/25 V的电容来参照,只要它们指针摆动最大幅度一样,即可断定容量一样。② 估测皮法级电容容量大小:要用"$R\times10$ k"挡,但只能测到容量为 1 000 pF 以上的电容。对 1 000 pF 或容量稍大一点的电容,只要表针稍有摆动,即可认为容量够了。③ 测电容是否漏电:对容量为 1 000 μF 以上的电容,可先用"$R\times10$"挡将其快速充电,并初步估测电容容量,然后改到"$R\times1$ k"挡继续测一会儿,这时指针不应回返,而应停在或十分接近"∞"处,否则就是有漏电现象。一些几十微法以下的定时或振荡电容(比如彩电开关电源的振荡电容)的漏电特性要求非常高,只要稍有漏电就不能用,这时可在"$R\times1$ k"挡充完电后再改用"$R\times10$ k"挡继续测量,同样表针应停在或十分接近"∞"处而不应回返。

(3) 在路测二极管、三极管、稳压管好坏。因为在实际电路中,三极管的偏置电阻或二极管、稳压管的周边电阻一般都比较大,大都在几百、几千欧姆以上,这样,我们就可以用万用表的"$R\times10$"挡或"$R\times1$"挡来在路测量 PN 结的好坏。在路测量时,用"$R\times10$"挡测 PN 结应有较明显的正反向特性(如果正反向电阻相差不太明显,可改用"$R\times1$"挡来测),一般正向电阻在"$R\times10$"挡测时,表针应指示在 200 Ω 左右,在"$R\times1$"挡测时,表针应指示在 30 Ω 左右(根据不同表型可能略有出入)。如果测量到正向阻值太大或反向阻值太小,都说明这个 PN 结有问题,也就是被测管子有问题了。这种方法在维修时特别有效,可以非常快速地找出坏管,甚至可以测出尚未完全坏掉但特性变坏的管子。比如当你用小阻值挡测量到某个 PN 结正向电阻过大,如果你把它焊下来用常用的"$R\times1$ k"挡再测,可能还是正常的,但其实这个管子的特性已经变坏了,它已经不能正常或稳定工作了。

(4) 测电阻。测电阻时重要的是要选好量程,当指针指示于满量程的 1/3～2/3 时测量精度最高,读数最准确。要注意的是,在用"$R\times10$ k"电阻挡测兆欧级的大阻值电阻时,不可将手指捏在电阻两端,这样人体电阻会使测量结果偏小。

(5) 测稳压管。我们通常所用到的稳压管的稳压值一般都大于 1.5 V,而万用表的"$R\times1$ k"以下的电阻挡是用表内的 1.5 V 电池供电的,这样,用"$R\times1$ k"以下的电阻挡测量稳压管就如同测普通二极管一样,具有完全的单向导电性。但万用表的"$R\times10$ k"挡是用 9 V 或 15 V 电池供电的,在用"$R\times10$ k"挡测稳压值小于 9 V 或 15 V 的稳压管时,反向阻值就不会是无穷大,而是有一定阻值,但这个阻值还是要大大高于稳压管的正向阻值的。如此,我们就可以初步估测出稳压管的好坏。但是,好的稳压管还要有个准确的稳压值,怎么估测出这个稳压值呢?不难,再去找一块万用表来就可以了。方法是:先将第一块表置于"$R\times10$ k"挡,其黑、红表笔分别接在稳压管的阴极和阳极,这时就模拟出了稳压管的实际工作状态;再取第二块表置于电压挡"V×10"挡或"V×50"挡(根据稳压值)上,将红、黑表笔分别搭接到第一块表的黑、红表笔上，这时测出的电压值基本上就是这个稳压管的稳压值。说“基本上”，是因为第一块表对稳压管的偏置电流相对稳压管正常使用时的偏置电流稍小些，所以测出的稳压值会稍偏大一点，但基本相差不大。这个方法只可估测稳压值小于万用表高压电池电压的稳压管。如果稳压管的稳压值太高，就只能用外加电源的方法来测量了。这样看来，我们在选用万用表时，选用高压电池电压为 15 V 的要比 9 V 的更适用些。

(6) 测三极管。通常我们要用“$R\times1$ k”挡，不管是 NPN 管还是 PNP 管，不管是小功率管、中功率管还是大功率管，测其 be 结、cb 结都应呈现与二极管完全相同的单向导电性，反向电阻无穷大，其正向电阻大约为 10 kΩ。为进一步估测管子特性的好坏，必要时还应变换电阻挡位进行多次测量，方法是：置“$R\times10$”挡测 PN 结正向导通电阻大约都为 200 Ω；置“$R\times1$”挡测 PN 结正向导通电阻大约都为 30 Ω。(以上为 47 型表测得数据，其他型号表略有不同，可多试测几个好管总结一下，做到心中有数)如果读数偏大太多，可以断定管子的特性不好。还可将表置于“$R\times10$ k”挡再测，耐压再低的管子(基本上三极管的耐压都在 30 V 以上)，其 cb 结反向电阻也应为无穷大，但其 be 结的反向电阻可能会有一定阻值，表针会稍有偏转(一般不会超过满量程的1/3，根据管子的耐压不同而不同)。同样，在用“$R\times10$ k”挡测 ec 结(对 NPN 管)或 ce 结(对 PNP 管)的电阻时，表针可能略有偏转，但这不表示管子是坏的。但在用“$R\times1$ k”以下挡测 ce 结或 ec 结电阻时，表头指示应为无穷大，否则管子就有问题。应该说明的是，以上测量是针对硅管而言的，对锗管不适用，不过现在锗管也很少见了。另外，所说的“反向”是针对 PN 结而言，对 NPN 管和 PNP 管而言方向实际上是不同的。

现在常见的三极管大部分是塑封的，如何准确判断三极管的三只引脚分别是 b、c、e 哪一极呢？三极管的 b 极很容易测出来，但怎么断定哪个是 c 极、哪个是 e 极？这里推荐三种方法。第一种方法：对于有测三极管 hFE 插孔的万用表，先测出 b 极后，将三极管随意插到插孔中去(当然 b 极应插准确)，测一下 hFE 值，然后再将管子倒过来再测一遍，测得 hFE 值比较大的一次，各管脚插入的位置是正确的。第二种方法：对于无 hFE 测量插孔的万用表，或管子太大不方便插入插孔的，对 NPN 管，先测出 b 极(无论是 NPN 管还是 PNP 管，其 b 极都很容易测出)，将万用表置于“$R\times1$ k”挡，将红表笔接假设的 e 极(注意拿红表笔的手不要碰到表笔尖或管脚)，黑表笔接假设的 c 极，同时用手指捏住黑表笔尖及这个管脚，将管子拿起来，用舌尖舔一下 b 极，表头指针应有一定的偏转。如果各表笔接得正确，指针偏转会大些；如果接得不对，指针偏转会小些，差别是很明显的。由此就可判定管子的 c、e 极。对 PNP 管，要将黑表笔接假设的 e 极(注意拿黑表笔的手不要碰到表笔尖或管脚)，红表笔接假设的 c 极，同时用手指捏住红表笔尖及这个管脚，然后用舌尖舔一下 b 极，如果各表笔接得正确，表头指针会偏转得比较大。当然测量时表笔要交换一下测两次，比较读数后才能最后判定。这个方法适用于所有外形的三极管，方便实用。根据表针的偏转幅度，还可以估计出管子的放大能力，当然这是凭经验的。第三种方法：先判定管子的 NPN 或 PNP 类型及其 b 极，然后将表置于“$R\times10$ k”挡。对于 NPN 管，黑表笔接 e 极，红表笔接 c 极时，表针可能会有一定偏转；对于 PNP 管，黑表笔接 c 极，红表笔接 e 极时，表针可能会有一定的偏转。反过来都不会有偏转。由此也可以判定三极管的 c、e 极。不过对于高耐压的管子，这个方法就不适用了。

4. 万用表的使用注意事项

(1) 在使用万用表之前，应先进行机械调零，即在没有被测量时，将万用表指针调至指在零电压或零电流的位置上。

(2) 在使用万用表的过程中，不能用手去接触表笔的金属部分，这样一方面可以保证测量的准确，另一方面也可以保证人身安全。

(3) 在测量某一电量时，不能在测量的同时换挡，尤其是在测量高电压或大电流时，更应注意。否则，万用表会毁坏。如需换挡，应先断开表笔，换挡后再去测量。

(4) 万用表在使用时，必须水平放置，以免造成误差。同时，还要注意避免外界磁场对万用表的影响。

(5) 万用表使用完毕，应将转换开关置于交流电压的最大挡。如果长期不使用，还应将万用表内部的电池取出来，以免电池漏液腐蚀表内其他器件。

2.2.3 示波器

示波器是一种用途十分广泛的电子测量仪器，全名为阴极射线示波器。它能把肉眼看不见的电信号变换成看得见的图像，便于人们研究各种电现象的变化过程。示波器利用狭窄的、由高速电子组成的电子束，打在涂有荧光物质的屏面上，产生细小的光点。(这是传统的模拟示波器的工作原理)在被测信号的作用下，电子束就好像一支笔的笔尖，可以在屏面上描绘出被测信号瞬时变化的曲线。利用示波器能观察各种不同信号随时间变化而变化的波形曲线，还可以测试各种不同的电量，如电压、电流、频率、相位差、调幅度等。示波器显示的波形可以帮助维修或调试人员迅速、准确地找到故障原因。正确、熟练地使用示波器，是维修人员的一项基本功。示波器外形如图 2-21 所示。

1. 示波器的分类

示波器按照信号的不同可以分为模拟示波器和数字示波器。

(1) 模拟示波器。

模拟示波器采用的是模拟电路(阴极射线管，其基础是电子枪)，电子枪向屏幕发射电子，发射的电子经聚焦形成电子束，并打到屏幕上。屏幕的内表面涂有荧光物质，这样电子束打中的点就会发出光来。

(2) 数字示波器。

数字示波器是综合数据采样、A/D(模/数)转换、软件编程等一系列的技术制造出来的高性能示波器。数字示波器的工作方式是通过 A/D 转换器(ADC)把被测电

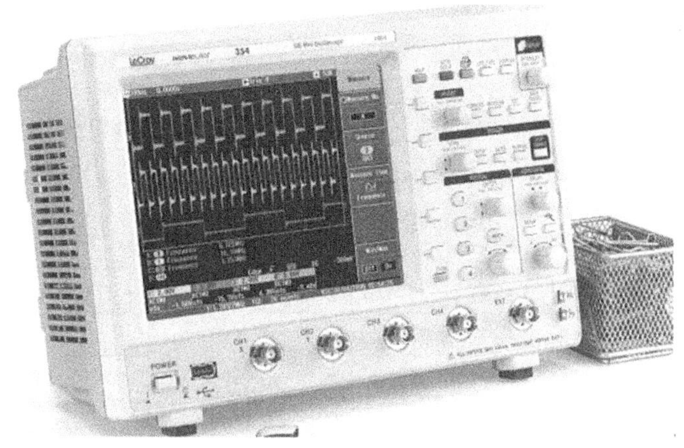

图 2-21　示波器外形

压转换为数字信息。数字示波器捕获的是波形的一系列样值，并对样值进行存储，存储限度是判断累计的样值是否能描绘出波形为止。随后，数字示波器重构波形。数字示波器可以分为数字存储示波器(DSO)、数字荧光示波器(DPO)和采样示波器。

模拟示波器要提高带宽，需要阴极射线管的垂直放大和水平扫描全面推进。数字示波器要改善带宽，只需要提高前端的 A/D 转换器的性能即可，对阴极射线管和扫描电路没有特殊要求。而且数字阴极射线管能充分利用记忆、存储和处理，以及多种触发和超前触发能力。20 世纪 80 年代，数字示波器异军突起，成果累累，大有全面取代模拟示波器之势，模拟示波器的确从前台退到后台。

示波器按照结构和性能不同可以分为以下几种。

(1) 普通示波器。电路结构简单，频带较窄，扫描线性较差，仅用于观察波形。

(2) 多用示波器。频带较宽，扫描线性较好，能对直流、低频、高频、超高频信号和脉冲信号进行定量测试。借助幅度校准器和时间校准器，测量的精确度可达±5%。

(3) 多线示波器。采用多束阴极射线管，能在荧光屏上同时显示两个以上同频信号的波形，没有时差，时序关系准确。

(4) 多踪示波器。具有电子开关和门控电路的结构，可在单束阴极射线管的荧光屏上同时显示两个以上同频信号的波形。但存在时差，时序关系不准确。

(5) 采样示波器。采用采样技术将高频信号转换成模拟低频信号进行显示，有效频带可达 GHz 数量级。

(6) 记忆示波器。采用存储阴极射线管或数字存储技术，将单次电信号瞬变过程、非周期现象和超低频信号长时间保留在阴极射线管的荧光屏上或存储在电路中，以供重复测试。

(7) 数字示波器。内部带有微处理器，外部装有数字显示器，有的产品在阴极射线管荧光屏上既可显示波形，又可显示字符。被测信号经 A/D 转换器到达数据存储器。通过键盘操作，可对捕获的波形参数数据进行加、减、乘、除、求平均值、求平方根值、求均方根值等运算，并显示出运算后的数值。

2. 示波器的基本结构

普通示波器主要由阴极射线管、Y 轴偏转系统、X 轴偏转系统、扫描及整步系统、电源等五部分组成，如图 2-22 所示。

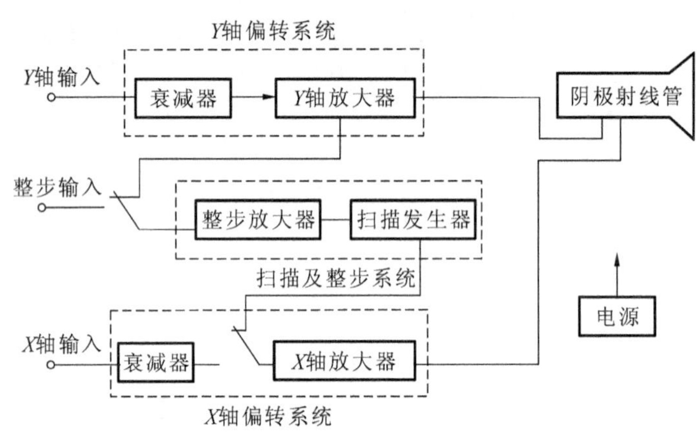

图 2-22 示波器的组成结构示意图

示波器各部分的组成和作用如表 2-1 所示。

表 2-1 示波器各部分名称、组成及作用

名　　称	组成及作用
阴极射线管	这是示波器的核心，其作用是把所需观测的电信号变换成发光的图形
Y 轴偏转系统	由衰减器和 Y 轴放大器组成，其作用是放大被测信号
X 轴偏转系统	由衰减器和 X 轴放大器组成，其作用是放大锯齿波扫描信号或外加电压信号
扫描及整步系统	扫描发生器的作用是产生频率可调的锯齿波电压。整步系统的作用是引入一个幅度可调的电压，来控制扫描电压与被测信号电压保持同步，使屏幕上显示出稳定的波形
电源	由变压器、整流电路及滤波电路等组成，其作用是向整个示波器供电

阴极射线管的基本结构如图 2-23 所示。

阴极射线管是一种特殊的电子管，是示波器一个重要的组成部分。阴极射线管由电子枪、偏转系统和荧光屏三部分组成。

（1）电子枪。

电子枪可产生并形成高速、聚束的电子流，电子流轰击荧光屏使之发光。它主要由灯丝 F、阴极 K、控制栅极 G、第一阳极 A1、第二阳极 A2 组成。除灯丝外，其余电极的结构都为金属圆筒，且它们的轴心都保持在同一轴线上。阴极加热后，可沿轴向发射电子；控制栅极相对阴极来说是负电位，改变电位可以改变通过控制栅极小孔的电子数

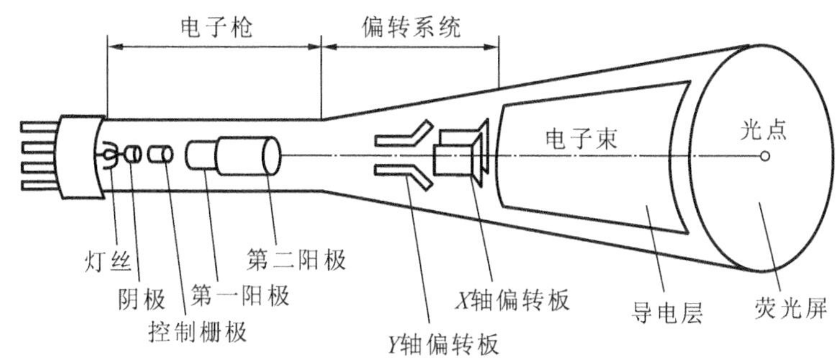

图 2-23　阴极射线管的基本结构示意图

目，也就是控制荧光屏上光点的亮度。为了提高屏上光点亮度，又不降低使电子束偏转的灵敏度，现代阴极射线管中，在偏转系统和荧光屏之间还加上一个后加速电极 A3。

第一阳极对阴极而言加有约几百伏的正电压。在第二阳极上加有一个比第一阳极更高的正电压。穿过控制栅极小孔的电子束，在第一阳极和第二阳极高电位的作用下，得到加速，向荧光屏方向做高速运动。由于电荷同极相斥，电子束会逐渐散开。通过第一阳极、第二阳极之间电场的聚焦作用，电子重新聚集起来并交汇于一点。适当控制第一阳极和第二阳极之间电位差的大小，便能使焦点刚好落在荧光屏上，显现一个光亮细小的圆点。改变第一阳极和第二阳极之间的电位差，可起调节光点聚焦的作用，这就是示波器的聚焦和辅助聚焦调节的原理。后加速电极是阴极射线管锥体内部涂上一层石墨形成的，通常加有很高的电压，它有三个作用：① 使穿过偏转系统以后的电子进一步加速，使电子有足够的能量去轰击荧光屏，以获得足够的亮度；② 石墨层涂在整个锥体上，能起到屏蔽作用；③ 电子束轰击荧光屏会产生二次电子，处于高电位的后加速电极可吸收这些电子。

(2) 偏转系统。

阴极射线管的偏转系统大都是静电偏转式的，由两对相互垂直的平行金属板组成，分别称为水平偏转板（X 轴）和垂直偏转板（Y 轴），分别控制电子束在水平方向和垂直方向的运动。当电子在偏转板之间运动时，如果偏转板上没有加电压，偏转板之间无电场，离开第二阳极后进入偏转系统的电子将沿轴向运动，射向屏幕的中心；如果偏转板上有电压，偏转板之间则有电场，进入偏转系统的电子会在偏转电场的作用下射向荧光屏的一定位置。

如果偏转板之间的电位差等于零，那么通过偏转板空间的、具有速度 v 的电子束就会沿着原方向（设为轴线方向）运动，并打在荧光屏的坐标原点上。如果垂直偏转板之间存在着恒定的电位差，则垂直偏转板间就形成一个电场，这个电场与电子的运动方向相垂直，于是电子就朝着电位比较高的偏转板偏转。这样，在两垂直偏转板之间的空间，电子就沿着抛物线在这一点上做切线运动。最后，电子降落在荧光屏上的 A 点，这个 A 点距离荧光屏原点（O）有一段距离，这段距离称为垂直偏转量，用 y 表示。垂直偏转量 y 与垂直偏转板上所加的电压 U_y 成正比。同理，在水平偏转板上加有直流电压时，也发生类似情况，只是光点在水平方向上偏转。

(3) 荧光屏。

荧光屏位于阴极射线管的终端，它的作用是将偏转后的电子束显示出来，以便观察，如图 2-24 所示。在阴极射线管的荧光屏内壁涂有一层发光物质，因此，荧光屏上受到高速电子冲击的地方就显现出荧光。此时光点的亮度取决于电子束的数目、密度及其速度。改变控制栅极的电压时，电子束中电子的数目将随之改变，光点亮度也随之改变。在使用示波器时，不宜让很亮的光点固定出现在阴极射线管荧光屏的一个位置上，否则该点的荧光物质将因长期受电子冲击而烧坏，从而失去发光能力。

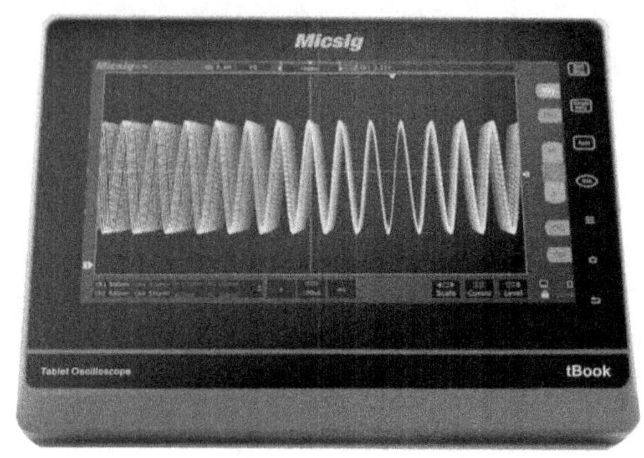

图 2-24　荧光屏

涂有不同荧光物质的荧光屏，在受电子冲击时将显示出不同的颜色和不同的余辉时间，通常供观察一般信号波形用的是发绿光的，属于中余辉阴极射线管；供观察非周期性及低频信号用的是发橙黄色光的，属于长余辉阴极射线管；供照相用的示波器中，一般都采用发蓝色光的短余辉阴极射线管。

3. 示波器的使用方法

示波器虽然分成好几类，各类又有许多种型号，但是一般的示波器除频带宽度、输入灵敏度等不完全相同外，使用方法基本都是相同的。现以 SR-8 型双踪电子示波器为例，介绍示波器的使用方法。

SR-8 型双踪电子示波器的面板如图 2-25 所示。面板装置按其位置和功能通常可划分为三大部分：显示、垂直(Y 轴)和水平(X 轴)。现分别介绍这三部分控制装置的作用。

(1) 显示部分。

① 电源开关。

② 电源指示灯。

③ 辉度：调整光点亮度。

④ 聚焦：调整光点或波形清晰度。

⑤ 辅助聚焦：配合“聚焦”旋钮调节清晰度。

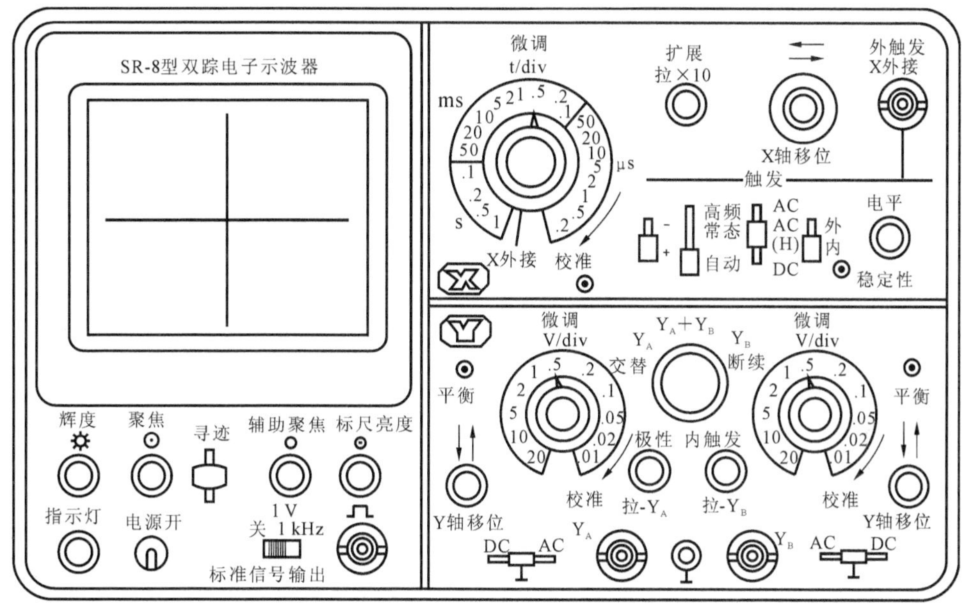

图 2-25　SR-8 型双踪电子示波器面板示意图

⑥ 标尺亮度：调节坐标片上刻度线亮度。

⑦ 寻迹：当按键向下按时，偏离荧光屏的光点回到显示区域，从而寻到光点位置。

⑧ 标准信号输出：1 kHz、1 V 方波校准信号由此引出，加到 Y 轴输入端，用于校准 Y 轴输入灵敏度和 X 轴扫描速度。

(2) 垂直(Y 轴)部分。

① 显示方式选择开关：用于转换两个 Y 轴前置放大器 Y_A 与 Y_B 工作状态的控制件，具有五种不同作用的显示方式。

交替：当显示方式选择开关置于“交替”时，电子开关受扫描信号控制转换，每次扫描都轮流接通 Y_A 或 Y_B 信号。被测信号的频率越高，扫描信号频率也越高，电子开关转换速率也越快，不会有闪烁现象。这种工作状态适用于观察两个工作频率较高的信号。

断续：当显示方式选择开关置于“断续”时，电子开关不受扫描信号控制，产生频率固定为 200 kHz 的方波信号，使电子开关快速交替接通 Y_A 和 Y_B。由于开关动作频率高于被测信号频率，因此屏幕上显示的两个通道信号波形是断续的。当被测信号频率较高时，断续现象十分明显，甚至无法观测；当被测信号频率较低时，断续现象被掩盖。因此，这种工作状态适用于观察两个工作频率较低的信号。

Y_A、Y_B：显示方式选择开关置于“Y_A”或“Y_B”时，表示示波器处于单通道工作，此时示波器的工作方式相当于单踪示波器，即只能单独显示“Y_A”或“Y_B”通道的信号波形。

Y_A+Y_B：显示方式选择开关置于“Y_A+Y_B”时，电子开关不工作，Y_A 与 Y_B 两个通道信号均通过放大器和门电路，示波器将显示出两个通道信号叠加的波形。

② DC-地-AC：Y 轴输入选择开关，用于选择被测信号接至输入端的耦合方式。置于“DC”位置时实现直接耦合，能输入含有直流分量的交流信号；置于“AC”位置时实现交流耦合，只能输入交流分量；置于“地”位置时，Y 轴输入端接地，这时显示的时基线一般用作测试直流电压零电平的参考基准线。

③ V/div：灵敏度选择开关及微调旋钮。灵敏度选择开关是套轴结构式的。黑色旋钮是 Y 轴灵敏度粗调装置，自 10 mV/div～20 V/div 分 11 挡。红色旋钮为细调旋钮，顺时针方向增加到满度时为校准位置，可按粗调旋钮所指示的数值，读取被测信号的幅度。当红色旋钮逆时针方向转到满刻度时，连续调节“微调”电位器，可实现各挡级之间的灵敏度覆盖。在定量测量时，红色旋钮应置于顺时针方向满刻度的校准位置。

④ 平衡：当 Y 轴放大器输入电路出现不平衡时，显示的光点或波形就会随“V/div”开关的“微调”旋钮旋转而出现 Y 轴方向的位移，调节“平衡”电位器能将这种位移减至最小。

⑤ ↑↓Y 轴移位：用于调节波形的垂直位置。

⑥ 极性、拉-Y_A：Y_A通道的极性转换按拉式开关。拉出时 Y_A通道信号倒相显示，即显示方式为“Y_A+Y_B”时，显示图像为 Y_B-Y_A。

⑦ 内触发、拉-Y_B：触发源选择开关。在按的位置上（常态）扫描触发信号分别取自 Y_A及 Y_B通道的输入信号，适应于单踪或双踪显示，但不能够对双踪波形进行时间比较。当把开关拉出时，扫描的触发信号只取自于 Y_B通道的输入信号，因而它适用于双踪显示时对比两个波形的时间和相位差。

⑧ Y 轴输入插座采用 BNC 型插座，被测信号由此直接或经探头输入到示波器。

(3) 水平（X 轴）部分。

① t/div：扫描速度选择开关及微调旋钮。X 轴的光点移动速度由其决定，从 0.2 μs～1 s 共分 21 挡。在该开关“微调”电位器顺时针方向旋转到满刻度并接上开关后，即为校准位置，此时“t/div”的指示值，即为扫描速度的实际值。

② 扩展、拉×10：扫描速度扩展开关。它是按拉式开关，在按的状态下正常使用，拉的状态下扫描速度增加 10 倍。“t/div”的指示值，也应相应计算。采用“扩展、拉×10”适于观察波形细节。

③ ⇄ X 轴移位：X 轴光迹的水平位置调节电位器，是套轴结构式的。外圈旋钮为粗调旋钮，顺时针方向旋转时基线向右移，逆时针方向旋转时基线向左移。置于套轴上的小旋钮为细调旋钮，适用于经扩展后信号的调节。

④ 外触发、X 外接：插座采用 BNC 型插座，在使用外触发时作为连接外触发信号的插座，也可以作为 X 轴放大器外接时信号输入插座。其输入阻抗约为 1 MΩ。外接使用时，输入信号的峰值应小于 12 V。

⑤ 触发电平：触发电平调节电位器旋钮，用于选择输入信号波形的触发点。具

体地说，就是调节开始扫描的时间，决定扫描在触发信号波形的哪一点上被触发。顺时针方向旋动时，触发点趋向信号波形的正向部分；逆时针方向旋动时，触发点趋向信号波形的负向部分。

⑥ 稳定性：触发稳定性微调旋钮，用于改变扫描电路的工作状态，一般应处于待触发状态。调整方法是将 Y 轴输入选择开关（DC-地-AC）置于“地”挡，将“V/div”开关置于最高灵敏度的挡，在电平旋钮调离自激状态的情况下，用小螺丝刀将稳定度电位器顺时针方向旋到满刻度，则扫描电路产生自激扫描，此时屏幕上出现扫描线；然后逆时针方向慢慢旋动，到扫描线刚好消失为止。此时扫描电路即处于待触发状态。在这种状态下，用示波器进行测量时，只要调节电平旋钮，即能在屏幕上获得稳定的波形，并能随意调节，选择屏幕上波形的起始点位置。少数示波器，当稳定度电位器逆时针方向旋到满刻度时，屏幕上出现扫描线；然后顺时针方向慢慢旋动，到屏幕上扫描线刚好消失为止，此时扫描电路即处于待触发状态。

⑦ 内、外：“内、外”触发源选择开关。置于“内”位置时，扫描触发信号取自 Y 轴通道的被测信号；置于“外”位置时，触发信号取自“外触发、X 外接”输入端引入的外触发信号。

⑧ AC、AC(H)、DC：触发耦合方式开关。“DC”挡用于检测直流耦合状态信号，适合于变化缓慢或频率甚低（如低于 100 Hz）的触发信号。“AC”挡用于检测交流耦合状态信号，由于隔断了触发中的直流分量，因此触发性能不受直流分量影响。“AC(H)”挡用于检测低频抑制的交流耦合状态信号，在观察包含低频分量的高频复合波时，触发信号通过高通滤波器进行耦合，抑制了低频噪声和低频触发信号（2 MHz以下的低频分量），避免因误触发而造成的波形晃动。

⑨ 高频、常态、自动：触发方式开关，用于选择不同的触发方式，以适应不同的被测信号与测试目的。在频率甚高（如高于 5 MHz），且无足够的幅度使触发稳定时，选“高频”挡。此时扫描处于高频触发状态，由示波器自身产生的高频信号（200 kHz 信号）对被测信号进行同步。不必经常调整电平旋钮，屏幕上即能显示稳定的波形，操作方便，有利于观察高频信号波形。“常态”挡采用来自 Y 轴或外接触发源的输入信号进行触发扫描，是常用的触发扫描方式。“自动”挡扫描处于自动状态（与高频触发方式相仿），但不必调整电平旋钮也能观察到稳定的波形，操作方便，有利于观察较低频率的信号。

⑩ ＋、－：触发极性开关。在“＋”位置时选用触发信号的上升沿对扫描电路进行触发，在“－”位置时选用触发信号的下降沿对扫描电路进行触发。

4. 示波器的使用步骤

用示波器能观察各种不同电信号幅度随时间变化而变化的波形曲线，在这个基础上示波器可以用于测量电压、时间、频率、相位差和调幅度等电参数。下面介绍用示波器观察电信号波形的使用步骤。

（1）选择 Y 轴耦合方式。

根据被测信号频率的高低，将 Y 轴输入选择开关置于“AC”或“DC”挡。

(2) 选择 Y 轴灵敏度。

根据被测信号的大约峰-峰值(如果采用衰减探头，应除以衰减倍数；在耦合方式取“DC”挡时，还要考虑叠加的直流电压值)，将 Y 轴灵敏度选择“V/div”开关(或 Y 轴衰减开关)置于适当挡。实际使用中如不需读测电压值，则可适当调节 Y 轴灵敏度微调(或 Y 轴增益)旋钮，使屏幕上显现所需高度的波形。

(3) 选择触发(或同步)信号来源与极性。

通常将触发(或同步)信号极性开关置于“+”或“-”挡。

(4) 选择扫描速度。

根据被测信号周期(或频率)的大约值，将 X 轴扫描速度“t/div”(或扫描范围)开关置于适当挡。实际使用中如不需读测试时间值，则可适当调节扫描速度“t/div”微调(或扫描微调)旋钮，使屏幕上显示测试所需周期数的波形。如果需要观察的是信号的边沿部分，则扫描速度“t/div”开关应置于最快挡。

(5) 输入被测信号。

被测信号由探头衰减(或由同轴电缆不衰减直接输入，但此时的输入阻抗降低、输入电容增大)后，通过 Y 轴输入端输入示波器。

5. 电压的测量

利用示波器所做的任何测量，都归结为对电压的测量。示波器可以测量各种波形的电压幅度，既可以测量直流电压和正弦电压的幅度，又可以测量脉冲或非正弦电压的幅度。更有用的是，它可以测量一个脉冲电压波形各部分的电压幅值，如上冲量或顶部下降量等，这是其他任何电压测量仪器都不能比拟的。

(1) 直接测量法。

所谓直接测量法，就是直接从屏幕上量出被测电压波形的高度，然后换算成电压值。定量测试电压时，一般把 Y 轴灵敏度开关的微调旋钮转至校准位置上，这样，就可以根据“V/div”的指示值和被测信号占取的纵轴坐标值直接计算被测电压值。所以，直接测量法又称为标尺法。

① 交流电压的测量。

将 Y 轴输入选择开关置于“AC”位置，显示出输入波形的交流成分。交流信号的频率很低时，则应将 Y 轴输入选择开关置于“DC”位置。

将被测波形移至阴极射线管屏幕的中心位置，用“V/div”开关将被测波形控制在屏幕有效工作面积的范围内，按坐标刻度的分度读取整个波形所占 Y 轴方向的刻度数 H，则被测电压的峰-峰值 V_{P-P} 等于“V/div”开关指示值与 H 的乘积。如果使用探头测量，则应把探头的衰减量计算在内，即把上述计算数值乘 10。

例如示波器的 Y 轴灵敏度开关“V/div”位于 0.2 挡，被测波形占 Y 轴的坐标刻度 H 为 5 div，则此信号电压的峰-峰值为 1 V。如果是经探头测量，仍指示上述数值，则被测信号电压的峰-峰值就为 10 V。

② 直流电压的测量。

将 Y 轴输入选择开关置于“地”位置，触发方式开关置“自动”位置，使屏幕显示一水平扫描线，此扫描线便为零电平线。

将 Y 轴输入选择开关置“DC”位置，加入被测电压，此时，扫描线在 Y 轴方向产生跳变位移 H，被测电压即为“V/div”开关指示值与 H 的乘积。

直接测量法简单易行，但误差较大。产生误差的因素有读数误差、视差和示波器的系统误差（衰减器、偏转系统、阴极射线管边缘效应）等。

(2) 比较测量法。

比较测量法就是用一已知的标准电压波形与被测电压波形进行比较，从而求得被测电压值的方法。

将被测电压 U 输入示波器的 Y 轴通道，调节 Y 轴灵敏度选择开关“V/div”及其微调旋钮，使荧光屏显示出便于测量的高度 H 并做好记录，且“V/div”开关及微调旋钮位置保持不变。去掉被测电压，把一个已知的可调标准电压 U_s 输入 Y 轴，调节标准电压的输出幅度，使它显示与被测电压相同的幅度。此时，标准电压的输出幅度等于被测电压的幅度。比较测量法可避免系统误差，因而提高了测量精度。

第 3 章 数控系统故障分析与维修

随着电子技术和自动化技术的发展，数控技术的应用越来越广泛。以微处理器为基础，以大规模集成电路为标志的数控设备，已在我国大量引进、批量生产和推广应用。它们给机械制造业的发展创造了条件，并带来很大的效益。但同时，由于它们的先进性、复杂性和智能化等特点，其维修理论、技术和手段也都发生了飞跃性的变化。任何一台数控设备都是一种过程控制设备，这要求它在实时控制的每一时刻都准确无误地工作。任何部分的故障与失效，都会使数控机床停机，从而造成生产停顿。因此，对数控设备这样原理复杂、结构精密的装置进行维修就显得十分必要了。我们现有的维修状况和水平，与国外进口设备的设计与制造技术水平还存在一定的差距。

下面我们从现代数控系统的基本构成入手，探讨数控系统的诊断与维修技术。目前，世界上的数控系统种类繁多，形式各异，组成结构也有各自的特点。这些结构特点来源于系统初始设计的基本要求和工程设计的思路。例如，对点位控制系统和连续轨迹控制系统就有截然不同的要求。T 系统和 M 系统同样也有很大的区别，前者适用于回转体零件加工，后者适用于异形非回转体的零件加工。对于不同的生产厂家来说，基于历史发展因素及各自因地而异的复杂因素的影响，其设计思想也可能各有千秋。有的系统采用小板结构，便于板子更换和灵活结合；而有的系统则趋向于采用大板结构，有利于提高系统工作的可靠性，促使系统的平均无故障率不断提高。然而无论哪种系统，它们的基本原理和构成是十分相似的。

数控系统是由硬件控制系统和软件控制系统两大部分组成的。其中硬件控制系统是以微处理器为核心，由大规模集成电路芯片、可编程控制器、伺服驱动单元、伺服电动机、各种输入/输出设备（包括显示器、控制面板、输入/输出接口等）等可见部件组成的；软件控制系统即数控软件，是由数据输入/输出、插补控制、刀具补偿控制、加减速控制、位置控制、伺服控制、键盘控制、显示控制、接口控制等控制软件及各种参数、报警文本等组成的。数控系统出现故障后，要分别对软、硬件控制系统进行分析、判断，定位故障并维修。一个优秀的数控设备维修人员必须具备电子线路、元器件、计算机软件及硬件、接口技术、测量技术等方面的知识。

由于现代数控系统的可靠性越来越高，数控系统本身的故障也越来越少见，数控设备的外部故障可以分为软件故障和外部硬件损坏引起的硬件故障。软件故障是指操作、调整不当引起的故障，多发生在设备使用前期或设备使用人员调整时期。

数控机床的修理，重要的是发现问题，特别是对数控机床的外部故障而言。有时诊断过程比较复杂，但一旦发现问题所在，解决起来比较简单。对外部故障诊断应遵从以下两条原则：首先，要熟练掌握数控机床的工作原理和动作顺序；其次，要会利用 PLC 梯形图、数控系统的状态显示功能或机外编程器监测 PLC 的运行状态。一般只要遵从以上原则，小心谨慎，一般的数控故障都能及时排除。

外部硬件引起的故障是数控修理中的常见故障，一般是由于检测开关、液压系统、气动系统、电气执行元件、机械装置出现问题引起的。这类故障有些可以通过报警信息查找故障原因。一般的数控系统都有故障诊断功能或信息报警，维修人员可利用这些信息手段缩小诊断范围。而有些故障虽有报警信息显示，但信息并不能反映故障的真实原因，这时需根据报警信息和故障现象来分析、解决。

3.1　数据的备份与恢复

数控系统中加工程序、参数、螺距误差补偿、宏程序、PMC 程序、PMC 数据，在机床不使用时要依靠控制单元上的电池进行保存。如果电池失效或发生其他意外，这些数据就会丢失。因此，有必要做好重要数据的备份工作，一旦数据丢失，可以通过恢复这些数据，保证机床的正常运行。

数控系统数据备份有两种常见的方法。

(1) 使用存储卡(U 盘)，在引导系统画面进行数据备份和恢复。

(2) 通过 RS232 口使用计算机进行数据备份和恢复。

3.1.1　数据的备份

(1) 将 U 盘插入系统 U 盘插口，并加载。

(2) 在“权限管理”窗口输入权限密码并登录，如图 3-1 所示。

图 3-1　选择权限及输入口令

(3) 进入“数据管理”窗口，选择需要备份的数据，备份时可根据需要选择备份文件类型，建议 PLC 文件和参数文件优先备份并确认，进入备份界面，如图 3-2 所示。

(4) 在“窗口切换”窗口选择 U 盘或者 CF 卡进行备份，如图 3-3 所示。

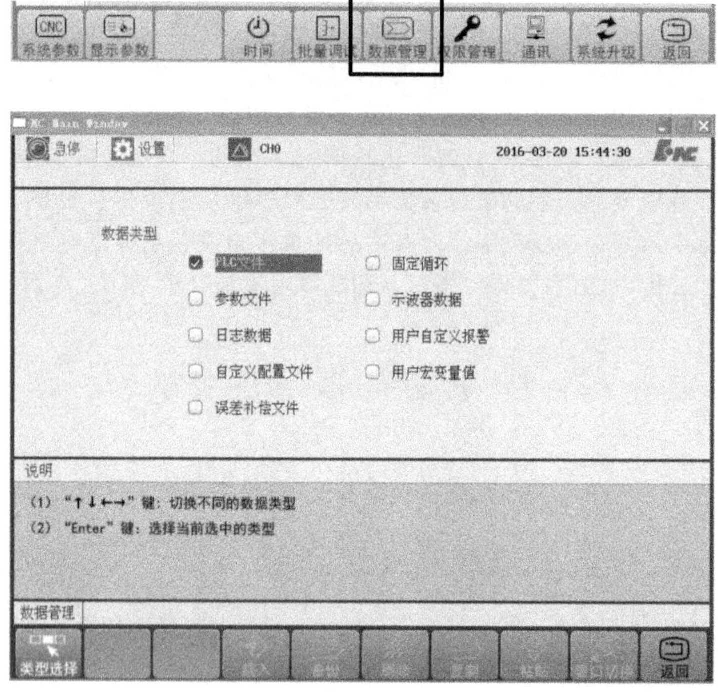

图 3-2　选择备份文件

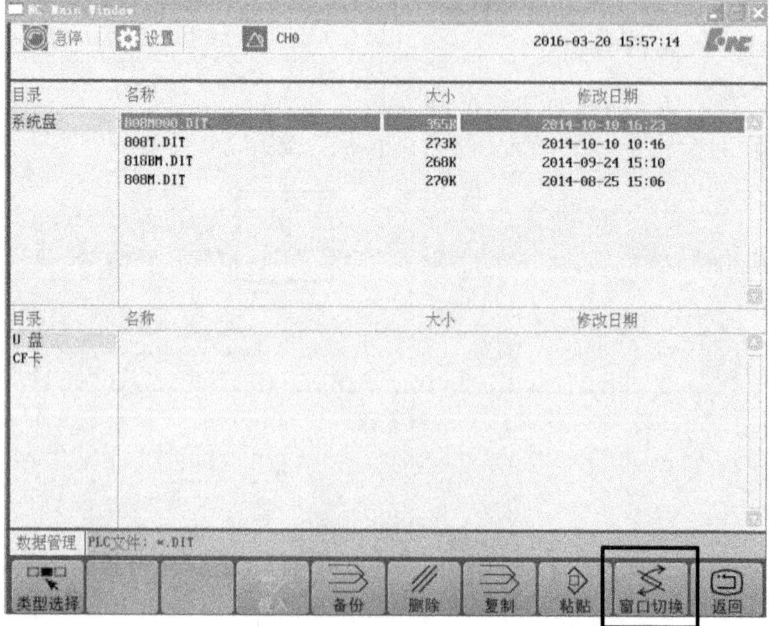

图 3-3　选择备份地址

（5）备份完成。

3.1.2　数据的恢复

当数控系统的文件或数据损坏或者丢失的时候，需要将之前备份好的数据载入到数控系统里面进行恢复，让数控机床可以正常工作。其恢复的方法如下。

（1）将之前装有备份文件的 U 盘插入数控系统 U 盘插口，加载。

（2）输入数控系统权限密码并登录，方法与数据备份方法一致。

（3）进入“数据管理”窗口，选择需要恢复的数据并确认。

（4）在“窗口切换”窗口将光标移动到 U 盘或者 CF 卡处，会显示之前备份好的数据，如图 3-4 所示。

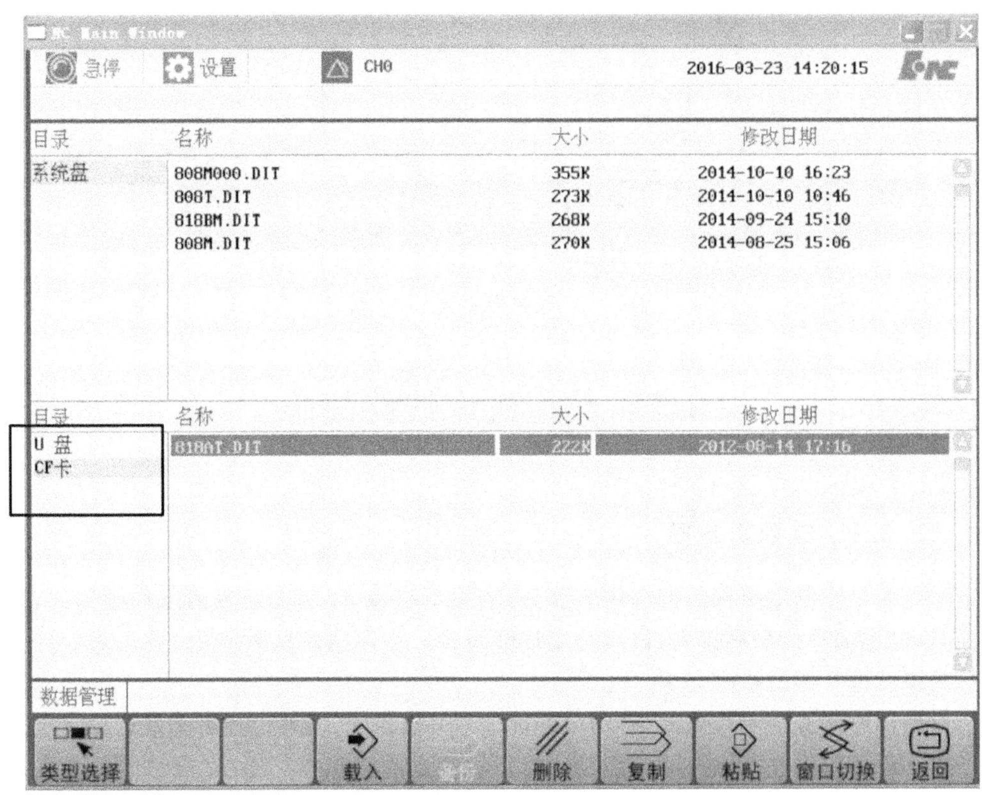

图 3-4　选择要恢复的数据地址

（5）在“载入”窗口选择需要载入的文件，如图 3-5 所示。

（6）恢复完成。

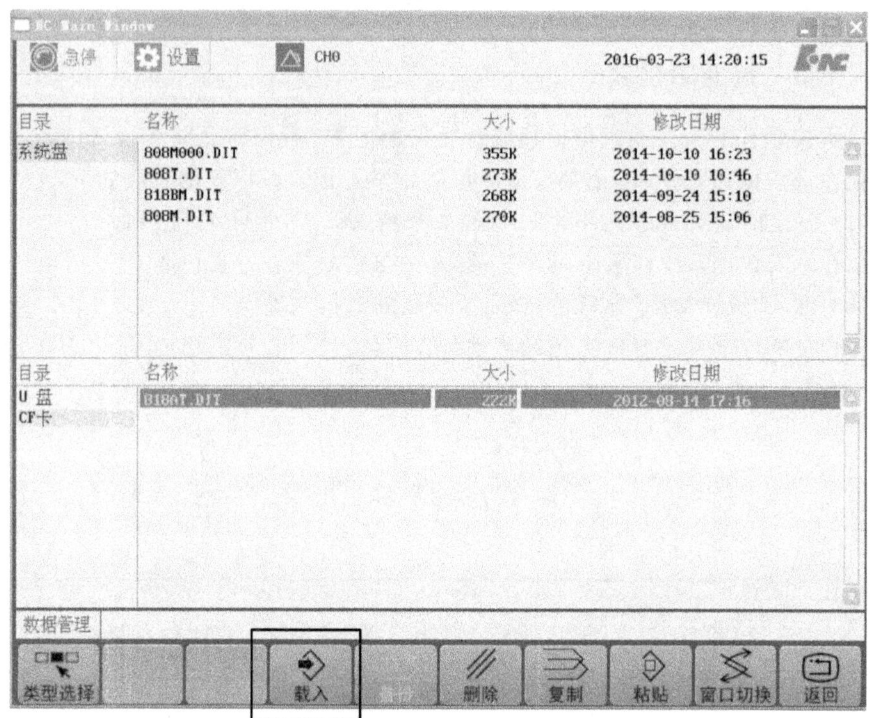

图 3-5　选择需要载入的文件

3.2　数控机床线路故障

3.2.1　电源类故障

电源是印制电路板的能源供应部分，电源不正常，印制电路板的工作必然异常。而且，电源部分故障率较高，修理时应足够重视。在用直观法检查后，可先对数控机床的电源部分进行检查。

印制电路板的工作电源，有的由外部电源系统供给，有的由板上本身的稳压电路产生。电源检查包括输出电压稳定性检查和输出纹波检查。输出纹波过大，会引起系统不稳定，用示波器交流输入挡可检查纹波幅值，纹波大一般是由集成稳压器损坏或滤波电容不良引起的。有些运算放大器、比较器用单电源供电，有些则用双电源供电。用双电源的运算放大器，要求正负供电对称（具有调零功能的运算放大器除外），其差值一般不能大于 0.2 V。

数控系统中对各印制电路板供电的系统电源大多数采用开关型稳压电源。这类电源种类繁多，故障率也较高，但大部分都是分立元件，用万用表、示波器即可进行检查。检修开关电源时，最好在电源输入端接一只 1∶1 的隔离变压器，以防触电。另外，为了防止在修理过程中可能导致好的元件损坏，或引发新的故障，应使输入电压从 0 V 开始逐渐增大。在输入和输出回路中都有电流、电压检测功能，一旦发现有过压或过流现象，即可关掉总电源，不致造成损失。

常见的电源类故障概述如表 3-1 所示。

表 3-1　电源类常见故障现象及其原因与排除方法

故障现象		故障原因	排除方法
上电后系统没有反应，电源不能接通	电源指示灯不亮	没有提供外部电源，电源电压过低、缺相或外部形成了短路	检查外部电源
		电源的保护装置跳闸或熔断形成了电源开路	合上开关，更换熔断器
		PLC 的地址错误或者互锁装置使电源不能正常接通	更改 PLC 的地址或接线
		系统上电按钮接触不良或脱落	更换按钮，重新安装
		电源模块不良、元器件的损坏引起的故障（熔断器熔断、浪涌吸收器短路等）	更换元器件或电源模块
	电源指示灯亮但系统无反应	未满足接通电源的条件	检查电源的接通条件是否满足
		系统黑屏	参见表 3-5 所示排除方法
		系统文件被破坏，没有进入系统	修复系统
强电部分接通后马上跳闸		机床设计时选择的空气开关容量过小，或空气开关的电流选择开关选择了一个较小的电流	更换空气开关，或重新选择使用电流
		机床上使用了较大功率的变频器或伺服驱动装置，并且在变频器或伺服驱动装置的电源进线前没有使用隔离变压器或电感器，变频器或伺服驱动装置在上强电时电流有较大的波动，超过了空气开关的限定电流，引起跳闸	在使用时须外接一电抗
		系统强电电源接通条件未满足	逐步检查电源上强电所需要的各种条件，排除故障
电源模块故障		整流桥损坏引起电源短路	更换
		续流二极管损坏引起的短路	更换
		电源模块外部电源短路	调整线路
		滤波电容损坏引起的故障	更换
		供电电源功率不足使电源模块不能正常工作	增大供电电源的功率

续表

故障现象	故障原因	排除方法
系统在工作过程中突然断电	切削力太大，使机床过载引起空气开关跳闸	调整切削参数
	机床设计时选择的空气开关容量过小，引起空气开关跳闸	更换空气开关
	机床出现漏电现象	检查线路

【例 3-1】 一普通数控车床，数控系统启动就断电，且 CRT 无显示。

故障分析 初步分析可能是某处接地不良，经过对各个接地点的检测处理，故障未排除。之后检查了一下数控系统各个板的电压，用示波器测量发现数字接口板上集成电路的工作电压有较强的纹波，经检查电源低频滤波电容正常。在电源两端并联接入一个小容量滤波电容，再启动数控机床正常。本故障为数控系统的电源抗干扰能力不强所致。

【例 3-2】 一进口数控系统，数控机床送电，CRT 无显示，经检查数控系统电源＋24、＋15、－15、＋5 V 均无输出。

故障分析 由此现象可以确定是电源方面出了问题，所以可以根据电气原理图逐步从电源的输入端进行检查。当检查到熔断器后的噪声滤波器时发现其性能不良，后面的整流、振荡电路均正常。拆开噪声滤波器外壳，发现里面烧焦，更换噪声滤波器后，系统故障排除。

注意：当遇到无法修复的电源时，可采用市面上出售的开关电源，但是一定要在电压等级、容量符合要求的情况下才可以使用。

排除这种故障时，首先要使屏幕正常工作，因为有时也会仅仅是显示部分的原因。但在许多时候可能并存着多种故障。

【例 3-3】 一台进口卧式加工中心，开机时屏幕一片黑，操作面板上的数控系统电源开关已按下，红、绿灯都亮，查看电气柜中开关和主要部分无异常，关机后重开，故障一样。

故障分析 经查，确定其电源部分无故障，各处电压都正常，仔细检查发现数控系统有多处损坏。在更换了显示器、显示控制板后屏幕出现了显示，这样就可对机床进行其他的故障维修。

【例 3-4】 一立式加工中心，开机后屏幕无显示。

故障分析 该加工中心使用进口数控系统，造成屏幕无显示的原因有很多。经检查，确认系统提供的外部电源是正确的，但主板上的电压不正常，时有时无，可以确认是主板故障造成的，因此更换了主板。更换主板后系统有显示，由于主板更换后参数需要重新设置，按系统参数设置步骤，对照数控机床附带的参数表进行了设置调整后，数控机床恢复正常。

屏幕上无显示的故障原因很多，首先必须找出原因，使屏幕显示恢复正常。如还有其他故障，再根据数控机床的报警和故障信息处理。

3.2.2　急停报警类故障

数控装置操作面板和手持单元上均设有急停按钮，当数控系统或数控机床出现紧急情况时，能立即使数控机床停机或切断动力装置（如伺服驱动器等）的主电源。在数控系统出现自动报警信息后，须按下急停按钮。待查看报警信息并排除故障后，再松开急停按钮，使系统复位并恢复正常。该急停按钮及相关电路所控制的中间继电器（KA）的一个常开触点应该接入数控装置的开关量输入接口，以便为系统提供复位信号。

系统急停不能复位是一个常见的故障现象，引起此故障的原因也较多，总的说来，引起此故障的原因大致可以分为如下几种。

（1）电气方面的原因。如图 3-6 所示为某一普通数控机床的整个电气回路的接线图。

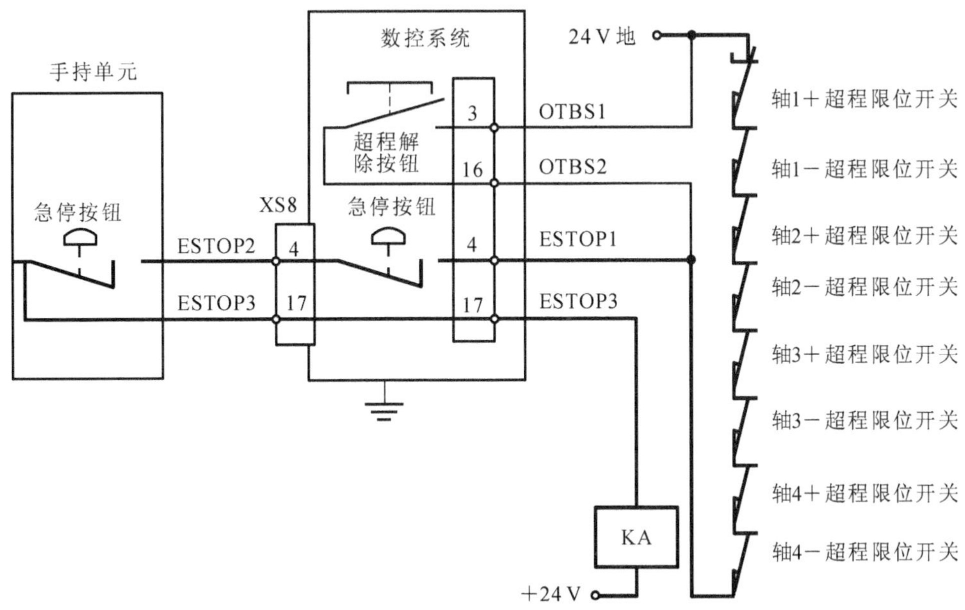

① 图中粗实线为急停回路，细实线为超程解除回路

② KA 为中间继电器，用于控制伺服、主轴等强电

③ 建议该继电器的一个常开触点接入 PLC 开关量输入点，用于产生外部运行允许信号

图 3-6　急停电气回路接线图

从图 3-6 中可以清晰地看出，引起急停回路不闭合的原因有：① 急停回路断路；② 限位开关损坏；③ 急停按钮损坏。

如果机床一直处于急停状态，首先检查急停回路中继电器是否吸合。继电器如果吸合而系统仍然处于急停状态，可以判断故障不是出自电气回路方面，这时可以从别的方面查找。如果继电器没有吸合，可以判断故障是由急停回路断路引起的，这时可以利用万用表对整个急停回路逐步进行检查，检查急停按钮的常闭触点，并确认急停按钮或者行程开关是否损坏。急停按钮是急停回路中的一部分，急停按钮的损坏会造成整个急停回路的断路。检查超程限位开关的常闭触点，若未装手持单元或手持单元上无急停按钮，则要将 XS8 接口中的 4、17 脚短接，然后再逐步测量，最终确认故障的出处。

(2) 系统参数设置错误，使系统信号不能正常输入/输出或复位条件不能满足引起的急停故障。若 PLC 软件未向系统发送复位信息，应检查 KA 中间继电器，检查 PLC 程序。

(3) 松开急停按钮，PLC 中规定的系统复位所需要完成的信息未满足要求，如"伺服动力电源准备好""主轴驱动准备好"等信息未到达。若使用伺服装置，要判断伺服动力电源是否未准备好，应检查电源模块、电源模块接线和伺服动力电源空气开关。

(4) PLC 程序编写错误。应检查逻辑电路，重新调试 PLC。

注意：急停回路是为了保证机床的安全运行而设计的，所以整个系统的各个部分出现故障均有可能引起急停，其常见故障现象如表 3-2 所示。

表 3-2　急停常见故障现象及其原因与排除方法

故障现象	故障原因	排除方法
机床一直处于急停状态，不能复位	电气方面的原因	检查急停回路，排除线路方面的原因
	系统参数设置错误，使系统信号不能正常输入/输出或复位条件不能满足引起的急停故障；PLC 软件未向系统发送复位信息（检查 KA 中间继电器，检查 PLC 程序）	按照系统的要求正确设置参数
	PLC 中规定的系统复位所需要完成的条件未满足要求，如"伺服动力电源准备好""主轴驱动准备好"等信息未到达	根据电气原理图和系统的检测功能，判断哪些条件未满足，并进行排除
	PLC 程序编写错误	重新调试 PLC
	防护门没有关紧	关紧防护门

续表

故 障 现 象	故 障 原 因	排 除 方 法
数控系统在自动运行的过程中，跟踪误差过大报警引起的急停故障	负载过大、夹具夹偏造成的摩擦力或阻力过大，从而造成加在伺服电动机的扭矩过大，使电动机丢步，形成了跟踪误差过大	减小负载，改变切削条件或装夹条件
	编码器的反馈出现问题，如编码器的电缆出现了松动等	检查编码器的接线是否正确，接口是否松动或者用示波器检查编码器反馈回来的脉冲是否正常
	伺服驱动器报警或损坏	对伺服驱动器进行更换或维修
	进给伺服驱动系统强电电压不稳或电源缺相	改善供电电压
	打开急停系统在复位的过程中，带抱闸的电动机由于打开抱闸时间过早，引起电动机的实际位置变动，产生了跟踪误差过大的报警	适当延长抱闸电动机打开抱闸的时间，当伺服电动机完全准备好以后再打开抱闸
伺服单元报警引起的急停故障	伺服单元如果报警或者出现故障（如过载、过流、欠压、反馈断线等），PLC 检测到后可以使整个系统处在急停状态。如果是因为伺服驱动器报警而出现的急停，有些系统可以通过急停对整个系统（包括伺服驱动器）进行复位，消除一般的报警	找出引起伺服驱动器报警的原因，将伺服部分的故障排除，令系统重新复位
主轴单元报警引起的急停故障	主轴空气开关跳闸	减小负载或增大空气开关的限定电流
	负载过大	改变切削参数，减小负载
	主轴过压、过流或干扰	清除主轴单元或驱动器的报警
	主轴单元报警或主轴驱动器出错	

【例 3-5】　一车削数控机床在工作时突然停机，系统显示急停状态，并显示主轴温度报警。

故障分析　经过实际测量检查，发现主轴温度并没有超出允许的范围，故判断故障出现在温度仪表上。调整外围线路后报警消失，随即更换新仪表后系统恢复正常。

【例 3-6】　一台加工中心，在调试中 C 轴精度有很大偏差，机械精度经过检查没有发现问题。

故障分析　技术人员调试发现，直线轴与旋转轴的伺服参数的计算有很大区别，经过重新计算伺服参数后，C 轴回参考点，运行精度一切正常。对于数控机床的调试和维修,重要的是熟练掌握控制系统的 PLC 梯形图和系统参数的设置。出现问题后,应首先判断是强电问题还是系统问题,是系统参数问题还是 PLC 梯形图问题,要善于利用系统自身的报警信息和诊断画面。只要遵从以上原则,小心谨慎,一般的数控故障都可以及时排除。

【例 3-7】 一台立式加工中心采用国外进口控制系统,机床在自动方式下执行到 X 轴快速移动时就出现伺服单元报警的现象。此报警表示速度控制"OFF"和 X 轴伺服驱动有异常。

故障分析 此故障出现后能通过重新启动消除,但每执行到 X 轴快速移动时就报警。经查该伺服电动机电源线插头因电弧爬行而引起相间短路,经修整后此故障排除。

【例 3-8】 配西门子 820 数控系统的加工中心,产生 7035 号报警,查阅报警信息为工作台分度盘不回落。

故障分析 针对故障的信息,调出 PLC 输入/输出状态与拷贝清单对照。工作台分度盘的回落是由工作台下面的接近开关 SQ25、SQ28 来检测的。SQ28 检测分度盘旋转到位,对应 PLC 输入接口 I10.6;SQ25 检测分度盘回落到位,对应 PLC 输入接口 I10.0。工作台分度盘的回落是由输出接口 Q4.7 通过继电器 KA32 驱动电磁阀 YV06 动作来完成的。在"STATUS PLC"中观察,I10.6 为"1",表明工作台分度盘旋转到位;I10.0 为"0",表明工作台分度盘未落下。再观察到 Q4.7 为"0",继电器 KA32 不得电,电磁阀 YV06 不动作,因而工作台分度盘不回落,产生报警。手动调节电磁阀 YV06,再观察工作台分度盘是否回落,以确定故障部位。

【例 3-9】 一卧式加工中心,采用 SINUMERIK8 系统,带 EXE 光栅测量装置。运行中出现 114 号报警,同时伴有 113 号报警。

故障分析 从报警产生的原因看,114 号报警引起 113 号报警,故障部位定位在位置测量装置上。114 号报警有两种可能:一是电缆断线或接地;二是信号丢失。前者可通过直观检查和测量来诊断,后者主要是信号漏读。若由于某种原因,光栅尺输出的正弦信号幅度降低,在信号处理过程中,影响到被处理信号过零的位置,严重时会使输出脉冲挤在一起,造成丢失。因为光电池产生的信号与光照强度成正比,所以信号幅度下降是光源亮度下降或光学系统污染所致。从尺身中抽出扫描单元,分解后看到,灯泡下的透镜表面呈毛玻璃状,指示光栅表面也有雾状物,灯泡和光电池上也有这种污物。清洗后,故障排除。

【例 3-10】 配备 SIN810 数控系统的加工中心,出现分度工作台不分度的故障且无报警。

故障分析 根据工作原理,分度时首先将分度的齿条和齿轮啮合,这个动作是靠液压装置来完成的,由 PLC 输出接口 Q1.4 控制电磁阀 YV14 来执行。通过数控系统的 DIAGNOSIS 中的"STATUS PLC"软键,实时查看 Q1.4 的状态,发现其状态为"0",由 PLC 梯形图查看 F123.0 也为"0"。按梯形图逐个检查,发现 F105.2 为"0"导致 F123.0 为"0"。根据梯形图,查看"STATUS PLC"中的输入信号,发现 I10.2 为"0"导致

F105.2 为“0”。I9.3、I9.4、I10.2、I10.3 为四个接近开关的检测信号，以检测齿条和齿轮是否啮合。分度时，这四个接近开关都应有信号，即都应闭合。现发现 I10.2 未闭合，应检查机械部分确认机械部件是否到位，再检查接近开关是否损坏。

【例 3-11】 北京第一机床厂生产的 XK5040 数控立铣，数控系统为 FANUC-3MA，驱动 Z 轴时产生 31 号报警。

故障分析 查维修手册知，31 号报警为误差寄存器的内容大于规定值。我们根据 31 号报警指示，将 31 号机床参数的内容由 2 000 改为 5 000，与 X、Y 轴的机床参数相同，然后用手轮驱动 Z 轴，31 号报警消除，但又产生了 32 号报警。查维修手册知，32 号报警为 Z 轴误差寄存器的内容超出了 −32 767～+32 767 的范围或 D/A(数/模)转换器的命令值超出了 −8 192～+8 191 的范围。我们将参数改为 3 333 后，32 号报警消除，31 号报警又出现。反复修改机床参数，故障均不能排除。为了诊断 Z 轴位置控制单元是否出了故障，将 800、801、802 诊断号调出，发现 800 诊断号在 −2～−1 间变化，801 诊断号在 −1～+1 间变化，802 诊断号却为 0，没有任何变化，这说明 Z 轴位置控制单元出现了故障。为了准确定位控制单元故障，将 Z 轴与 Y 轴的位置信号进行变换，即用 Y 轴控制信号去控制 Z 轴，用 Z 轴控制信号去控制 Y 轴，Y 轴就发生 31 号报警(实际是 Z 轴报警)。同时，801 诊断号也变为 0，802 诊断号有了变化。通过这样交换，再一次证明 Z 轴位置控制单元有问题。交换 Z 轴、Y 轴伺服驱动系统，仍不能排除故障。交换伺服驱动控制信号及位置控制信号，Z 轴信号能驱动 Y 轴，Y 轴信号不能驱动 Z 轴，这样就将故障定位在 Z 轴伺服电动机上。打开 Z 轴伺服电动机，发现位置编码器与电动机之间的十字连结块脱落，位置编码器上的螺丝断裂致，使电动机在工作中无反馈信号而产生上述故障报警。将十字连结块与伺服电动机、位置编码器重新连结好，故障排除。

3.2.3　刀架、刀库常见故障

自动换刀装置是数控车床、加工中心的重要组成部分，它的形式多种多样，目前常见的有如下几种。

(1) 可转位刀架。

可转位刀架是一种刀具存储装置，可以同时安装 4、6、8、12 把刀具不等，主要用于数控车床，是数控车床中的一种专用的自动化机械。图 3-7 所示的是两种不同形式的转位刀架，分别可装 4 把刀、8 把刀。转位刀架不但可以存储刀具，而且在切削时要连同刀具一起承受切削力，在加工过程中完成刀具交换转位、定位夹紧等动作。

其中四工位电动刀架的工作原理如下：系统发出换刀信号，控制继电器动作，电动机正转，通过蜗轮、蜗杆、螺杆将销盘上升至一定高度，离合销进入离合盘槽，离合盘带动离合销，离合销带动销盘，销盘带动上刀体转位。当上刀体转到所需刀位时，霍尔元件电路发出到位信号，电动机反转，反靠销进入反靠盘槽，离合销从离合盘槽

(a)

(b)

图 3-7　可转位刀架

(a) 八工位刀架；(b) 四工位刀架

中爬出，刀架完成粗定位。同时，销盘下降端齿啮合，完成精定位，刀架锁紧。

电动刀架的电气控制分强电和弱电两部分。强电部分由三相电源驱动三相交流异步电动机正、反向旋转，从而实现电动刀架的松开、转位、锁紧等动作；弱电部分主要由位置传感器-发信盘构成，发信盘采用霍尔传感器发信。

(2) 更换主轴头换刀。

在带有旋转刀具的数控机床中，更换主轴头是一种简单的换刀方式。主轴头通常有立式与卧式两种，而且常用转塔的转位来更换主轴头，以实现自动换刀。在转塔的各个主轴头上预先安装各工序所需要的旋转刀具。当发出换刀指令时，各主轴头依次旋转到加工位置，并使主轴运动，相应的主轴带动刀具旋转，而其他不处于加工位置的主轴都与主运动脱开。

(3) 带刀库的自动换刀系统。

加工中心可以对工件完成多工序加工，在加工过程中需要自动更换刀具。自动换刀系统的主要指标是刀库容量、换刀可靠性和换刀时间，这些指标直接影响加工中心的工艺性能和工作效率。

加工中心的刀库按其形式不同分为盘式刀库、链式刀库等，按换刀方法不同又分为有机械手换刀和无机械手换刀两类。刀库与机械手在机床上的布局与组合方式，使换刀系统的结构变化各异。选用何种结构形式要由设计者根据工艺、刀具数量、主机结构、总体布局等多种因素决定。

无机械手换刀系统的优点是结构简单，换刀可靠性较高，成本低；缺点是结构布局受到限制，刀库的容量少，换刀时间较长(10～20 s)。因此，它多用于中小型加工中心。在有机械手的自动换刀系统中，刀库的容量、形式、布局等都比较灵活，机械手的配置形式也多种多样，可以是单臂的、双臂的，甚至有主、辅机械手，换刀时间可以缩短到几秒，甚至到零点几秒。

选刀常用的方法有顺序选刀和任意选刀。顺序选刀要求加工用刀具严格按加工过程中使用的顺序放入刀库中，任意选刀的换刀方式可以有刀套编码、刀具编码和记忆等方式。目前在加工中心上绝大多数都使用记忆式的任意选刀方式。这种方式中刀具号和刀具在刀库中的放置(地址)对应地记忆在数控系统的PC中,刀库上装有位置检测装置,刀具在使用中无论位置如何变化,数控系统总能追踪记忆刀具在刀库中的位置,这样刀具就可以从刀库中任意取出并送回。刀库中设有机械原点,每次选刀时,数控系统可以确定取刀最短路径,就近取刀,如圆盘刀库就不会在刀库旋转超过180°的情况下选刀。

如图3-8所示的分别是斗笠式圆盘刀库和链式刀库,图3-8(b)的右下角是回转式单臂双爪机械手。

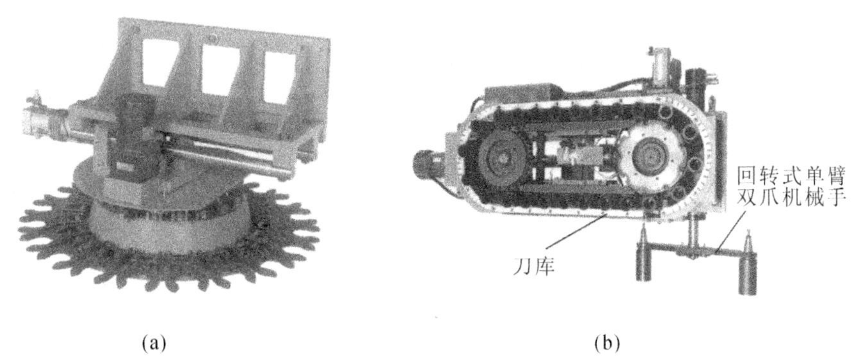

图3-8　斗笠式圆盘刀库和链式刀库

(a) 斗笠式圆盘刀库;(b) 链式刀库

刀架或刀库常见故障及排除方法如表3-3所示。

表3-3　刀架或刀库常见故障现象及其原因与排除方法

故障现象	故障原因	排除方法
换刀时刀架不转	电源相序接反(使电动机正反转相反)或电源缺相(适用于普通车床刀架)。 数控系统在换刀时,换刀信号已经发出,控制刀架电动机的接触器也已经闭合,如果现在刀架电动机不运转,有可能是因为刀架电动机电源缺相,也有可能是因为刀架电动机正反转信号接反。因为普通经济型车床所使用的刀架是通过刀架电动机的正反转来进行选刀,并进行锁紧等动作的,一般的工作顺序是刀架首先正转选择刀具,刀具选择到位后,电动机再反转,把所选择的刀具锁紧,整个换刀过程才结束。如果刀架电动机电源的相序接反或所发出的正反转信号相反,那么数控系统选择刀具发出刀架电动机正转信号时,刀架电动机的运动状态恰好是反转锁紧,所以刀架电动机就会静止不动,一直处在锁紧状态	将电源相序调换
	PLC程序出错,换刀信号没有发出	重新调试PLC

续表

故障现象	故障原因	排除方法
换刀时刀架/刀库一直旋转	刀位信号没有到达	检查线路是否有误
	I/O(输入/输出)板出错	维修或更换
	检测信号的开关损坏	维修或更换
普通刀架不能锁紧	刀架反转信号没有输出	检查线路是否有误
	刀架锁紧时间过短	增加锁紧时间
	机械故障	重新调整机械部分
刀库换刀动作不能完成	松刀感应开关或电磁阀损坏或失灵	更换松刀感应开关或电磁阀
	压力不足,液压系统出现问题,液压缸因液压系统压力不足或漏油而不动作或行程不到位	检查液压系统
	PLC 调试出错,换刀条件不能满足	重新调试 PLC,观察 PLC 的输入/输出状态
	主轴系统出错	检查主轴驱动器是否报错
自动换刀时刀链运转不到位	液压系统出现问题,油路不畅通或液压阀出现问题	检查液压系统
	液压发动机出现故障	检查液压发动机是否正常工作
	刀库负载过重或者有阻滞的现象	检查刀库装刀是否合理
	润滑不良	检查润滑油路是否畅通,并重新润滑
刀具夹紧后不能松开,主轴刀柄不能取下	松刀力不够	调整机械部分
	气液压阀或拉力气缸损坏	维修或更换
	拉杆行程不够或拉杆位置变动	调整机械部分
	7∶24 锥为自锁与非自锁的临界点	重新调整
	刀具松夹弹簧压合过紧	调整刀具松夹弹簧
	液压缸压力和行程不够	对液压缸进行检查
刀具不能夹紧,主轴不能拉上刀柄	拉杆行程不够	对拉杆进行调整
	松刀接近开关位置变动	调整接近开关的位置
	拉杆头部损坏	更换拉杆
	阀未动作、卡死或者未上电	检查阀是否有动作或检查是否有电输出
	拉钉未拧紧或型号选择不正确	检查拉钉并更换
	蝶形弹簧位移量太小	调整蝶形弹簧
	刀具松夹弹簧上螺母松动	紧固螺母

【例 3-12】 一加工中心换刀臂平移到位后，无拔刀动作，ATC 的动作起始状态是：主轴保持要交换的旧刀，换刀臂在 B 位置，换刀臂在上部位置，刀库已将要交换的新刀具定位。

故障分析 自动换刀的顺序为：换刀臂左移(B→A)→换刀臂下降(从刀库拔刀)→换刀臂右移(A→B)→换刀臂上升→换刀臂右移(B→C，抓住主轴中刀具)→主轴液压缸下降(松刀)→换刀臂下降(从主轴拔刀)→换刀臂旋转 180°(两刀具交换位置)→换刀臂上升(装刀)→主轴液压缸上升(抓刀)→换刀臂左移(C→B)→刀库转动(找出旧刀具位置)→换刀臂左移(B→A，返回刀具给刀库)→换刀臂右移(A→B)→刀库转动(找下一把刀)。

换刀臂平移至 C 位置时，无拔刀动作，分析原因，有以下几种可能。

① SQ2 开关无信号，所以未输出松刀电磁阀 YV2 的电压，主轴仍处于抓刀状态，换刀臂不能下移。

② 松刀接近开关 SQ4 无信号，则换刀臂升降电磁阀 YV1 状态不变，换刀臂不下降。

③ 电磁阀有故障，给予信号也不动作。

逐步检查，发现 SQ4 开关未发出信号，进一步对 SQ4 开关进行检查，发现感应间隙过大导致接近开关无信号输出，产生动作障碍。

【例 3-13】 一台车削中心，工作时 CRT 显示"未抓起工件报警"，但实际上抓工件的机械手已将工件抓起。

故障分析 查阅 PLC 图可知，此故障报警是由测量感应开关发出的。检查机械手部位，发现机械手工作行程不到位，未完全压下感应开关。随后调整机械手的夹紧力，此故障排除。

【例 3-14】 一加工中心使用一段时间后出现换刀故障，刀插入主轴刀孔时发生错位现象，机床上无任何报警。

故障分析 在对机床进行仔细的观察后，发现刀具插入错位是主轴定向后又偏离了原来的位置引起的。使用手动方式检查主轴定向后发现，主轴在定向完成后位置是正确的。用手转动一下主轴，主轴会慢慢地向受力的相反方向转动一小段距离，沿逆时针方向旋转时在定向完成后只转动一点，再受力沿顺时针方向旋转后能返回到原来的位置。为了确认电气部分是否正常，在主轴定向后检查有关的信号，均正常。由于定向控制是通过编码器进行检测的，因此对编码器产生了怀疑，于是对该部分的电气和机械连接进行了检查。将主轴的编码器拆开后即发现编码器上的联轴器止退螺钉松动且已经向后移，因而出现工作时编码器与检测齿轮不能同步的情况，这使主轴的定向位置不准，造成了换刀错位故障。

3.2.4 回参考点、编码器类故障

按机床检测元件检测原点信号方式的不同，返回机床参考点的方法分为两种，即栅点法和磁开关法。在栅点法中，电动机每旋转一定的角度，检测器就同时产生一个栅点或一个零位脉冲。在机械本体上安装一个减速挡块及一个减速开关，当减速挡

块压下减速开关时，伺服电动机减速到接近原点速度运行；当减速挡块离开减速开关，即释放开关后，数控系统检测到的第一个栅点或零位脉冲即为参考点。在磁开关法中，在机械本体上安装磁铁及磁感应原点开关或接近开关，在磁感应开关或接近开关检测到原点信号后，伺服电动机立即停止运行，该停止点被认作参考点。

栅点法的特点是如果接近原点速度小于某一特定值，则伺服电动机总是停止于同一点，也就是说，在进行回参考点操作后，数控机床参考点的保持性好。磁开关法的特点是软件及硬件简单，但参考点位置随着伺服电动机速度的变化而成比例地漂移，即参考点不确定。目前，大多数数控机床采用栅点法。

按照检测元件的不同，栅点法分为以绝对脉冲编码器方式归零和以增量脉冲编码器方式归零。在使用绝对脉冲编码器作为测量反馈元件的系统中，数控机床调试时第一次开机后，应进行参数设置，再配合数控机床回零操作调整合适的参考点，此后每次开机，只要绝对编码器的后备电池有效，就不必进行回参考点操作。在使用增量脉冲编码器的系统中，回参考点有两种方式：一种是开机后在参考点回零模式下直接回参考点；另一种是在存储器模式下，第一次开机手动回参考点，以后均可用G代码方式回零。

回参考点的方式一般可以分为如下几种。

(1) 手动回参考点时，回原点轴先以参数设置的快速移动速度向原点方向移动。当减速挡块压下原点减速开关时，回参考点轴减速到系统参数设置的较慢参考点定位速度，继续向前移动。在减速开关被释放后，数控系统开始检测编码器的栅点或零位脉冲。在系统检测到第一个栅点或零位脉冲后，电动机马上停止转动，当前位置即为机床参考点。

(2) 回原点轴先以参数设置的速度向原点方向快速移动。当减速挡块压下原点减速开关时，回参考点轴减速到系统参数设置的较慢参考点定位速度，轴向相反方向移动。在减速开关被释放后，数控系统开始检测编码器的栅点或零位脉冲。在系统检测到第一个栅点或零位脉冲后，电动机马上停止转动，当前位置即为机床参考点。

(3) 回原点轴接到回参考点信号后，就在当前位置以一个较慢的速度向固定的方向进行移动，同时数控系统开始检测编码器的栅点或零位脉冲。当系统检测到第一个栅点或零位脉冲后，电动机马上停止转动，当前位置即为机床参考点。

使用增量式检测反馈元件的机床，开机第一次各伺服轴手动回参考点大多采用挡块式复归，其后各次的参考点回归可以用G代码指令，以快速进给速度回归至开机第一次回参考点的位置。

使用绝对式检测反馈元件的数控机床第一次回参考点时，首先，数控系统与绝对式检测反馈元件进行数据通信，以建立当前的位置，并计算当前的位置到数控机床原点的距离及当前位置到最近栅点的距离。然后，系统将所得数值进行计算，赋给计数器，栅点即被确立。

当数控机床回参考点出现故障时，先检查原点减速挡块是否松动，减速开关固定是否牢靠或被损坏。用百分表或激光干涉仪进行测量，检查机械相对位置是否漂移；检查减速挡块的长度，安装的位置是否合理；检查回参考点的起始位置，原点位置和减速开关的位置三者之间的关系；检查回参考点的模式是否正确；确认回参考点所采用的反馈元件的类型；检查有关回参考点的参数设置是否正确；确认系统是全闭环还是半闭环的控制；用示波器检查脉冲编码器或光栅尺的零位脉冲是否出现了问题；检查 PLC 回参考点信号的输入点是否正确。

回参考点常见故障现象及分析如表 3-4 所示。

表 3-4　回参考点常见故障现象及其原因与排除方法

<table>
<tr><th>故障现象</th><th colspan="2">故障原因</th><th>排除方法</th></tr>
<tr><td rowspan="6">机床回原点后原点漂移或参考点发生整螺距偏移</td><td rowspan="2">参考点发生单个螺距偏移</td><td>减速开关与减速挡块安装不合理，使减速信号与零位脉冲信号相隔距离过近</td><td>调整减速开关或减速挡块的位置，使机床轴开始减速的位置大概处在一个栅距或一个螺距的中间位置</td></tr>
<tr><td>机械安装不到位</td><td>调整机械部分</td></tr>
<tr><td rowspan="3">参考点发生多个螺距偏移</td><td>参考点减速信号不良</td><td>检查减速信号是否有效，接触是否良好</td></tr>
<tr><td>减速挡块固定不良引起寻找零位脉冲的初始点发生了漂移</td><td>重新固定减速挡块</td></tr>
<tr><td>零位脉冲不良</td><td>对码盘进行清洗</td></tr>
<tr style="display:none"></tr>
<tr><td rowspan="6">系统开机回不了参考点、回参考点不到位</td><td colspan="2">系统参数设置错误</td><td>重新设置系统参数</td></tr>
<tr><td colspan="2">零位脉冲不良，找不到零位脉冲</td><td>对编码器进行清洗或更换</td></tr>
<tr><td colspan="2">减速开关损坏或短路</td><td>维修或更换</td></tr>
<tr><td colspan="2">数控系统控制检测放大的印制电路板出错</td><td>更换印制电路板</td></tr>
<tr><td colspan="2">导轨/导轨与压板面/导轨与丝杠的平行度超差</td><td>重新调整平行度</td></tr>
<tr><td colspan="2">采用全闭环控制时光栅尺沾了油污</td><td>清洗光栅尺</td></tr>
<tr><td rowspan="6">找不到参考点或回参考点时超程</td><td colspan="2">参考点位置调整不当，减速挡块距离限位开关行程过短</td><td>调整减速挡块的位置</td></tr>
<tr><td colspan="2">零位脉冲不良，找不到零脉冲</td><td>对编码器进行清洗或更换</td></tr>
<tr><td colspan="2">减速开关损坏或短路</td><td>维修或更换</td></tr>
<tr><td colspan="2">数控系统控制检测放大的印制电路板出错</td><td>更换印制电路板</td></tr>
<tr><td colspan="2">导轨/导轨与压板面/导轨与丝杠的平行度超差</td><td>重新调整平行度</td></tr>
<tr><td colspan="2">采用全闭环控制时光栅尺沾了油污</td><td>清洗光栅尺</td></tr>
</table>

续表

故障现象	故障原因	排除方法
回参考点的位置随机性变化	存在干扰	找到并消除干扰
	编码器的供电电压过低	改善供电电源
	电动机与丝杠的联轴器松动	紧固联轴器
	电动机扭矩过低或由于伺服机构调节不良，引起跟踪误差过大	调节伺服机构参数，改变其运动特性
	零位脉冲不良引起的故障	对编码器进行清洗或更换
	滚珠丝杠间隙增大	修磨滚珠丝杠螺母调整垫片，重调间隙
攻丝时或车螺纹时出现乱扣	零位脉冲不良	对编码器进行清洗或更换
	时钟不同步	更换主板或更改程序
	主轴部分没有调试好，如主轴转速不稳，跳动过大或因为主轴过载能力太差，加工时因受力使主轴转速发生太大的变化	重新调试主轴
	机床定位精度或重复定位精度太差	调整机床的精度
主轴定向不能够完成，不能够进行镗孔、换刀等动作	脉冲编码器出现问题	维修或更换编码器
	机械部分出现问题	调整机械部分
	PLC 调试不良，定向过程没有处理好	重新调试 PLC

【例 3-15】 某数控机床回参考点时的实际位置每次都不一样，漂移一个栅点或一个螺距的位置，并且时好时坏。

故障分析 如果每次漂移只限于一个栅点或螺距，这种情况有可能是因为减速开关与减速挡块安装不合理，数控机床轴开始减速时的位置距离光栅尺或脉冲编码器太近。由于数控机床的加减速或惯量不同，数控机床轴在运行时过冲的距离不同，从而机床轴所找的参考点位置发生了变化。

解决办法如下。

(1) 改变减速开关与减速挡块的相对位置，使数控机床轴开始减速的位置大概处在一个栅距或一个螺距的中间位置。

(2) 设置数控机床参考点的偏移量，并适当减小数控机床的回参考点速度或减小数控机床的快移速度的加减速时间常数。

【例 3-16】 一台数控车床，X、Z 轴使用半闭环控制，运行半年后，发现 Z 轴每次回参考点总有 2～3 mm 的误差，而且误差没有规律。

故障分析 调整控制系统参数后现象仍未消失，更换伺服电动机后现象依然存在，后来仔细检查发现丝杠末端没有拧紧，经过螺母拧紧后故障现象消失。

【例3-17】 某数控机床在回参考点时，有减速过程，但是找不到参考点。

故障分析 数控机床轴回参考点时有减速过程，说明减速信号已经到达系统，证明减速开关及其相关电气没有问题，问题可能出在编码器上。用示波器测量编码器的波形，的确找不到零位脉冲，可以确定是编码器出现了问题。

将编码器拆开，观察里面是否有灰尘或油污，将编码器擦拭干净，再次用示波器测量，如发现零位脉冲，则问题解决，否则可以更换编码器或者进行修理。

注意：此类问题较多，如全闭环中使用的光栅尺，如果长时间不清洗，光栅尺的零点标记被灰尘或油污遮住，就有可能出现类似的问题。

【例3-18】 某数控机床在回参考点时，Y 轴回参考点不成功，报警有超程错误。

故障分析 首先观察轴回参考点的状态，选择回参考点方式。让 X 轴先回参考点，结果能够正确回参考点；再选择 Y 轴回参考点，观察到 Y 轴在回参考点过程中，压到减速开关后，并不进行减速动作，而是越过减速开关，直至压到限位开关，报警数控机床超程。直接将限位开关按下，观察机床 PLC 的输入状态，发现 Y 轴的减速信号并没有到达系统，可以初步判断有可能是数控机床的减速开关或者是 Y 轴的回参考点输入线路出现了问题。然后用万用表逐步测量，最终确定故障原因为减速开关的焊接点脱落。

用电烙铁将脱落的线头焊接好，故障即可排除。

【例3-19】 一台普通的数控铣床，开机回参考点，X 轴正常，Y 轴回参考点不成功。

故障分析 数控机床轴回参考点时有减速过程，说明减速信号已经到达系统，证明减速开关及其相关电气没有问题，问题可能出在编码器上。用示波器测量编码器的波形，但是零位脉冲正常，可以确定编码器没有出现问题，问题可能出现在接受零脉冲反馈信号的印制电路板上。

有的系统可能每个轴的检测印制电路板是分开的，可以将 X、Y 两轴的印制电路板进行互换，确认问题的所在，然后更换印制电路板。有的系统可能把检测印制电路板与数控印制电路板集成为一块，这样可以直接更换整块印制电路板。

【例3-20】 加工中心主轴定向不准或错位。

故障分析 加工中心主轴的定向通常采用三种方式：磁传感器，编码器和机械定向。使用磁传感器和编码器时，除了可以调整元件的位置外，还可以对数控机床的参数进行调整。发生定向错误时大都无报警，只有在换刀过程发生中断时才会被发现。某次在一台改装过的加工中心上出现了定向不准的故障，开始时数控机床在工作中经常出现中断现象，但出现的次数不多，重新开机又能工作，后来故障反复出现。在故障出现后，经对数控机床进行仔细观察，才发现故障的真正原因是主轴在定向后发生位置偏移，而且在主轴在定向后，如用手碰一下（和工作中在换刀时当刀具插入主轴时的情况相近)，主轴会向相反方向漂移。检查电气部分无任何报警，机械部分又很简单。该数控机床的定向使用编码器，所以从故障的现象和可能发生的部位来看，电气部分发生故障的可能性比较小，机械部分最主要的是连接问题。检查机械连接部分，在检查到编码器的连接时发现编码器上连接套的紧定螺钉松动，连接套后退造成与主轴的连接部分间隙过大而使旋转不同步。将紧定螺钉按要求固定好后，故障消除。发生主轴定向方面的故障后，应根据数控机床的具体结构进行分析处理，先检查电气部分，确认正常后再考虑机械部分。

3.3 数控系统类故障

3.3.1 系统显示类故障

数控系统不能正常显示的原因很多，显示系统本身的故障是造成系统显示不正常的主要原因。系统的软件出错，在多数情况下会导致系统显示混乱、不正常或无法显示；电源出现故障、系统主板出现故障时也有可能导致系统的不正常显示。因此，在系统不能正常显示的时候，首先要分清造成系统不能正常显示的主要原因，不能简单地认为就是显示系统本身的故障。

数控系统显示故障可以分为完全无显示和显示不正常两种情况。当系统电源、系统的其他部分工作正常时，系统无显示在大多数情况下是由硬件原因引起的，而显示混乱或显示不正常一般来说是由系统软件引起的。当然，系统不同，引起故障的原因也不同，要根据实际情况进行分析研究。

系统显示类常见的故障现象如表 3-5 所示。

表 3-5 系统显示类常见故障现象及其原因与排除方法

故障现象	故障原因	排除方法
运行或操作中死机或重新启动	参数设置错误或参数设置不当	正确设置参数
	同时运行了系统以外的其他内存驻留程序，正从软盘或网络调用较大的程序或从已损坏的软盘上调用程序	停止部分正在运行或调用的程序
	系统文件受到破坏或感染了病毒	用杀毒软件检查软件系统，清除病毒或重新安装系统软件进行修复
	电源功率不够	确认电源的负载能力是否符合系统要求
	系统元器件受到损害	维修或更换系统元器件

续表

故障现象	故障原因	排除方法
系统上电后花屏或乱码	系统文件被破坏	修复系统文件或重装系统
	系统内存不足	对系统进行整理,删除一些不必要的垃圾
	外部干扰	增加一些防干扰的措施
系统上电后,电源指示灯亮但是屏幕无显示或黑屏	显示模块损坏	更换显示模块
	显示模块电源不良或没有接通	对电源进行修复
	显示屏由于电压过高而被烧坏	更换显示屏
	系统显示屏亮度调节过暗	对亮度进行调节
主轴有转速但CRT速度无显示	主轴编码器损坏	更换主轴编码器
	主轴编码器电缆脱落或断线	重新焊接电缆
	系统参数设置不对,编码器反馈的接口不对或没有选择主轴控制的有关功能	正确设置系统参数
主轴实际转速与所发指令不符	主轴编码器每转脉冲数设置错误	正确设置主轴编码器的每转脉冲数
	PLC程序错误	检查PLC程序中主轴速度和D/A输出部分的程序,改写后重新调试
	速度控制信号电缆连接错误	重新焊接电缆
系统上电后,屏幕显示高亮但没有内容	系统显示屏亮度调节过亮	对亮度进行调节
	系统文件被破坏或感染了病毒	用杀毒软件检查软件系统,清除病毒或重新安装系统软件进行修复
	显示控制板出现故障	更换显示控制板
系统上电后,屏幕显示暗淡但是可以正常操作,系统运行正常	系统显示屏亮度调节过暗	对亮度进行调节
	显示屏或显示屏的灯管损坏	更换显示屏或显示屏的灯管
	显示控制板出现故障	更换显示控制板
主轴转动时显示屏上没有主轴转速显示或机床每转进给时主轴转动但进给轴不动	主轴位置编码器与主轴连接的齿形皮带断裂	更换皮带
	主轴位置编码器连接电缆断线	找出断线点,重新焊接或更换电缆
	主轴位置编码器的连接插头接触不良	重新将连接插头插紧
	主轴位置编码器损坏	更换损坏的主轴位置编码器

【例 3-21】 一数控系统，工作后经常死机，停电后经常丢失机床参数和程序。

故障分析 经分析和诊断，出现该故障的原因一般有如下几点：电池不良；系统存储器出错；软件本身不稳定。根据如上分析，可逐条进行检查。首先用万用表直接测量系统断电存储用电池，发现电池没有问题；然后测量主板上的电池电压，发现时有时无，进一步检查发现当用手按着主板一侧测量时电压正确，松开手时电压不正确，因此初步诊断为接触不良。拆下该主板，仔细检查发现该主板已经弯曲变形，校正后重新试验，故障排除。

【例 3-22】 一台数控车床配 FANUC0-TD 系统，在调试中时常出现 CRT 闪烁、发亮，没有字符出现的现象。

故障分析 我们发现造成故障的原因主要有如下几点。

① CRT 亮度与灰度旋钮在运输过程中出现振动现象。

② 系统在出厂时没有经过初始化调整。

③ 系统的主板和存储板有质量问题。

解决办法可按如下步骤进行：首先，调整 CRT 的亮度和灰度旋钮；如果没有反应，请将系统初始化一次，同时按“RST”键和“DEL”键，进行系统启动；如果 CRT 仍没有正常显示，则需要更换系统的主板或存储板。

【例 3-23】 一台日本 H500/50 卧式加工中心，开机时一片黑屏，操作面板上的数控电源开关已按下，红、绿灯都亮，查看电气柜中开关和主要部分无异常，关机后重开，故障一样。

故障分析 经查，故障是由多处损坏造成的。更换显示器、显示控制板后屏幕出现了显示，使机床能进行其他的故障维修。

【例 3-24】 XHK716 立式加工中心，在安装调试时，CRT 显示器突然出现无显示故障，而机床还可继续运转。停机后再开，又一切正常。在设备运转过程中经常出现这种故障。

故障分析 采用直观法进行检查，发现每当车间的门式起重机经过时，就会出现此故障，由此初步判断故障原因是元件连接不良。检查显示板，用手触动板上元件，当触动某一集成块管脚时，CRT 上显示就会消失。经观察发现该脚没有完全插入插座中。另外，发现此集成块旁边的晶振有一个引脚没有焊锡。将这两种原因排除后，故障消除。

3.3.2 系统软件类故障分析与维修

数控系统软件由管理软件和控制软件组成。管理软件包括 I/O 处理软件、显示软件、诊断软件等。控制软件包括译码软件、刀具补偿软件、速度处理软件、插补计算软件、位置控制软件等。数控系统的软件结构和数控系统的硬件结构两者相互配合，共同完成数控系统的具体功能。早期数控装置的数控功能全部由硬件实现，而现在的数控功能则由软件和硬件共同完成。

目前数控系统的软件一般有两种结构：前后台型结构和中断型结构。所谓前后台型结构是指在一个定时采样周期中，前台任务开销一部分时间，后台任务开销剩余部分的时间，共同完成数控加工任务。前台任务一般设计成实时中断服务程序，现以西门子系统为例说明系统软件的配置。总的来说系统软件包括如下三部分。

（1）数控系统的生产厂家研制的启动芯片、基本系统程序、加工循环、测量循环等。

（2）由机床厂家编制的针对具体机床所用的数控用户数据、PLC 机床程序、PLC 用户数据、PLC 报警文本、系统设定数据等。

（3）由数控机床用户编制的加工主程序、加工子程序、刀具补偿参数、零点偏置参数、R 参数等。

软件故障一般是由软件中文件的变化或丢失引起的。机床软件一般存储于 RAM 中。可能造成软件故障的原因如下。

（1）误操作。

在调试用户程序或修改机床参数时，操作者删除或更改了软件内容或参数，从而造成了软件故障。

（2）供电电池电压不足。

为 RAM 供电的电池经过长时间使用后，电压降到额定值以下，或电池电路短路、断路、接触不良等都会造成 RAM 得不到维持电压，从而使系统丢失软件及参数。

（3）干扰信号。

有时电源的波动或干扰脉冲会串入数控系统总线，引起时序错误或数控装置停止运行。

（4）软件死循环。

运行比较复杂的程序或进行大量计算时，有时系统会形成死循环，引起系统中断，造成软件故障。

（5）系统内存不足。

系统进行大量计算会导致系统的内存不足，从而引起系统死机。

（6）软件的溢出。

调试程序时，调试者修改参数不合理，或进行大量错误的操作，引起软件的溢出。

系统软件类常见的故障现象如表 3-6 所示。

表 3-6 系统软件类常见故障现象及其原因与排除方法

故障现象	故障原因	排除方法
不能进入系统，运行系统时，系统界面无显示	可能是计算机被病毒破坏，也可能是系统软件中有文件损坏或丢失	重新安装数控系统，将计算机的CMOS设为A盘启动；插入干净的软盘启动系统后，重新安装数控系统
	电子盘或硬盘物理损坏	电子盘或硬盘在频繁的读/写中有可能损坏，这时应该修复或更换电子盘或硬盘
	系统CMOS设置不对	更改计算机的CMOS设置
运行或操作中死机或重新启动	参数设置不当	正确设置系统参数
	同时运行了系统以外的其他内存驻留程序	停止正在运行或调用的程序
	正从软盘或网络调用较大的程序	
	从已损坏的软盘上调用程序	
	系统文件被破坏。 系统在通信时或在用磁盘拷贝文件时，有可能感染病毒	用杀毒软件检查软件系统，清除病毒或重新安装系统软件进行修复
系统出现乱码	参数设置不合理	正确设置系统参数
	系统内存不足或操作不当	对系统文件进行整理，删除系统产生的垃圾
操作键盘不能输入或部分不能输入	控制键盘的芯片出现问题	更换控制芯片
	系统文件被破坏	重新安装数控系统
	主板电路或连接电缆出现问题	修复或更换
	CPU出现故障	更换CPU
I/O单元出现故障，输入/输出开关工作不正常	I/O控制板电源没有接通或电压不稳	检查线路，改善电源
	电流电磁阀、抱闸连接续流二极管损坏 各个直流电磁阀、抱闸一定要连接续流二极管，否则，在电磁阀断开时，因电流冲击使得DC 24 V电源输出品质下降，造成数控装置或伺服驱动器随机故障报警	更换续流二极管

续表

故障现象	故障原因	排除方法
数据输入/输出接口（RS-232）不能够正常工作	系统的外部输入/输出设备的设定错误或硬件出现了故障。 在进行通信时，操作者首先确认外部的通信设备是否完好，电源是否正常	对设备重新设定，对损坏的硬件进行更换
	参数设置的错误。 通信时需要使外部设备的参数与数控系统的参数相匹配，如数据传输速率、停止位必须设成一致才能够正常通信。外部通信端口必须与硬件相对应	按照系统的要求正确设置参数
	通信电缆出现问题。 不同的数控系统，通信电缆的管脚定义可能不一致，如果管脚焊接错误或虚焊等，通信将不能正常完成。另外通信电缆不能够过长，以免信号衰减引起故障	对通信电缆进行重新焊接或更换
系统网络连接不正常	系统参数设置或文件配置不正确	按照系统要求正确设置参数
	通信电缆出现问题。 通信电缆不能够过长，以免信号衰减引起故障	对通信电缆进行重新焊接或更换
	硬件故障。 通信网口出现故障或网卡出现故障，可以用置换法判断出现问题的部位	对损坏的硬件进行更换

3.3.3 系统参数类故障

数控机床在出厂前，已将所用的系统参数进行了调试优化，但有的数控系统还有一部分参数需要到用户那里去调试，如果参数设置不对或者没有调试好，就有可能引起各种各样的故障现象，直接影响到数控机床的正常工作和性能的充分发挥。在数控机床维修过程中，有时也利用参数来调试数控机床的某些功能，而且有些参数需要根据数控机床的运动状态来进行调整。有的系统参数很多，发生故障时，如果要维修人员逐步去查找就不现实。

数控机床的参数一般分为状态型参数、比率型参数、真实值参数等几种。如果按照数控机床参数所具有的性质，数控机床的参数又可以分为普通型参数和秘密级参数两种。普通型参数是数控厂家在各类资料中公开的参数，对参数都有详细的说明及规定，有些允许用户进行更改调试。秘密级参数是数控厂家未在各类资料中公开的参数，或者是系统文件中隐藏的参数，此类参数只有数控厂家能进行更改与调试，用户没有权限去更改。

(1) 数控系统参数丢失。

① 数控系统的后备电池失效。

后备电池的失效将导致全部参数的丢失。数控机床长时间停用，最容易出现后备电池失效的现象。因此，数控机床长时间停用时应定期为数控机床通电，使数控机床空运行一段时间，这样不但有利于延长后备电池的使用时间和及时发现后备电池是否无效，而且可以延长整个数控系统包括机械部分的使用寿命。

② 操作者的误操作使参数丢失或遭到破坏。

初次接触数控机床的操作者经常遇到这种现象。由于误操作，有的将全部参数清除，有的将个别参数更改，有的将系统中处理参数的一些文件删除，从而造成了系统参数的丢失。

③ 机床在 DNC 方式下加工工件或在进行数据传输时电网突然停电。

(2) 参数设定错误引起的部分故障现象。

① 系统不能正常启动。

② 系统不能正常运行。

③ 机床运行时经常报跟踪误差。

④ 机床轴运动方向或回零方向反向。

⑤ 运行程序不正常。

⑥ 螺纹加工不能够进行。

⑦ 系统显示不正常。

⑧ 死机。

参数是整个数控系统中很重要的一部分，参数出现问题可以引起各种各样的故障，所以我们在维修调试的时候一定要注意检查参数，首先排除因为参数设置不当而引起的故障，再从别的位置查找故障的根源。

3.4 操作加工类故障

3.4.1 操作类故障

在操作数控机床时，有时会碰到比较明显的故障，如按下主轴正转或反转按钮，主轴没有任何动作；手动运行直线轴时机床不动作；手摇控制轴运动时无效。这类故障经常在手动操作时发生。操作类常见故障总结如表 3-7 所示。

表 3-7　操作类常见故障现象及其原因与排除方法

<table>
<tr><th>故障现象</th><th colspan="2">故障原因</th><th>排除方法</th></tr>
<tr><td rowspan="8">手动运行机床，机床不动作</td><td rowspan="5">坐标无变化</td><td>机床锁住按钮损坏，一直处在使机床锁住的状态。
如果数控机床的锁住按钮被按下或者因为损坏而一直处于导通的状态，机床各轴是不能够运动的。在自动状态下，系统可以向各个轴发运动指令，但轴不执行</td><td>更换按钮</td></tr>
<tr><td>系统参数设置错误。
数控系统如果与轴相关的一些参数设置不当，会造成轴运动不正常或不能够运行</td><td>重新设置系统参数</td></tr>
<tr><td>硬极限超程</td><td>手动将超程解除</td></tr>
<tr><td>倍率选择开关选择了 0</td><td>正确选择倍率</td></tr>
<tr><td>手动按钮损坏或接触不良</td><td>更换按钮</td></tr>
<tr><td rowspan="3">坐标有变化但轴不动作</td><td>系统驱动程序没有安装或安装不正确。
某些数控系统在调试时必须安装相应的驱动程序才能够运行，如果驱动程序没有安装或者安装不正确，机床轴是不能够正常运行的</td><td>重新安装系统的驱动程序</td></tr>
<tr><td>伺服驱动器报警或使能信号未到达</td><td>清除伺服驱动器的报警，检查使能信号是否到达</td></tr>
<tr><td>系统参数设置错误。
数控系统如果与轴相关的一些参数设置不当，会造成轴运动不正常或不能够运行</td><td>重新设置系统参数</td></tr>
<tr><td rowspan="5">手摇无效</td><td rowspan="3">坐标无变化</td><td>脉冲发生器损坏</td><td>维修或更换脉冲发生器</td></tr>
<tr><td>系统参数设置错误</td><td>重新设置系统参数</td></tr>
<tr><td>手摇使能无效，或使能信号没有接通。
为了安全，一些手摇设置了一个使能按钮。当使能按钮被按下，系统检测到这个信号以后，手摇所发的脉冲才能够被系统接受。当使能信号没有接通或系统没有检测到，手摇即无效</td><td>检查线路，判断使能信号是否给出</td></tr>
<tr><td rowspan="2">坐标有变化但轴不动作</td><td>机床锁住按钮损坏，一直处在使机床锁住的状态</td><td>更换机床锁住按钮</td></tr>
<tr><td>伺服机构或主轴部分出现报警</td><td>清除报警</td></tr>
</table>

续表

故障现象	故 障 原 因	排 除 方 法
手动移动机床超程后无法解除	机床超程信号接反或机床运动方向相反。 机床在运行时超程是经常发生的现象，在进行超程解除的时候有可能因为操作者不熟练，将超程解除的方向弄反。某些数控系统厂家为了机床运行的安全性，在机床超程的时候设置了一些输入信号，用来检测数控机床的超程方向，如果检测到数控机床超程，机床只能够向超程的相反方向运动，这样能够防止机床继续向超程的方向运动。但是如果机床的超程信号接反或机床的运动方向相反，机床超程就不能够正常解除	将轴的运动方向更改，或者将超程信号进行互换
	PLC 程序编写错误	更改 PLC 程序
	系统参数设置错误	重新设置系统参数
M、S、T 指令有时执行有时不能够执行或者执行的动作不正确	参数设置错误或参数丢失引起系统的控制紊乱	重新设置系统参数
	系统受到较强烈的干扰	增加防干扰的措施，排除干扰源
系统 G00、G01、G02、G03 指令均不能执行	系统选择了每转进给，但是主轴未启动	在轴动作前先运转主轴
	PLC 中已经设定了主轴速度到达信号，但该信号没有到达系统	找出主轴信号未到达的原因或将主轴速度到达的限定范围加大
	主轴的进给倍率选择了 0	选择正确的进给倍率
机床油泵、冷却泵没有启动或启动后没有油、冷却液输出	输入/输出板或回路出现故障	维修或更换输入/输出板
	电动机电源相序不正确。 如果油泵、冷却泵直接使用的是普通三相交流电动机，有可能是因为电动机电源进线相序接反，造成电动机的反转，致使油或冷却液不能够正常输出	调整三相电源的相序
	冷却箱过脏，引起电泵堵塞、冷却管堵塞或变形	清洗冷却箱，更换过脏的冷却液，更换变形的冷却管

续表

故障现象	故 障 原 因	排 除 方 法
系统发出主轴旋转的指令后，主轴不转动或只能向一个方向转动	系统控制主轴的模拟电压没有输出	测量是否有电压输出，是否随主轴转速的变化而变化
	系统主轴模拟量的输出接口与变频器的连接电缆断线或者短路	重新焊接电缆或更换
	连接器接触不良	重新将连接器接牢
	主轴的正转或反转控制接触器损坏或触点接触不良	更换损坏的继电器
	主轴控制电路接触不良或有断线	根据电气原理图找出故障点
机床工作台运行时抖动，有时有卡滞现象	导轨拉伤产生爬行	清洗导轨或用油石修整导轨表面
	丝杠轴承损坏	更换损坏的轴承
	传动链松动	检查传动系统，紧固松动的地方
气动卡盘夹不紧工件	气压不足	增大气压
	电磁阀损坏	更换电磁阀
	压力继电器损坏	更换压力继电器

【例 3-25】 数控车床在使用中出现手动移动正常，自动回零时移动一段距离后不动，重开手动移动又正常的现象。

故障分析　车床使用经济数控系统、步进电动机、手动移动时由于速度稍慢而移动正常，自动回零时快速移动距离较长，出现机械卡住现象。根据故障进行分析，主要是机械原因。后经询问才得知，该机床加工尺寸不准，将另一台机床上的电动机拆来使用后出现了该故障。经仔细检查，故障是由变速箱中的齿轮间隙太小引起的，重新调整后正常。这是一例人为因素造成的故障，在修理中如不加注意会经常发生，因此在工作中应引以为重，避免这种现象的发生。

【例 3-26】 某车床配备 FANUC-0T 系统，当脚踏尾座开关使套筒顶尖顶紧工件时，系统产生故障报警。

故障分析　在系统诊断状态下，调出 PLC 输入信号，发现脚踏开关 X04.2 输入为“1”，尾座套筒转换开关 X17.3 为“1”，润滑油液面开关 X17.6 为“1”；调出 PLC 输出信号，当脚踏向前开关时，输出 Y49.0 为“1”，同时电磁阀也得电。这说明系统 PLC 输入、输出状态均正常，应继续分析尾座套筒液压系统。在电磁阀 YV4.1 得电后，液压油经溢流阀、流量控制阀和单向阀进入尾座套筒液压缸，使其向前顶紧工件。松开脚踏开关后，电磁换向阀处于中间位置，油路停止供油。由于单向阀的作用，尾座套筒向前时的油压得到保持，该油压使压力继电器常开触点接通，在系统 PLC 输入信号中X00.2为“1”，但检查系统PLC输入信号X00.2为“0”，说明压力继电器有问题，经进一步检查发现其触点损坏。

【例3-27】 一卧式加工中心，由于Z轴(立柱移动向)位置环发生故障，数控机床在移动Z轴时立柱突然以很快的速度向相反方向冲去。位置检测回路修复后，Z轴只能以很慢的速度移动(倍率开关置于20%以下)，稍加快点，Z轴就抖动，移动越快，抖动越严重，严重时整个立柱几乎跳起来。

故障分析 更换伺服装置后，故障现象没有消除，由于驱动电动机有许多保护环节，所以暂不考虑其有故障，而怀疑机械部分有问题。通过检查，发现润滑、轴承、导轨、导向块等各项均良好；用手转动滚珠丝杠，立柱移动也很轻松；滚珠丝杠螺母与立柱连接良好；滚珠丝杠螺母副也无轴向间隙，预紧力适度。进而怀疑滚珠丝杠有问题，换上备件后，故障现象消失，经过检查发现滚珠丝杠的弯曲度超过了0.15 mm/m。

由于撞车时速度很快，滚珠丝杠承受的轴向力很大，结果引起滚珠丝杠弯曲。低速时由于扭矩和轴向力都不大，所以影响不大。高速时扭矩和轴向力都很大，加剧了滚珠丝杠的弯曲，使阻力增大，以致Z轴不稳定，发生抖动。

【例3-28】 某加工中心在JOG方式下进给平稳，但自动方式下则不正常。

故障分析 首先要确定是数控系统故障，还是伺服系统故障。先断开伺服系统速度给定信号，用电池电压作信号，故障依旧，说明数控系统没有问题。进一步检查发现Y轴夹紧装置出现故障。

【例3-29】 FANUC-7CM系统的XK715F型数控立铣床，其旋转工作台低速时转动正常，中、高速时出现抖动。

故障分析 我们采用隔离法将电动机从转盘上拆下后再运转，仍有抖动现象。再将位置环脱开，外加VCMD给定信号给速度单元，再运转，还是抖动。可见故障在电动机或速度单元上。先打开电动机，发现大量冷却油进入其内部。洗刷电动机内部后再装好，运转时旋转工作台不再抖动。

3.4.2 数控加工类故障

加工误差故障的现象较多，在各种设备上的表现不一，如数控车床在直径方向出现时大时小的现象较多。在加工中心上垂直轴出现误差的情况较多，常见的是尺寸向下逐渐增大，但也有尺寸向上增大的现象。在水平轴上也经常会有一些较小误差的故障出现，有些经常变化，时好时坏，使零件的尺寸难以控制。这就造成了数控机床中误差故障但又无报警的情况。数控机床中的无报警故障大都是一些较难处理的故障。在这些故障中，以机械原因引起的居多，其次是一些综合因素引起的故障。对这些故障进行排除一般具有一定的难度，特别是对故障的现象判断尤其重要。在数控机床的修理中，对这方面故障的判断经验只有在实践中进行摸索，不断总结，不断提高，才能适应现代工业新型设备维修的需要。

加工类常见故障总结如表3-8所示。

表 3-8　加工类常见故障现象及其原因与排除方法

故障现象	故障原因		排除方法
加工尺寸或精度误差过大	系统方面	机床的数控系统较简单，在系统中对误差没有设置检测，因此在机床出现故障时没有报警显示	提高机械精度，尽量减小误差发生的可能性
		机床中出现的误差情况不在设计时预测的范围内，因此当出现误差时系统检测不到。由于大多数数控机床使用的是半闭环系统，因此不能检测到机床的实际位置	适当减小允差范围，调整参数，提高加工精度
		机床的电气系统回零不当，回零点不能保证一致 这种故障带来的误差一般较小。除了一般的减速开关不良会造成故障外，回零时的减速距离太短也会使零点偏离。在有些系统的监控页面中有“删格量”一项，记录并经常核对可及时发现问题	调整减速开关或适当减小回零速度
		机床运动时由于超调引起加工精度和加工尺寸误差过大。 如果加、减速时间常数调节得过小，电动机电流已经形成饱和，引起伺服运动超调，会导致系统的加工精度与加工尺寸误差过大。这时可以通过调节伺服驱动器的参数来改善轴的运动性能，以消除加工误差	适当调整伺服参数的增益，改善电动机的运转性能
	操作方面	在利用刀尖半径补偿时，G41、G42 加工指令使用不正确或者在走刀换向时没有相应修改 G41、G42 加工指令	正确使用 G41、G42 加工指令
		刀具与工件的相对位置方位号设定错误	更改方位号
		对刀不正确，或者加工时没有考虑刀尖半径尺寸	更改操作方法
	机械方面	机床几何误差太大，机床机械精度达不到要求	重新调整机床的几何精度
		丝杠与电动机的联轴器的影响。 丝杠与电动机的联轴器结构对故障发生的频率和可能性的影响不同，引起故障后现象也不同。有些尺寸只会向负方向增加，但有些向正负方向变化都有可能。使用弹性联轴器时，基本上是向负向增加的多，而使用键连接时两种故障均会发生	调整丝杠与电动机的联轴器或更换联轴器，消除弹性形变
		滚珠丝杠的支撑轴承或钢球损坏	更换轴承螺母或钢球
		滚珠丝杠的反向器磨损	更换反向器
		传动链松动	检查传动系统，并排除松动
		滚珠丝杠的预紧力调整不适当	调整滚珠丝杠的预紧力，使窜动不超过 0.0 015 mm

续表

故障现象	故障原因	排除方法
两轴联动铣削圆周时圆度超差	圆度超差一般出现两种情况：一种是圆的轴向变形；另一种是出现斜椭圆，即在45°方向上的椭圆。 圆的轴向变形原因是机床的机械未调整好，从而造成轴的定位精度不好，或者是机床的丝杠间隙补偿不当，从而导致每当机床在过象限时，就产生圆度超差	调整机械安装，减小机床的机械误差
	斜椭圆超差一般是由各轴的位置偏差过大造成的。可以通过调整各轴的增益来改善各轴的运动性能，使每个轴的运动特性比较接近。另外，机械传动副之间的间隙过大或者间隙补偿不合适，也可能引起该故障	调整各轴的伺服驱动器，改善各轴的运动性能，调整机械安装，消除反向间隙
两轴联动铣削圆周时圆弧上有突起现象	圆弧切削在特定的角度（0°、90°、180°、270°）过象限时，由于电动机需要反转，机械的摩擦力、反向间隙等均会造成速度无法连续，使圆弧上有突起现象	调整机械安装，减小机床的反向间隙误差
车床加工时，G02、G03加工指令的加工轨迹不是圆或报圆弧数据错误	参数设置错误，如加工平面选择不对等	正确设置参数
	X轴编程时半径编程输入的是直径值，直径编程时输入的是半径值	改正所编的程序或者更改参数
自动运行时报程序指令错	程序中有非法地址字	改正所编的程序
	固定循环参数设置错误	重新设置固定循环参数
机床加工工件时，噪声过大	棒料的不直度过大，使机床加工时产生过大的噪声	对棒料进行校直处理
	机床使用过久，丝杠的间隙过大	修磨滚珠丝杠的螺母调整垫片，重调间隙
	运动轴轴承座润滑不良，轴承磨损或已经损坏	加长效润滑脂，更换已损坏的轴承
	工装夹具、刀具或切削参数选择不当	改善工装夹具，并根据工件重新选择刀具或切削参数
	伺服电动机、主轴电动机的轴承润滑不良或损坏	加润滑脂，更换已经损坏的轴承

【例3-30】 某加工中心运行9个月后，发生Z轴方向加工尺寸不稳定，尺寸超差且无任何规律的现象，但显示屏及伺服驱动器没有任何报警或异常。

故障分析 该加工中心采用的是国外进口数控系统，丝杠采用的是直联的方式。根据故障分析，可能是联轴器联结螺钉松动，导致联轴器与滚珠丝杠或伺服电动机间产生滑动。经过对 Z 轴仔细检查，发现联轴器 6 只紧固螺钉都出现了松动，紧固螺钉后，故障排除。

【例 3-31】 某加工中心在加工整圆时，发生 X 轴方向加工尺寸不对，尺寸超差的现象，但显示屏及伺服驱动器没有任何报警或异常。

故障分析 该加工中心采用的是国内数控系统，丝杠采用的是直联的方式。根据故障分析，可能是机床的机械部分未调整好而造成轴的定位精度不好，或者是机床的丝杠间隙补偿不当，从而导致每当机床在过象限时，产生圆度超差。对该机床重新校平调整，检查该机床 X 参数，发现该机床 X 轴的间隙补偿为零，用百分表测量 X 轴的反向间隙，实际测量值超过 0.003 mm。对该机床的 X 轴进行调整，并利用系统的软件补偿功能消除 X 轴的间隙，再次加工整圆进行检验，故障消除。

【例 3-32】 THY5640 立式加工中心，在工作中发现主轴转速在 500 r/min 以下时主轴及变速箱等处有异常声音，观察电动机的功率表发现电动机的输出功率不稳定，指针摆动很大。但主轴转速在 1 200 r/min 以上时异常声音又消失。开机后，在无旋转指令的情况下，电动机的功率表会自行摆动，同时电动机漂移自行转动，正常运转后制动时间过长，机床无报警。

故障分析 根据查看到的现象，引起该故障的原因可能是主轴控制器失控，或机械变速器损坏，但电动机上的原因也不能排除。由于拆卸机械部分检查的工作量较大，因此先对电气部分的主轴控制器进行检查。控制器为西门子 6SC-6502 控制器。首先检查控制器中预设的参数，再检查控制板，都无异常，经查看印制电路板较脏，按要求对印制电路板进行清洗，但装上后开机故障照旧。因此主轴控制器内的原因暂时可排除。为确定故障在电动机还是在机械传动部分，必须将电动机和机械部分脱离，脱离后开机试车，发现给电动机转速指令接近 450 r/min 时开始出现不间断的异常声音，但给 1 200 r/min 指令时异常声音又消失。为此我们对主轴部分进行了分析，原来低速时给定的 450 r/min 指令和高速时的 4 500 r/min 指令对电动机是一样的，电动机均在最高转速，只是低速时通过齿轮进行了减速，所以基本上可以确定故障在电动机部分。经分析，异常声音可能是轴承不良引起的。将电动机拆卸进行检查，发现轴承确已损坏，在高速时轴承被卡，造成负载增大，使功率表摆动不定，出现偏转。而在停止后电动机漂移和制动过慢，经检查是编码器的光盘划破造成的。更换轴承和编码器后故障全部排除。该故障主要是主轴旋转时有异常声音，因此在排除时应查清声源，再进行检查。有异常声音的常见原因为机械上相擦、卡阻和轴承损坏。

【例 3-33】 某加工中心主轴在运转时抖动，主轴箱噪声增大，影响加工质量。

故障分析 经检查主轴箱和直流主轴电动机正常，于是把检查转到主轴电动机的控制系统上。测得速度指令信号正常，而速度反馈信号出现了不应有的脉冲信号，所以判断问题出在速度检测元件上。经检查，测速发电机碳刷完好，但换向器因碳粉堵塞，造成一绕组断路，使测得的反馈信号出现规律性的脉冲，导致速度调节系统调节不平稳，驱动系统输出的电流忽大忽小，从而造成电动机轴的抖动。用酒精清洗换向器，彻底消除碳粉，即可排除故障。

【例 3-34】 某加工中心在加工整圆时，加工出来的圆存在圆度超差，成椭圆状，显示屏及伺服驱动器没有任何报警或异常。

故障分析 该加工中心采用的是国外进口数控系统，丝杠采用的是同步带连接的方式。根据故障分析，可能是机床的机械部分未调整好而造成轴的定位精度不好，或者各轴的位置偏差过大。如果机械传动副之间的间隙过大或者间隙补偿不合适，也可能引起该故障。

对该机床重新校平调整，重新检测该机床的精度，符合要求。检查机械传动副之间的间隙，也符合机床精度要求。用相同的速度手动运动 X 轴、Y 轴，利用系统的检测功能，观察每个轴在运动时不同的状态，发现在相同速度、相同负载的情况下，X 轴、Y 轴在运动时 CRT 所显示的跟踪误差的大小不同，且差值较大，由此可以判断故障原因是两个轴的动态特性不一致。可以通过调整各轴的增益和积分时间常数来改善其运动性能，使两个轴的运动特性比较接近。经过调试后，故障排除。

【例 3-35】 某数控机床出现防护门关不上、自动加工不能进行的故障，而且无故障显示。

故障分析 该防护门是由气缸来完成开关的，关闭防护门是由 PLC 输出 Q2.0 控制电磁阀 YV2.0 来实现的。检查 Q2.0 的状态为“1”，但电磁阀 YV2.0 却没有得电。由于 PLC 输出 Q2.0 是通过中间继电器 KA2.0 来控制电磁阀 YV2.0 的，检查发现，是中间继电器损坏引起的故障。

【例 3-36】 立式铣床在自动加工某一曲线零件时出现爬行现象，零件表面粗糙度很大。

故障分析 在运行测试程序时，直线、圆弧插补皆无爬行，由此确定原因在编程方面。对加工程序进行仔细检查发现，该加工曲线由众多小段圆弧组成，而编程时使用了正确定位检查 G61 指令，由此导致故障。将程序中的 G61 指令取消，改用 G64 指令后，爬行现象消除。

第 4 章　数控机床进给系统的故障诊断与维修

进给驱动系统的性能在一定程度上决定了数控系统的性能，直接影响了加工工件的精度。对它进行良好的维护与维修，是维护好数控机床的关键。本章首先对数控机床的进给驱动系统作一般介绍，这是进行进给驱动系统维修的基础；然后介绍目前常用的直流进给驱动系统和交流进给伺服系统；在此基础上介绍进给伺服系统常见的报警及排除、常见的故障诊断与维修，并列出了典型的故障维修实例；最后介绍进给伺服电动机的故障诊断与维修以及进给驱动系统的维护。

4.1　进给驱动系统概述

在数控技术发展的历程中，进给驱动系统的研制和发展总是放在首要的位置。

数控系统所发出的控制指令，是通过进给驱动系统来驱动机械执行部件，最终实现机床精确的进给运动的。数控机床的进给驱动系统是一种位置随动与定位系统，它的作用是快速、准确地执行由数控系统发出的运动命令，精确地控制机床进给传动链的坐标运动。它的性能决定了数控机床的许多性能，如最高移动速度、轮廓跟随精度、定位精度等。

4.1.1　数控机床对进给驱动系统的要求

1. 调速范围要宽

调速范围 r_n 是指进给电动机提供的最低转速 $n_{\min}$ 和最高转速 $n_{\max}$ 之比，即

$$r_n = n_{\min}/n_{\max}$$

在各种数控机床中，由于加工用刀具、被加工材料、主轴转速以及零件加工工艺要求不同，为保证在任何情况下都能得到最佳切削条件，数控机床就要求进给驱动系统必须具有足够宽的无级调速范围(但通常大于 1∶10 000)。尤其在低速(如 $n<0.1$ r/min)时，仍要能平滑运动而无爬行现象。

脉冲当量为 1 μm/脉冲的情况下，最先进的数控机床的进给速度从 0～240 m/min 连续可调。但对于一般的数控机床，进给驱动系统能在 0～24 m/min 的进给速度下正常工作就足够了。

2. 定位精度要高

对数控机床的要求主要是保证加工质量的稳定性、一致性，减少废品率；解决复杂曲面零件的加工问题；解决复杂零件的加工精度问题；缩短制造周期等。数控机床是按预定的程序自动进行加工的，避免了操作者的人为误差，但是，它不可能应付事先没有预料到的情况。就是说，数控机床不能像普通机床那样，可随时用手动操作来调整和补偿各种因素对加工精度的影响。因此，数控机床的进给驱动系统应具有较好的静态特性和较高的刚度，从而达到较高的定位精度，以保证数控机床具有较小的定位误差与重复定位误差(目前进给伺服系统的分辨率可达 1 μm 或 0.1 μm，甚至 0.01 μm)；同时进给驱动系统还要具有较好的动态性能，以保证数控机床具有较高的轮廓跟随精度。

3. 快速响应，无超调

为了提高生产率和保证加工质量，数控机床的进给驱动系统除了要有较高的定位精度外，还要有良好的快速响应特性，即要求跟踪指令信号的响应要快。一方面，在启、制动时，要求加、减加速度足够大，以缩短进给驱动系统的过渡时间，减小轮廓过渡误差。一般电动机的速度从零变到最高转速，或从最高转速降至零的时间在 200 ms 以内，甚至小于几十毫秒。这就要求进给驱动系统要快速响应，但又不能超调，否则将形成过切，影响加工质量。另一方面，当负载突变时，速度的恢复时间也要短，且不能有振荡，这样才能得到光滑的加工表面。

这就要求进给电动机必须具有较小的转动惯量和较大的制动转矩，以及尽可能小的机电时间常数和启动电压。电动机应具有 4 000 r/s^2 以上的加速度。

4. 低速大转矩，过载能力强

数控机床的进给驱动系统应具有非常宽的调速范围，例如在加工曲线和曲面时，在拐角位置，数控机床某轴的速度会逐渐降至零。这就要求进给驱动系统在低速时能保持恒力矩输出，无爬行现象，并且具有长时间内较强的过载能力和频繁的启动、反转、制动能力。一般，伺服驱动器具有数分钟甚至半小时内 1.5 倍以上的过载能力，在短时间内可以过载 4～6 倍而不损坏。

5. 可靠性高

数控机床，特别是自动生产线上的设备要具有长时间连续稳定工作的能力，同时数控机床的维护、维修也较复杂，因此，数控机床的进给驱动系统应可靠性高，工作稳定性好，具有较强的温度、湿度、振动等环境适应能力，具有很强的抗干扰能力。

4.1.2　进给驱动系统的基本形式

进给驱动系统分为开环控制和闭环控制两种控制方式。根据控制方式，我们把进给驱动系统分为步进驱动系统和进给伺服驱动系统。闭环控制与开环控制的主要区别为是否采用了位置和速度检测反馈元件组成反馈系统。闭环控制一般采用伺服电动机作为驱动元件，根据位置检测元件在数控机床所处的不同位置，它可以分为半闭环、全闭环和混合闭环三种。

1. 开环数控系统

无位置反馈装置的控制方式就称为开环控制，采用开环控制作为进给驱动系统的数控系统称为开环数控系统。采用开环控制的系统一般使用步进驱动系统（包括电液脉冲发动机）作为伺服执行元件，所以也叫步进驱动系统。在开环控制系统中，数控装置输出的脉冲，经过步进驱动器的环形分配器或脉冲分配软件的处理，在驱动电路中进行功率放大后控制步进电动机，最终控制步进电动机的角位移。步进电动机再经过减速装置（一般为同步带，或直接连接）带动丝杠旋转，丝杠将角位移转换为移动部件的直线位移。因此，控制步进电动机的转角与转速，就可以间接控制移动部件的移动，俗称位移量。图 4-1 所示为开环控制的进给驱动系统结构示意框图。

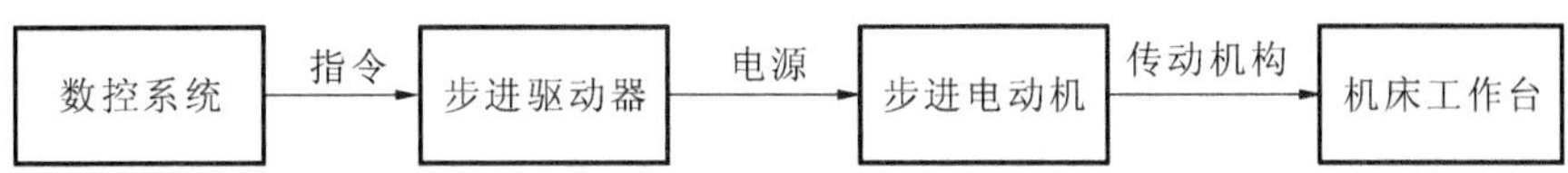

图 4-1　开环控制的进给驱动系统结构示意框图

采用开环控制系统的数控机床结构简单，制造成本较低，但是由于系统不对移动部件的实际位移量进行检测，因此无法通过反馈自动进行误差检测和校正。另外，步进电动机的步距角误差、齿轮与丝杠等部件的传动误差，最终都将影响被加工零件的精度。特别是在负载转矩超过输出转矩时，步进电动机会产生“丢步”的现象，使加工出错。因此，开环控制仅适用于加工精度要求不高，负载较轻且变化不大的简易、经济型数控机床上。

2. 半闭环数控系统

图 4-2 所示为半闭环数控系统的进给控制示意框图。半闭环位置检测方式一般是将位置检测元件安装在电动机的轴上（通常已由电动机生产厂家安装好），用于精确控制电动机的角度，然后通过滚珠丝杠等传动机构，将角度转换成工作台的直线位移。如果滚珠丝杠的精度足够高，间隙小，精度要求一般可以得到满足。而且传动链上有规律的误差（如间隙及螺距误差）可以由数控装置加以补偿，这可进一步提高精度，因此在精度要求适中的中小型数控机床上，半闭环控制得到了广泛的应用。

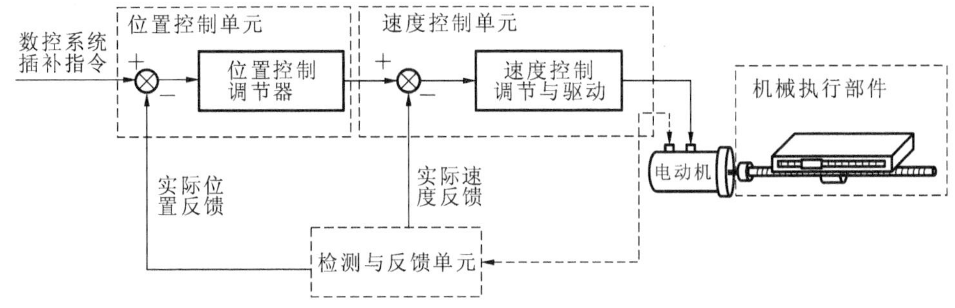

图 4-2　半闭环数控系统的进给控制示意框图

半闭环方式的优点是闭环环路短(不包括传动机械),因而系统容易达到较高的位置增益,不易发生振荡现象。它的快速性好,动态精度高,传动机构的非线性因素对系统的影响小。但如果传动机构的误差过大或误差不稳定,则数控系统难以补偿。例如,由传动机构的扭曲变形所引起的弹性变形,因其与负载力矩有关,故无法补偿;由制造与安装所引起的重复定位误差,以及环境温度与丝杠温度的变化所引起的丝杠螺距误差也不能补偿。因此要进一步提高精度,只有采用全闭环控制方式。

3. 全闭环数控系统

图 4-3 所示为全闭环数控系统的进给控制示意框图。全闭环方式直接从机床的移动部件上获取位置的实际移动值,因此其检测精度不受机械传动精度的影响。但不能认为全闭环方式可以降低对传动机构的要求。因闭环环路包括了机械传动机构,它的闭环动态特性不仅与传动部件的刚度、惯性有关,而且还取决于阻尼、油的黏度、滑动面摩擦因数等因素。这些因素对动态特性的影响在不同条件下还会发生变化,这给位置闭环控制的调整和稳定带来了困难,导致调整闭环环路时必须降低位置增益,从而对跟随误差与轮廓加工误差产生了不利影响。所以采用全闭环方式时必须增大机床的刚度,改善滑动面的摩擦特性,减小传动间隙,这样才有可能提高位置增益。全闭环方式广泛应用在精度要求较高的大型数控机床上。

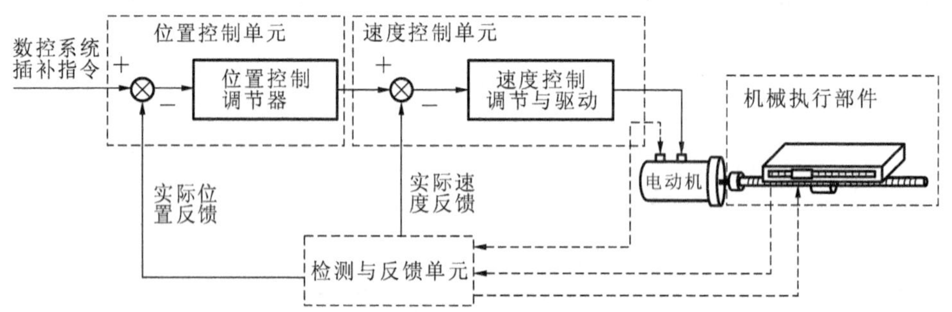

图 4-3　全闭环数控系统的进给控制示意框图

由于全闭环控制系统的工作特点,它对机械结构以及传动系统的要求比半闭环的更高,传动系统的刚度、间隙、导轨的爬行等各种非线性因素将直接影响系统的稳定性,严重时甚至会产生振荡。

解决以上问题的最佳途径是采用直线电动机作为驱动系统的执行器件。采用直线电动机驱动,可以完全取消传动系统中将旋转运动变为直线运动的环节,大大简化了机械传动系统的结构,实现了所谓的“零传动”。它从根本上消除了传动环节对精度、刚度、快速性、稳定性的影响,故可以获得比传统进给驱动系统更高的定位精度、快进速度和加速度。

4. 混合闭环数控系统

图 4-4 所示为混合闭环控制的进给系统结构示意框图。混合闭环方式采用半闭环与全闭环结合的方式。它利用半闭环所能达到的高位置增益,可获得较高的速度

与良好的动态特性。它又利用全闭环补偿半闭环无法修正的传动误差,来提高系统的精度。混合闭环方式适用于重型、超重型数控机床,因为这些机床的移动部件很重,设计时提高刚度较困难。

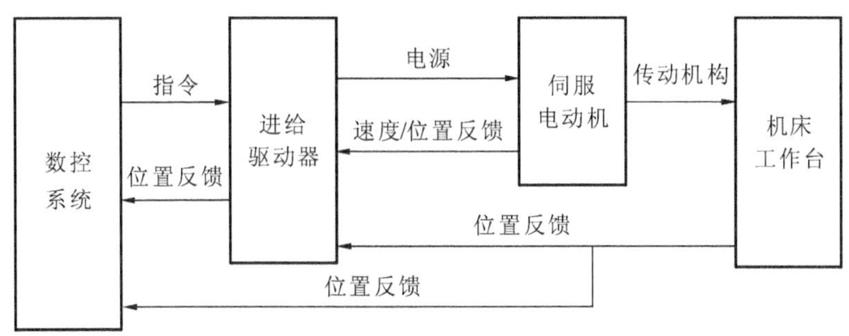

图4-4 混合闭环控制的进给驱动系统结构示意框图

4.2 进给伺服系统的构成及种类

4.2.1 进给伺服系统的组成及分类

1. 进给伺服系统的组成

数控机床的伺服系统一般由驱动控制单元,驱动单元,机械传动部件,执行机构和检测反馈环节等组成。驱动控制单元和驱动单元组成伺服驱动系统。机械传动部件和执行机构组成机械传动系统。检测元件和反馈电路组成检测装置,也称检测系统。

进给伺服系统的任务就是要完成各坐标轴的位置和速度控制。数控系统根据输入的程序指令及数据,经插补运算后得到位置控制指令,同时,位置检测装置将实际位置监测信号反馈给数控系统,构成全闭环或半闭环的位置控制。经位置比较后,数控系统输出速度控制指令至各坐标轴的驱动装置,经速度控制单元驱动伺服电动机滚珠丝杠传动副实现进给运动。伺服电动机上的反馈装置将转速信号反馈给系统,在系统内与速度控制指令比较,构成速度反馈控制。因此,进给伺服系统实际上是外环为位置环、内环为速度环的控制系统。对进给伺服系统的维护及故障诊断将落实到位置环和速度环上。组成这两个环的具体装置有:用于位置检测的光栅、光电编码器、感应同步器、旋转变压器和磁栅等,用于转速检测的测速发电机或光电编码器等。

2. 进给伺服系统的分类

按进给伺服系统使用的伺服类型,半闭环、闭环数控机床常用的进给伺服系统可以分直流进给驱动系统和交流进给伺服系统两大类。20世纪70年代至80年代的数控机床,一般均采用直流进给驱动系统;从20世纪80年代中后期起,数控机床多采用交流进给伺服系统。下面将分别按直流进给驱动系统、交流进给伺服系统来阐述其维修与维护的相关知识。

4.2.2 直流进给驱动系统的介绍

1. FANUC(发那科)直流进给驱动系统

从 1980 年开始,FANUC 公司陆续推出了小惯量 L 系列、中惯量 M 系列和大惯量 H 系列的直流伺服电动机。中、小惯量伺服电动机采用 PWM(脉宽调制)速度控制单元,大惯量伺服电动机采用晶闸管速度控制单元。驱动装置具有多重保护功能,如过速保护、过电流保护、过电压保护和过载保护等。

2. SIEMENS(西门子)直流进给驱动系统

SIEMENS 公司在 20 世纪 70 年代中期推出了 1HU 系列永磁式直流伺服电动机,规格有 1HU504、1HU305、1HU310 和 1HU313 等几种。与伺服电动机配套的速度控制单元有 6RA20 和 6RA26 两个系列,前者采用晶体管 PWM 控制,后者采用晶闸管控制。驱动系统除了具有各种保护功能外,还具有热效应监控等功能。

3. MITSUBISHI(三菱)直流进给驱动系统

MITSUBISHI 公司的 HD 系列永磁式直流伺服电动机有 HD21、HD41、HD81、HD101、HD201 和 HD301 等规格。配套的 6R 系列伺服驱动单元,采用晶体管 PWM 控制技术,具有过载、过电流、过电压和过速保护功能,还具有电流监控等功能。

4.2.3 交流进给伺服系统

1. 常用交流进给伺服系统介绍

(1) FANUC 交流进给伺服系统。

FANUC 公司在 20 世纪 80 年代中期推出了晶体管 PWM 控制的交流驱动单元和永磁式三相交流同步电动机,电动机有 S 系列、L 系列、SP 系列和 T 系列,驱动装置有 α 系列交流驱动单元等。

(2) SIEMENS 交流进给伺服系统。

1983 年以来,SIEMENS 公司推出了交流进给伺服系统,由 6SC610 系列进给驱动装置、SIMODRIVE611A 系列进给驱动模块和 1FT5、1FT6 系列永磁式交流同步电动机组成。驱动采用晶体管 PWM 控制技术,具有热效应监控等功能。另外,SIEMENS 公司还有用于数字伺服系统的 SIMODRIVE611D 系列进给驱动模块。

(3) MITSUBISHI 交流进给伺服系统。

MITSUBISHI 公司的交流驱动单元有通用型的 MR-J2 系列,采用 PWM 控制技术,交流伺服电动机有 HC-MF 系列、HA-FF 系列、HC-SF 系列和 HC-RF 系列。另外,MITSUBISHI 公司还有用于数字伺服系统的 MDS-SVJ2 系列交流伺服驱动单元。

(4) A-B 交流进给伺服系统。

A-B 公司的交流进给伺服系统有 1391 型交流驱动单元和 1326 型交流伺服电动机。另外,还有 1391-DES 系列数字式交流伺服单元,相应的伺服电动机有 1391-

DES15、1391-DES22 和 1391-DES45 三种规格。

(5) 华中数控交流进给伺服系统

武汉华中数控股份有限公司的交流伺服系统驱动系列主要有 HSV-9、HSV-11、HSV-16、HSV-160 和 HSV-180 等型号。HSV-16 采用专用运动控制数字信号处理器(DSP)、大规模现场可编程逻辑阵列(FPGA)和智能化功率模块(IPM)等新技术设计,操作简单,可靠性高,体积小,易于安装。HSV-160 和 HSV-180 是武汉华中数控股份有限公司推出的两款全数字交流伺服驱动器,采用总线控制技术,具有 025、050、075、100 等多种型号规格,具有很宽的功率选择范围。

2. 交流进给伺服系统的组成

交流进给伺服系统如图 4-5 所示,主要由下列几个部分构成。

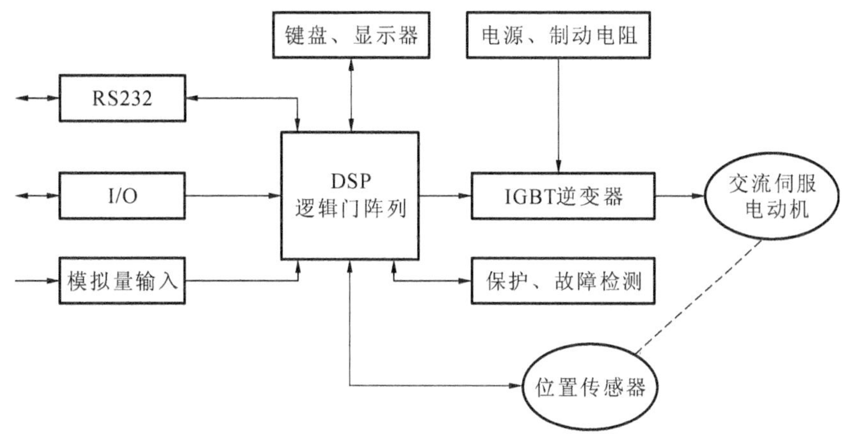

图 4-5　交流伺服系统的组成

(1) 交流伺服电动机,可分为永磁式同步交流伺服电动机、永磁式无刷直流伺服电动机、感应式交流伺服电动机及磁阻式同步交流伺服电动机等。

(2) PWM 功率逆变器,可分为功率晶体管逆变器、功率场效应管逆变器、IGBT 逆变器(包括智能型 IGBT 逆变器模块)等。

(3) 微处理器控制器及逻辑门阵列,可分为单片机、DSP、DSP＋CPU、多功能 DSP(如 TMS320F240)等。

(4) 位置传感器(含速度),可分为旋转变压器、磁性编码器、光电编码器等。

(5) 电源及能耗制动电路。

(6) 键盘及显示电路。

(7) 接口电路,包括模拟电压、数字 I/O 及 RS232 串口通信电路。

(8) 故障检测、保护电路。

3. 交流伺服电动机的简介

交流伺服电动机可依据电动机运行原理的不同,分为感应式(或称异步)交流伺服电动机、永磁式同步交流伺服电动机、永磁式无刷直流伺服电动机和磁阻式同步交流伺服电动机。这些电动机具有相同的三相绕组的定子结构。

感应式交流伺服电动机的转子电流由滑差电势产生，并与磁场相互作用产生转矩。其主要优点是无刷，结构坚固，造价低，免维护，对环境要求低，主磁通由激磁电流产生，很容易实现弱磁控制，高转速可以达到 4～5 倍的额定转速。其缺点是需要激磁电流，内功率因数低，效率较低，转子散热困难，要求较大的伺服驱动器容量，电动机的电磁关系复杂，要实现电动机的磁通与转矩的控制比较困难，电动机非线性参数的变化会影响控制精度，必须进行参数在线辨识才能达到较好的控制效果。

永磁式同步交流伺服电动机的气隙磁场由稀土永磁体产生，转矩控制由调节电枢的电流实现，转矩的控制较感应式电动机的简单，并且能达到较高的控制精度；转子无铜、铁损耗，效率高，内功率因数高，也具有无刷免维护的特点，体积和惯量小，快速性好；在控制上需要轴位置传感器，以便识别气隙磁场的位置；价格较感应式电动机的高。

永磁式无刷直流伺服电动机的结构与永磁式同步交流伺服电动机的相同，借助较简单的位置传感器（如霍尔磁敏开关）的信号，控制电枢绕组的换向，控制最为简单。由于每个绕组的换向都需要一套功率开关电路，电枢绕组的数目通常只采用三相，相当于只有三个换向片的直流电动机，因此运行时电动机的脉动转矩大，造成速度脉动，需要采用速度闭环才能运行较低转速。该电动机的气隙磁通为方波分布，可降低电动机制造成本。有时，容易将无刷直流伺服电动机与同步交流伺服电动机混为一谈，两者虽然在外表上很难区分，但实际上它们的控制性能是有较大差别的。

磁阻式同步交流伺服电动机的转子磁路具有不对称的磁阻特性，无永磁体或绕组，也不产生损耗。其气隙磁场由定子电流的激磁分量产生，定子电流的转矩分量则产生电磁转矩。它内功率因数较低，要求较大的伺服驱动器容量，具有无刷、免维护的特点，克服了永磁式同步交流伺服电动机弱磁控制效果差的缺点，可实现弱磁控制，速度控制范围可达到 0.1～10 000 r/min，兼有永磁式同步交流伺服电动机控制简单的优点，但需要轴位置传感器，价格较永磁式同步交流伺服电动机的低，但体积较大一些。

目前市场上的交流伺服电动机产品主要是永磁式同步交流伺服电动机和永磁式无刷直流伺服电动机。

4. 永磁式同步交流伺服电动机控制原理

图 4-6 所示为永磁式同步交流伺服电动机的控制原理示意框图。交流伺服系统是一个多环控制系统，需要实现位置、速度、电流三种负反馈控制，因此系统中设置了三个调节器，分别调节位置、速度和电流。三者之间实行串级连接，把位置调节器的输出当作速度调节器的输入，再把速度调节器的输出当作电流调节器的输入，而把电流调节器的输出经过坐标变换后，给出同步交流伺服电动机三相电压的瞬时给定值，通过 PWM 逆变器实现对同步交流伺服电动机三相绕组的控制。实测的三相电流瞬时值（i_A，i_B，i_C），也要通过坐标反变换，实现电流的反馈控制。电流为最内环，位置为最外环，形成了位置、速度、电流的三闭环控制系统。

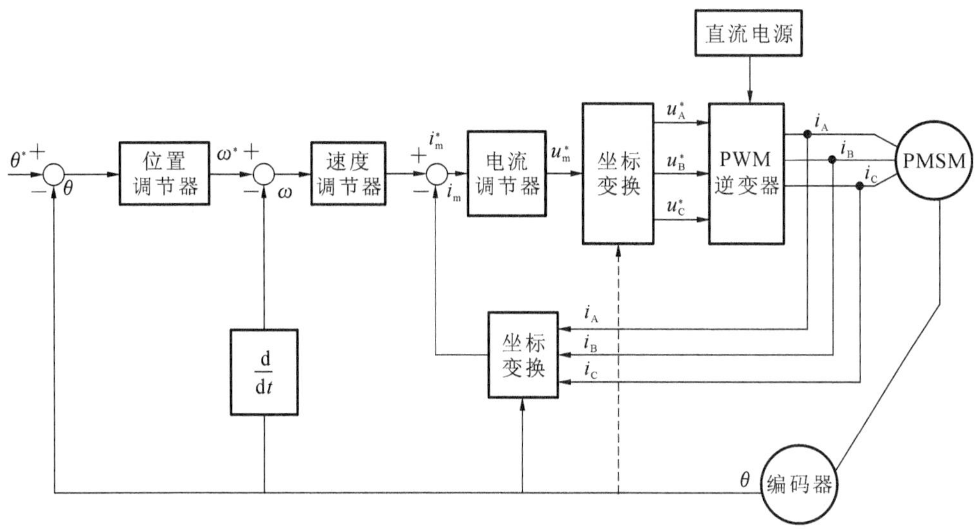

图 4-6 永磁同步交流伺服电动机控制原理示意框图

4.2.4 典型接口及电路举例

【例 4-1】 采用 SINUMERIK 802D 带总线指令接口控制的 SIMODRIVE 进给驱动装置的连线实例，如图 4-7 所示。

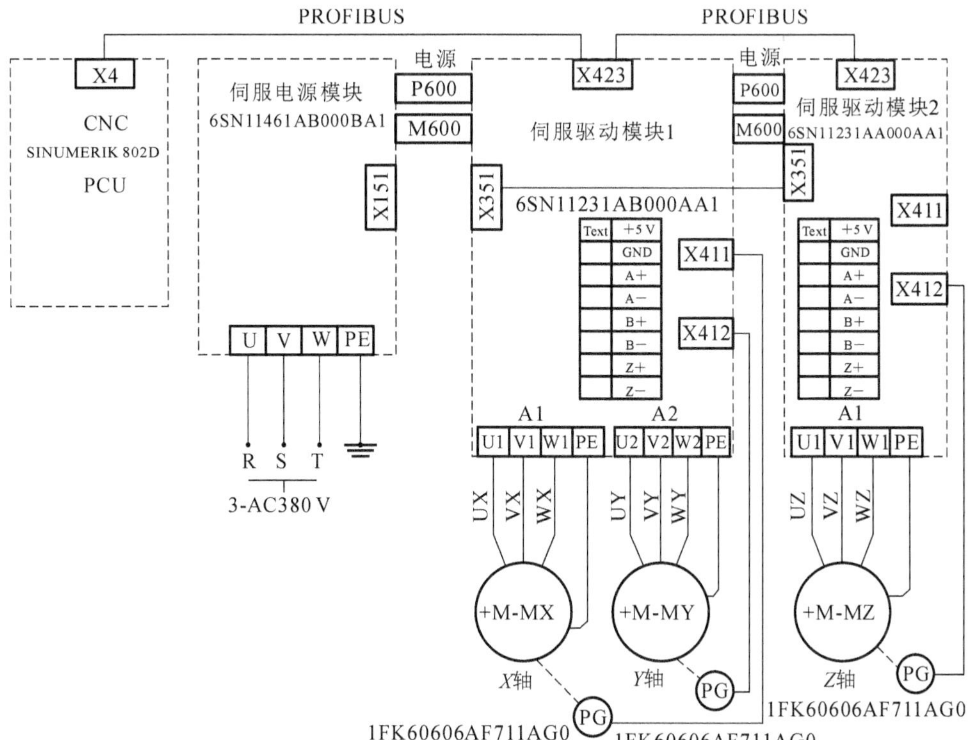

图 4-7 采用总线指令接口控制的进给驱动装置的连线实例

【例 4-2】 某进给伺服驱动装置的内部接口如图 4-8 所示。

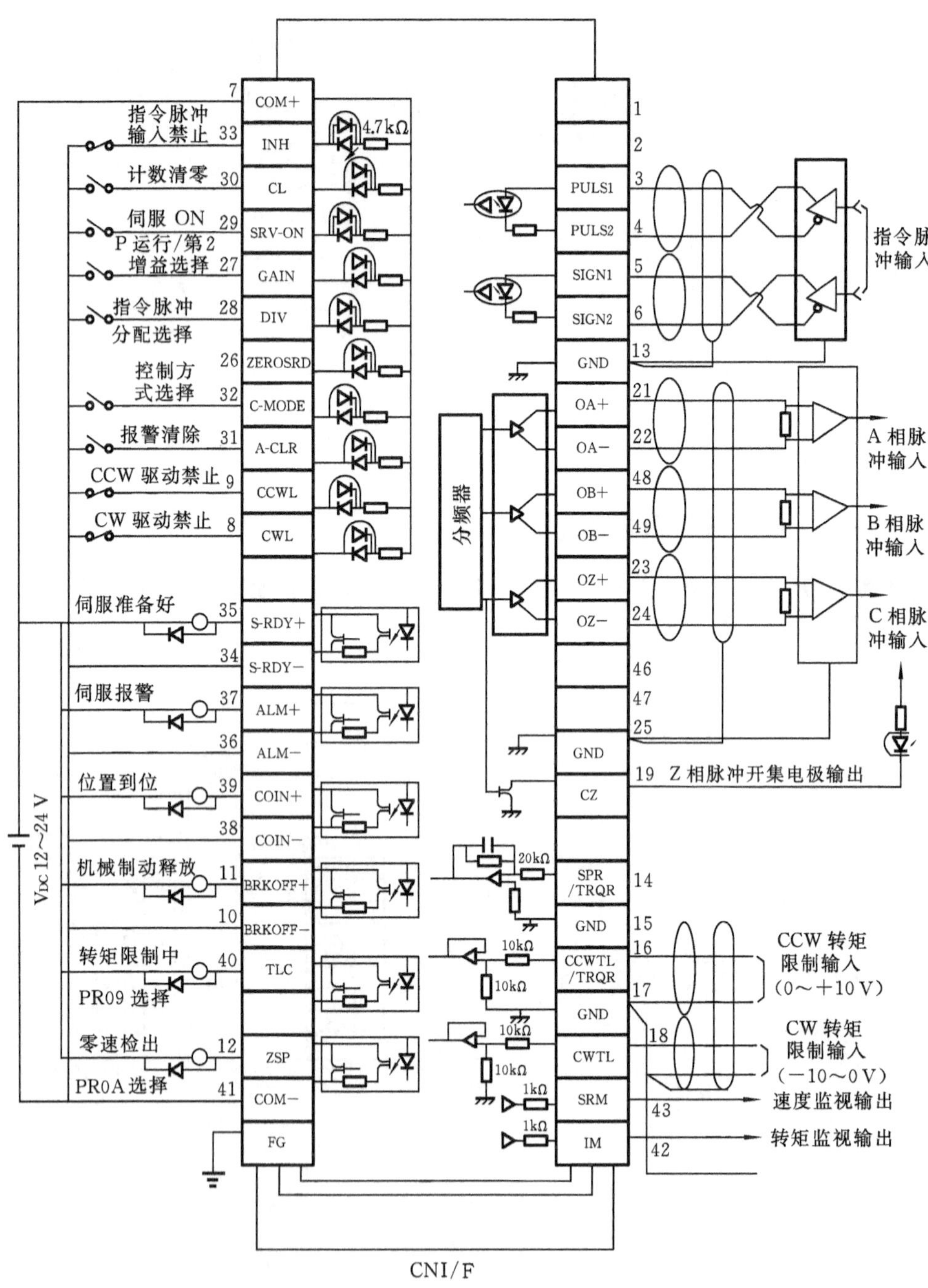

图 4-8　某进给伺服驱动装置的内部接口图

4.3　进给伺服系统常见报警及排除

4.3.1　进给伺服系统各类故障的表现形式

当进给伺服系统出现故障时，通常有三种表现方式。

(1) 在 CRT 或操作面板上显示报警内容和报警信息，它是利用软件的诊断程序来实现的。

(2) 利用进给伺服驱动单元上的硬件(如报警灯或数码管指示，熔断器熔断等)显示报警驱动单元的故障信息。

(3) 进给运动不正常，但无任何报警信息。

其中，前两类故障可根据生产厂家或公司提供的产品维修说明书中有关"各种报警信息产生的可能原因"的提示进行分析判断，一般都能确诊故障原因、部位。对于第三类故障，则需要进行综合分析，这类故障往往是以机床工作不正常的形式出现的，如机床失控、机床振动及工件加工质量太差等。

虽然由于伺服驱动系统生产厂家的不同，伺服系统的故障诊断在具体做法上可能有所区别，但其基本检查方法与诊断原理却是一致的。诊断伺服系统的故障，一般可利用状态指示灯诊断法、数控系统报警显示的诊断法、系统诊断信号的检查法、原理分析法等。

4.3.2　软件报警(CRT 显示)故障及处理

这类故障大多是速度控制单元方面的故障，或是主控制印制电路板与位置控制、伺服信号有关部分的故障。

伺服驱动单元一般提供了多种不同的保护功能，当其中任何一种保护功能被激活时，伺服驱动单元面板上的报警灯点亮。维修人员可以查看报警号，根据报警号可查找相关报警内容，并进行排除。常见的软件报警如下。

1. 参数被破坏

参数被破坏报警表示伺服单元中的参数由于某些原因出现混乱或丢失现象。引起此报警的通常原因及常规处理如表 4-1 所示。

2. 主电路检测部分异常

引起此报警的通常原因及常规处理方法如表 4-2 所示。

3. 超速

引起此报警的通常原因及常规处理方法如表 4-3 所示。

4. 限位报警

限位报警主要指的就是超程报警。引起此报警的通常原因及常规处理方法如表 4-4 所示。

表 4-1　参数被破坏报警综述

报警内容	报警发生状况	可能原因	处理措施
参数破坏	在接通控制电源时发生	正在设定参数时电源断开	进行用户参数初始化后重新输入参数
		正在写入参数时电源断开	
		超出参数的写入次数	更换伺服驱动器(重新评估参数写入法)
		伺服驱动器 EEPROM 以及外部电路故障	更换伺服驱动器
参数设定异常	在接通控制电源时发生	装入了设定不适当的参数	执行用户参数初始化处理

表 4-2　主电路检测部分异常报警综述

报警内容	报警发生状况	可能原因	处理措施
主电路检测部分异常	在接通控制电源时或者运行过程中发生	控制电源不稳定	将电源恢复正常
		伺服驱动器故障	更换伺服驱动器

表 4-3　超速报警综述

报警内容	报警发生状况	可能原因	处理措施
超速	接通控制电源时发生	印制电路板故障	更换伺服驱动器
		电动机编码器故障	更换编码器
	电动机运转过程中发生	速度标定设置不合适	重设速度标定
		速度指令过大	使速度指令减到规定范围内
		电动机编码器信号线故障	重新布线
		电动机编码器故障	更换编码器
	电动机启动时发生	超跳过大	重设伺服参数,使启动特性曲线变缓
		负载惯量过大	将负载惯量减到规定范围内

表 4-4　限位报警综述

报警内容	报警发生状况	可能原因	处理措施
超程	限位开关动作	限位开关有动作(即控制轴实际已经超程)	参照机床使用说明书进行超程解除
		限位开关电路开路	依次检查限位电路,处理电路开路故障

5. 过热

所谓过热是指伺服单元、变压器及伺服电动机等的过热。引起过热报警的通常原因及常规处理方法如表 4-5 所示。

表 4-5　过热报警综述

<table>
<tr><th>报警内容</th><th>报警发生状况</th><th>可能原因</th><th>处理措施</th></tr>
<tr><td rowspan="9">过热</td><td rowspan="2">过热的继电器动作</td><td>机床切削条件苛刻</td><td>重新考虑切削参数，改善切削条件</td></tr>
<tr><td>机床摩擦力矩过大</td><td>改善机床润滑条件</td></tr>
<tr><td rowspan="3">热控开关动作</td><td>伺服电动机电枢内部短路或绝缘不良</td><td>加绝缘层或更换伺服电动机</td></tr>
<tr><td>电动机制动器不良</td><td>更换制动器</td></tr>
<tr><td>电动机永久磁钢去磁或脱落</td><td>更换电动机</td></tr>
<tr><td rowspan="4">电动机过热</td><td>驱动器参数增益不当</td><td>重新设置相应参数</td></tr>
<tr><td>驱动器与电动机配合不当</td><td>重新考虑配合条件</td></tr>
<tr><td>电动机轴承故障</td><td>更换轴承</td></tr>
<tr><td>驱动器故障</td><td>更换驱动器</td></tr>
</table>

6. 电动机过载

引起此报警的通常原因及常规处理方法如表 4-6 所示。

表 4-6　电动机过载报警综述

<table>
<tr><th>报警内容</th><th>报警发生状况</th><th>可能原因</th><th>处理措施</th></tr>
<tr><td rowspan="12">过载（一般有连续最大负载和瞬间最大负载）</td><td>在接通控制电源时发生</td><td>伺服单元故障</td><td>更换伺服单元</td></tr>
<tr><td rowspan="4">在伺服进入准备状态时发生</td><td>电动机配线异常（配线不良或连接不良）</td><td>修正电动机配线</td></tr>
<tr><td>编码器配线异常（配线不良或连接不良）</td><td>修正编码器配线</td></tr>
<tr><td>编码器有故障（反馈脉冲与转角不成比例变化，而有跳跃）</td><td>更换编码器</td></tr>
<tr><td>伺服单元故障</td><td>更换伺服单元</td></tr>
<tr><td rowspan="4">在输入指令时伺服电动机不旋转的情况下发生</td><td>电动机配线异常（配线不良或连接不良）</td><td>修正电动机配线</td></tr>
<tr><td>编码器配线异常（配线不良或连接不良）</td><td>修正编码器配线</td></tr>
<tr><td>启动扭矩超过最大扭矩或者负载有冲击现象；电动机振动或抖动</td><td>重新考虑负载条件、运行条件或者电动机容量</td></tr>
<tr><td>伺服单元故障</td><td>更换伺服单元</td></tr>
<tr><td rowspan="3">在通常运行时发生</td><td>有效扭矩超过额定扭矩或者启动扭矩大幅度超过额定扭矩</td><td>重新考虑负载条件、运行条件或者电动机容量</td></tr>
<tr><td>伺服单元存储盘温度过高</td><td>将工作温度下调</td></tr>
<tr><td>伺服单元故障</td><td>更换伺服单元</td></tr>
</table>

7. 伺服单元过电流

引起此报警的通常原因及常规处理方法如表4-7所示。

表4-7　伺服单元过电流报警综述

<table>
<tr><th>报警内容</th><th colspan="2">报警发生状况</th><th>可能原因</th><th>处理措施</th></tr>
<tr><td rowspan="19">过电流(功率晶体管(IGBT)产生过电流)或者散热片过热</td><td colspan="2" rowspan="2">在接通控制电源时发生</td><td>伺服驱动器的印制电路板与热开关连接不良</td><td rowspan="2">更换伺服驱动器</td></tr>
<tr><td>伺服驱动器印制电路板故障</td></tr>
<tr><td rowspan="17">在接通主电路电源时发生或者在电动机运行过程中产生过电流</td><td rowspan="9">接线错误</td><td>U、V、W与地线连接错误</td><td rowspan="2">检查配线，正确连接</td></tr>
<tr><td>地线缠在其他端子上</td></tr>
<tr><td>电动机主电路用电缆的U、V、W与地线之间短路</td><td rowspan="2">修正或更换电动机主电路用电缆</td></tr>
<tr><td>电动机主电路用电缆的U、V、W之间短路</td></tr>
<tr><td>再生电阻配线错误</td><td>检查配线，正确连接</td></tr>
<tr><td>伺服驱动器的U、V、W与地线之间短路</td><td rowspan="2">更换伺服驱动器</td></tr>
<tr><td>伺服驱动器故障(电流反馈电路、功率晶体管或者印制电路板故障)</td></tr>
<tr><td>伺服电动机的U、V、W与地线之间短路</td><td rowspan="2">更换伺服单元</td></tr>
<tr><td>伺服电动机的U、V、W之间短路</td></tr>
<tr><td rowspan="8">其他状况</td><td>因负载转动惯量大并且高速旋转，动态制动器停止，制动电路故障</td><td>更换伺服驱动器(减少负载或者降低使用转速)</td></tr>
<tr><td>位置速度指令发生剧烈变化</td><td>重新评估指令值</td></tr>
<tr><td>负载过大或超出再生处理能力等</td><td>重新考虑负载条件、运行条件</td></tr>
<tr><td>伺服驱动器的安装方法(方向、与其他部分的间隔)不适合</td><td>将伺服驱动器的环境温度降到55 ℃以下</td></tr>
<tr><td>伺服驱动器的风扇停止转动</td><td rowspan="2">更换伺服驱动器</td></tr>
<tr><td>伺服驱动器故障</td></tr>
<tr><td>伺服驱动器的IGBT损坏</td><td>最好是更换伺服驱动器</td></tr>
<tr><td>伺服电动机与伺服驱动器不匹配</td><td>重新选配</td></tr>
</table>

8. 伺服单元过电压

引起此报警的通常原因及常规处理方法如表 4-8 所示。

表 4-8　伺服单元过电压报警综述

报警内容	报警发生状况	可能原因	处理措施
过电压(伺服驱动器内部的主电路直流电压超过其最大值限)。注:在接通主电路电源时检测	在接通控制电源时发生	伺服驱动器印制电路板故障	更换伺服驱动器
	在接通主电源时发生	交流电源电压过大	将交流电源电压调节到正常范围
		伺服驱动器故障	更换伺服驱动器
	在通常运行时发生	交流电源电压有过大的变化	检查并调节交流电源电压
		使用转速高,负载转动惯量过大(再生能力不足)	检查并调整负载条件、运行条件
		内部或外接的再生放电电路故障(包括接线断开或破损等)	最好是更换伺服驱动器
		伺服驱动器故障	更换伺服驱动器
	在伺服电动机减速时发生	使用转速高,负载转动惯量过大	检查并重新调整负载条件、运行条件
		加减速时间过小,在降速过程中引起过电压	调整加减速时间常数

9. 伺服单元欠电压

引起此报警的通常原因及常规处理方法如表 4-9 所示。

表 4-9　伺服单元欠电压报警综述

报警内容	报警发生状况	可能原因	处理措施
电压不足(伺服驱动器内部的主电路直流电压低于其最小值限)。注:在接通主电路电源时检测	在接通控制电源时发生	伺服驱动器印制电路板故障	更换伺服驱动器
		电源容量太小	更换容量大的驱动电源
	在接通主电路电源时发生	交流电源电压过低	将交流电源电压调节到正常范围
		伺服驱动器的熔断器熔断	更换熔断器
		冲击电流限制电阻断线(电源电压是否异常,冲击电流限制电阻是否过载)	更换伺服驱动器(确认电源电压,减少主电路 ON/OFF 的频度)
		伺服进入准备状态信号提前有效	检查外部使能电路是否短路
		伺服驱动器故障	更换伺服驱动器

续表

报警内容	报警发生状况	可能原因	处理措施
	在通常运行时发生	交流电源电压低（是否有过大的压降）	将交流电源电压调节到正常范围
		发生瞬时停电	通过报警复位重新开始运行
		电动机主电路用电缆短路	修正或更换电动机主电路用电缆
		伺服电动机短路	更换伺服电动机
		伺服驱动器故障	更换伺服驱动器
		整流器件损坏	建议更换伺服驱动器

10. 位置偏差过大

引起此报警的通常原因及常规处理方法如表 4-10 所示。

表 4-10　位置偏差过大报警综述

报警内容	报警发生状况	可能原因	处理措施
位置偏差过大	在接通控制电源时发生	位置偏差参数设得过小	重新设定正确参数
		伺服单元印制电路板故障	更换伺服单元
	在高速旋转时发生	伺服电动机的 U、V、W 的配线不正常（缺线）	修正电动机配线
			修正编码器配线
		伺服单元印制电路板故障	更换伺服单元
	在发出位置指令时电动机不旋转的情况下发生	伺服电动机的 U、V、W 的配线不良	修正电动机配线
		伺服单元印制电路板故障	更换伺服单元
	动作正常，但在长指令时发生	伺服单元的增益调整不良	上调速度环增益、位置环增益
		位置指令脉冲的频率过高	缓慢降低位置指令频率
			加入平滑功能
			重新评估电子齿轮比
		负载条件（扭矩、转动惯量）与电动机规格不符	重新评估负载或者电动机容量

11. 再生故障

引起此报警的通常原因及常规处理方法如表 4-11 所示。

表 4-11　再生故障报警综述

报警内容		报警发生状况	可能原因	处理措施
再生故障	再生异常	在接通控制电源时发生	伺服单元印制电路板故障	更换伺服单元
		在接通主电路电源时发生	6 kW 以上时未接再生电阻	连接再生电阻
			再生电阻配线不良	检查并修正外接再生电阻的配线
			伺服单元故障(再生晶体管、电压检测部分故障)	更换伺服单元
		在通常运行时发生	再生电阻配线不良、脱落	检查并修正外接再生电阻的配线
			再生电阻断线(再生能量是否过大)	更换再生电阻或者更换伺服单元(重新考虑负载、运行条件)
			伺服单元故障(再生晶体管、电压检测部分故障)	更换伺服单元
	再生过载	在接通控制电源时发生	伺服单元印制电路板故障	更换伺服单元
		在接通主电路电源时发生	电源电压超过 270 V	校正电压
		在通常运行时发生(再生电阻温度上升幅度大)	再生能量过大(如放电电阻开路或阻值太大)	重新选择再生电阻容量或者重新考虑负载条件、运行条件
			处于连续再生状态	
		在通常运行时发生(再生电阻温度上升幅度小)	参数设定的容量小于外接再生电阻的容量(减速时间太短)	校正用户参数的设定值
			伺服单元故障	更换伺服单元
		在伺服电动机减速时发生	再生能力过大	重新选择再生电阻容量或者重新考虑负载条件、运行条件

12. 编码器出错

引起此报警的通常原因及常规处理方法如表 4-12 所示。

表 4-12　编码器出错报警综述

报警内容	报警发生状况	可能原因	处理措施
编码器出错	编码器电池报警	电池连接不良、未连接	正确连接电池
		电池电压低于规定值	更换电池、重新启动
		伺服单元故障	更换伺服单元

续表

报警内容	报警发生状况	可能原因	处理措施
编码器出错	编码器故障	无U相和V相脉冲	建议更换脉冲编码器
		引线电缆短路或破损而引起通信错误	修正或更换引线电缆
	客观条件	接地、屏蔽不良	处理好接地状况

13. 漂移补偿量过大

引起此报警的通常原因及常规处理方法如表4-13所示。

表4-13　漂移补偿量过大报警综述

报警内容	报警发生状况	可能原因	处理措施
漂移补偿量过大	连接不良	动力线连接不良、未连接	正确连接动力线
		检测元件之间的连接不良	修正检测元件之间的连接
	数控系统的相关参数设置错误	数控系统中有关漂移量补偿的参数设定错误	重新设置参数
	硬件故障	速度控制单元的位置控制部分故障	更换此印制电路板或直接更换伺服单元

4.4　进给伺服系统常见故障诊断与维修

4.4.1　进给伺服系统常见的故障及处理

1. 机床振动

机床振动指的是机床在移动时或停止时的振荡、运动时的爬行、正常加工过程中的运动不稳等。故障原因可能是机械传动系统有问题，亦可能是进给伺服驱动系统的调整与设定不当等。机床在开、停机时振动的故障可能原因、检查步骤和排除措施如表4-14所示。

表 4-14　机床在开、停机时振动的故障综述

可能原因	检查步骤	排除措施
位置控制系统参数设定错误	对照系统参数说明检查原因	设定正确的参数
速度控制单元设定错误	对照速度控制单元说明或根据机床生产厂家提供的设定单检查设定	正确设定速度控制单元
反馈装置出错	检查反馈装置本身是否有故障	如有故障，更换反馈装置
	检查反馈装置连线是否正确	如有错误，正确连接反馈线
电动机故障	用交换法检查电动机本身是否有故障	如有故障，更换电动机
机床检测器不良，插补精度差或检测增益设定太高	若插补精度差，振动周期可能为位置检测器信号周期的 1 或 2 倍；若为连续振动，可能是检测增益设定太高。 检查与振动周期同步的部分，并找到不良部分	更换或维修不良部分，调整或检测增益

数控机床在高速运行时，如果产生振动，就会出现过流报警。这种振动问题一般属于速度问题，所以应去检查速度环。而数控机床速度的整个调节过程是由速度调节器来完成的，即凡是与速度有关的问题，应该去检查速度调节器。因此，这种振动问题应检查速度调节器，主要从给定信号、反馈信号及速度调节器本身这三方面去查找故障。

(1) 检查输给速度调节器的信号，即给定信号。这个给定信号是从位置偏差计数器出来经 D/A 转换器转换再送入速度调节器的模拟信号 VCMD。应查一下这个信号是否有振动分量。如果它只有一个周期的振动信号，就可以确认速度调节器没有问题，应从 D/A 转换器或位置偏差计数器方面去查找问题。如果它没有任何振动的周期信号，就转向查测速发电机或伺服电动机的位置反馈装置是否有故障或连线错误。

(2) 检查测速发电机及伺服电动机。机床发生振动，说明机床速度在振荡，当然反馈回来的波形一定也在振荡，观察波形是否出现有规律的大起大落。这时，最好能测一下机床的振动频率与电动机旋转的速度是否存在一个准确的比例关系。

(3) 如果振动频率与电动机转速成一定比例，则要检查电动机有无故障，如果没有问题，就再检查反馈装置连线是否正确。

(4) 检查位置控制系统或速度控制单元是否设定错误，如系统或位置环的放大倍数(检测倍率)过大，最大轴速度、最大指令值等设置错误。

(5) 如果采用上述方法还不能完全消除振动，甚至无任何改善，就应考虑速度调

节器本身的问题，应更换速度调节器板或换下后彻底检测各处波形。

(6) 检查振动频率与进给速度的关系。如果二者成比例变化，除机床共振原因外，多数是数控系统插补精度太差或位置检测增益太高引起的，须调整插补精度或位置检测增益。如果振动频率与进给速度无关，则可能原因有速度控制单元的设定与机床不匹配，速度控制单元调整不好，该轴的速度环增益太大，速度控制单元的印制电路板不良等。

【例 4-3】 一台配套某数控系统的龙门加工中心，在启动完成进入可操作状态后，X 轴只要一运动即出现高频振动，产生尖叫，系统无任何报警。

故障分析 在故障出现后，观察 X 轴拖板，发现实际拖板振动位移很小。但触摸输出轴，可感觉到转子在以很小的幅度、极高的频率振动，且振动的噪声就来自 X 轴伺服机构。

考虑到振动无论是在运动中还是静止时均发生，与运动速度无关，故基本上可以排除测速发电机、位置反馈编码器等硬件损坏的可能性。

分析该振动可能的原因是数控系统中与伺服驱动有关的参数设定、调整不当，且由于机床振动频率很高，因此时间常数较小的电流环引起振动的可能性较大。

由于华中数控系统采用的是数字伺服系统，伺服参数的调整可以直接通过系统进行。维修时调出伺服调整参数页面，并与机床资料中提供的参数表对照，发现伺服系统相关增益参数与提供值不符，且差距较大。将上述参数重新修改后，振动现象消失，机床恢复正常工作。

2. 机床运动失控

运动失控可能的原因、检查步骤和排除措施如表 4-15 所示。

表 4-15　机床运动失控的故障综述

可能原因	检查步骤	排除措施
位置检测、速度检测信号不良	检查连线，检查位置、速度环是否为正反馈	改正连线
位置编码器故障	可以用交换法判断是否有故障	重新正确连接或更换
主板、速度控制单元故障	用排除法确定此模块是否有故障	更换印制电路板

3. 机床定位精度或加工精度差

机床定位精度或加工精度差可分为定位超调、单脉冲进给精度差、定位点精度不良、圆弧插补加工的圆度差等情况。其故障的可能原因、检查步骤和排除措施如表 4-16 所示。

表 4-16　机床定位精度和加工精度差的故障综述

故障情况	可能原因	检查步骤	排除措施
定位超调	加、减速时间设定过小	检测启、制动电流是否已经饱和	延长加、减速时间设定
	与机床的连接部分刚度差或连接不牢固	检查故障是否可以通过减小位置环增益改善	减小位置环增益或提高机床的刚度
单脉冲进给精度差	需要根据不同情况进行故障分析	检查定位时位置跟随误差是否正确	若正确，见第 2 项；否则见第 3 项
	机械传动系统存在爬行或松动	检查机械部件的安装精度与定位精度	调整机床机械传动系统
	伺服系统的增益不足	调整速度控制单元的相应旋钮，提高速度环增益	提高位置环、速度环增益
定位点精度不良	需根据不同情况进行故障分析	检查定位时位置跟随误差是否正确	若正确，见第 2 项；否则见第 3 项
	机械传动系统存在爬行或松动	检查机械部件的安装精度与定位精度	调整机床机械传动系统
	位置控制单元不良	检测位置控制单元板（主板）	维修、更换不良板
	位置检测器件（编码器、光栅）不良	检测位置检测器件（编码器、光栅）	更换不良位置检测器件（编码器、光栅）
	速度控制单元控制板不良	检测速度控制单元控制板	维修、更换不良板
圆弧插补加工的圆度差	需根据不同情况进行故障分析	测量不圆度，检查轴向是否变形，45°方向上是否成椭圆	若轴向变形，则见第 2 项；若 45°方向上成椭圆，则见第 3 项
	机床反向间隙大、定位精度差	测量各轴的定位精度与反向间隙	调整机床，进行定位精度、反向间隙的补偿
	位置环增益设定不当	调整控制单元，使同样的进给速度下各插补轴的位置跟随误差的差值在±1%以内	调整位置环增益以消除各轴间的增益差
	各插补轴的检测增益设定不良	在第 33 项调整后，在 45°方向上成椭圆	调整检测增益
	感应同步器或旋转变压器的接口板调整不良	检查接口板的调整	重新调整接口板
	丝杠间隙或传动系统间隙	测量间隙	调整间隙或改变间隙补偿值

当圆弧插补出现 45°方向上的椭圆时，调整伺服进给轴的位置增益就可对它进行调整。坐标轴的位置增益由下式计算。

$$k_v = \frac{16.67v}{e_{ss}}$$

式中：v——进给速度(mm/min)；

e_{ss}——位置跟随误差(0.001 mm)；

k_v——位置增益(1/s)。

位置跟随误差可以通过数控系统的诊断参数来检查，在速度控制单元上有相应的电位器来调节。注意，参与圆弧插补的两轴的位置跟随误差的差值必须控制在±1%以内。

4. 位置跟随误差超差报警

伺服轴运动超过位置允差范围时，数控系统就会产生位置误差超差的报警，包括跟随误差、轮廓误差和定位误差等。其可能原因、检查步骤和排除措施如表 4-17 所示。

表 4-17　位置跟随误差超差报警的故障综述

可能原因	检查步骤	排除措施
伺服过载或有故障	查看伺服驱动器相应的报警指示灯	减轻负载，让机床工作在额定负载以内
动力线或反馈线连接错误	检查连线	正确连接电动机与反馈装置的连接线
伺服变压器过热	查看相应的工作条件和状态	观察散热风扇是否工作正常，做好散热措施
保护熔断器熔断		
输入电源电压太低	用万用表测量输入电压	确保输入电压正常
伺服驱动器与数控系统间的信号电缆连接不良	检查信号电缆的连接，分别测量电缆信号线各引脚的通断	确保信号电缆传输正常
干扰	检查屏蔽线	处理好地线以及屏蔽层
参数设置不当	检查设置位置跟随误差的参数，可能存在伺服系统增益设置不当、位置偏差值设定错误或过小等问题	依参数说明书正确设置参数
速度控制单元故障	都可以用同型号的备用印制电路板来测试现在的电路板是否有故障	如果确认故障，应更换相应印制电路板或驱动器
系统主板的位置控制部分故障		
编码器反馈不良	用手转动电动机，看反馈的数值是否相符	如果确认不良，更换编码器
机械传动系统有故障	进给传动链累计误差过大或机械结构连接不好而造成的传动间隙过大等	排除机械故障，确保工作正常

5. 超过速度控制范围(一般 CRT 上有超速的提示)

速度控制单元超速的可能原因、检查步骤和排除措施如表 4-18 所示。

表 4-18 超速的故障综述

故障原因	检查步骤	排除措施
测速反馈连接错误	用万用表测量各端子极性	按相应端子连接好反馈线
检测信号不正确或无速度与位置检测信号	检查联轴器与工作台的连接是否良好	正确连接工作台与联轴器
速度控制单元参数设定不当或设置过低	检查相应参数是否不当，如加减速时间常数设置过小	重新设置参数
位置控制板发生故障	检查速度反馈信号输入到速度控制单元的工作是否正常	更换位置控制板或驱动器

6. 过载

进给运动的负载过大，频繁正、反转运动，以及进给传动链润滑状态不良，均会引起过载的故障。一般会在 CRT 上显示伺服电动机过载、过热或过流等报警信息。同时，在强电柜中的进给驱动单元上，有指示灯或数码管提示驱动单元过载、过电流等信息。其可能原因、检查步骤和排除措施如表 4-19 所示。

表 4-19 过载的故障综述

可能原因	检查步骤	排除措施
机床负载异常	检查电动机电流	需要变更切削条件，减轻机床负载
参数设定错误	检查设置电动机过载的参数是否正确	依照参数说明书，正确设置参数
启动扭矩超过最大扭矩	目测启动或带有负载情况下的工作状况	采用减电流启动的方式，或直接采用启动扭矩小的驱动系统
负载有冲击现象		改善切削条件，减少冲击
频繁正、反转运动	目测工作过程中是否有频繁正、反转运动	编制数控加工程序时，尽量不要有这种现象
进给传动链润滑状态不良	听工作时的声音，观察工作状态	做好机床的润滑，确保润滑的电动机工作正常并且润滑油足够
电动机或编码器等反馈装置配线异常	检查其连接的通断情况或是否有信号线接反的状况	确保电动机和位置反馈装置配线正常
编码器有故障	测量编码器等的反馈信号是否正常	更换编码器等反馈装置
驱动器有故障	用交换法判断驱动器是否有故障	更换驱动器

7. 窜动

在进给时出现窜动现象，其可能原因、检查步骤和排除措施如表 4-20 所示。

表 4-20　进给过程中窜动的故障综述

可能原因	检查步骤	排除措施
位置反馈信号不稳定	测量反馈信号是否均匀、稳定	确保反馈信号正常、稳定
位置控制信号不稳定	在驱动电动机端测量位置控制信号是否稳定	确保位置控制信号正常稳定
位置控制信号受到干扰	测试其位置控制信号是否有噪声	做好屏蔽处理
接线端子接触不良	检查紧固的螺钉是否松动等	紧固好螺钉，同时检查其接线是否正常
窜动发生在正、反向运动的瞬间	机械传动系统不良，如反向间隙过大	进行机械的调整，排除机械故障
	伺服系统增益过大	依照参数说明书，正确设置参数

8. 启动加速段或低速进给时爬行

爬行现象一般是进给传动链的润滑状态不良、伺服系统增益过低及外加负载过大等因素所致。尤其要注意的是，伺服和滚珠丝杠连接用的联轴器连接松动或联轴器本身的缺陷，如裂纹等，均可造成滚珠丝杠转动或伺服的转动不同步，从而使进给忽快忽慢，产生爬行现象。其可能原因、检查步骤和排除措施如表 4-21 所示。

表 4-21　爬行现象的故障综述

可能原因	检查步骤	排除措施
进给传动链的润滑状态不良	听工作时的声音，观察工作状态	做好机床的润滑，确保润滑电动机工作正常并且润滑油足够
伺服系统增益过低	检查伺服增益参数	依照参数说明书正确设置相应参数
外加负载过大	校核工作负载是否过大	改善切削条件，重新考虑切削负载
联轴器的机械传动有故障	可目测联轴器的外形	更换联轴器

9. 伺服电动机不转

数控系统的进给驱动单元除了速度与位置控制信号外，还会有控制信号，也叫使能信号或伺服允许信号，一般为 DC＋24 V 继电器线圈电压。造成伺服电动机不转的可能原因、检查步骤和排除措施如表 4-22 所示。

表 4-22　伺服电动机不转的故障综述

可能原因	检查步骤	排除措施
速度、位置控制信号未输出	测量数控装置的指令输出端子的信号是否正常	确保控制信号已正常输出
使能信号是否接通	通过 CRT 观察 I/O 状态，分析机床 PLC 梯形图(或流程图)，以确定进给轴的启动条件，如润滑、冷却等是否满足	确保使能的条件都能具备，并且使能正常
制动电磁阀是否释放	如果伺服电动机本身带有制动电磁阀，应检查阀是否释放，确认是否因为控制信号没到位或是电磁阀有故障	确保制动电磁阀能正常工作
进给驱动单元故障	用交换法可判断出相应单元是否有故障	更换伺服驱动单元
伺服电动机故障		更换伺服电动机

10. 定位超调

定位超调也叫位置“过冲”。其可能原因、检查步骤和排除措施如表 4-23 所示。

表 4-23　定位超调的故障综述

可能原因	检查步骤	排除措施
加、减速时间设定不当	依次检查数控装置或伺服驱动器上的这几个参数的设置是否与说明书要求相同	依照参数说明书，正确设置各个参数
位置环比例增益设置不当		
速度环比例增益设置不当		
速度环积分时间设置不当		

11. 回参考点故障

回参考点故障一般分为找不到参考点和找不准参考点两类。前一类故障一般是回参考点减速开关产生的信号或零位脉冲信号失效引起的，可以通过检查脉冲编码器零标志位或光栅尺零标志位是否有故障来处理；后一类故障是参考点开关挡块位置设置不当引起的，需要重新调整挡块位置。回参考点故障的可能原因、检查步骤和排除措施如表 4-24 所示。

表 4-24　回参考点故障综述

可能原因	检查步骤	排除措施
回参考点减速开关产生的信号或零位脉冲信号失效	可以通过 PLC 观察相应点数是否有输入	确保信号正常
脉冲编码器或光栅尺硬件有故障	检验其是否有输出信号	更换反馈装置
参考点开关挡块位置设置不当	通过目测观察挡块位置是否合理	合理设置挡块

12. 加工工件尺寸出现无规律变化

其可能原因、检查步骤和排除措施如表 4-25 所示。

表 4-25　加工工件尺寸出现无规律变化的故障综述

可能原因	检查步骤	排除措施
干扰	检查干扰情况	做好屏蔽及接地的处理
弹性联轴器未能锁紧	检查弹性联轴器	锁紧弹性联轴器
机械传动系统的安装、连接与精度不良	例如，机床的反向间隙过大，检查相应的机床传动精度值	调整机床，或进行反向间隙补偿与螺距误差补偿
伺服进给系统参数的设定与调整不当	检查伺服参数	正确设置参数

13. 伺服电动机开机后即自动旋转

其可能原因、检查步骤和排除措施如表 4-26 所示。

表 4-26　伺服电动机开机后即自动旋转的故障综述

可能原因	检查步骤	排除措施
干扰	检查干扰情况	做好屏蔽及接地的处理
位置反馈的极性错误	用万用表测量反馈端子	正确连接反馈线
由于外力使坐标轴产生了位置偏移	检查外力情况	加工之前，确保无外力使机床发生移动
驱动器、测速发电机、伺服电动机或系统位置测量回路不良	检查相应的位置反馈信号	确保信号正常
电动机故障	用交换法依次检查电动机和驱动器是否有故障	更换好的电动机
驱动器故障		更换好的驱动器

4.4.2　各种进给伺服驱动故障维修实例

【例 4-4】　一台配套某系统的进口立式加工中心，在加工过程中发现某轴不能正常移动。

故障分析　通过机床电气原理图分析，该机床采用的是 HSV-16 型交流伺服驱动系统。

现场观察、分析机床动作，运行程序后，测量其输出的速度信号和位置控制信号均正常。再观察 PLC 状态，发现伺服系统允许信号没有输入。

依照原理图逐级测量，最终发现该板上的模拟开关已损坏。更换同型号备件后，机床恢复正常工作。

【例 4-5】　配套某系统的数控车床，在工作过程中，发现加工工件的 X 向尺寸出现无规律的变化。

故障分析　数控机床的加工尺寸不稳定通常与机械传动系统的安装、连接与精度，以及伺服进给系统的设定与调整有关。在本机床上利用百分表仔细测量 X 轴的定位精度，发现丝杠每移动一个螺距，X 向的实际尺寸总是要增加几十微米，而且此误差不断积累。

根据以上现象分析，故障似乎与系统的齿轮比、参数计数器容量、编码器脉冲数等参数的设定有关，但经检查，以上参数的设定均正确无误，由此排除了参数设定不当引起故障的可能性。

为了进一步判定故障部位，维修时拆下 X 轴伺服机构，并在轴端通过画线做上标记，利用手动增量进给方式移动 X 轴，检查发现 X 轴每次增量移动一个螺距，轴转动均大于 360°。同时，在以上检测过程中发现伺服每次转动到某一固定的角度上时，均出现“突跳”现象，且在无“突跳”区域，运动距离与轴转过的角度基本相符(无法精确测量，依靠观察确定)。

根据以上试验可以判定故障是由 X 轴的位置监测系统不良引起的，考虑到“突跳”仅在某一固定的角度产生，且在无“突跳”区域，运动距离与轴转过的角度基本相符，可以进一步确认故障与测量系统的电缆连接、系统的接口电路无关，原因是编码器本身不良。

更换编码器试验，确认故障是由编码器不良引起的，更换编码器后，机床恢复正常。

【例 4-6】　被加工零件尺寸逐渐变小的故障维修。

配套某系统的数控车床，在工件运行中，被加工零件的 Z 轴尺寸逐渐变小，而且每次的变化量与机床的切削力有关，当切削力增加时，变化量也会随之变大。

故障分析　根据故障现象分析，产生故障的原因应在伺服电动机与滚珠丝杠之间的机械连接上。由于本机床采用的是联轴器直接连接的结构形式，当伺服电动机与滚珠丝杠之间的弹性联轴器未能锁紧时，丝杠与伺服电动机之间将产生相对滑移，造成 Z 轴进给尺寸逐渐变小。

解决联轴器不能正常锁紧的方法是压紧锥形套，增加摩擦力。如果联轴器与丝杠、伺服电动机之间配合不良，依靠联轴器本身的锁紧螺钉无法保证锁紧，通常的解决方法就是将每组锥形弹性套中的其中一个开一条 0.5 mm 左右的缝，以增加锥形弹性套的收缩量，这样可以解决联轴器与丝杠、伺服电动机之间配合不良引起的松动。

【例 4-7】　实际移动量与理论值不符的故障维修。

某数控车床，用户在加工过程中，发现 X 轴、Z 轴的实际移动尺寸与理论值不符。

故障分析　由于本机床 X 轴、Z 轴工作正常，故障仅是移动的实际值与理论值不符，因此可以判定机床系统、驱动器等部件均无故障，引起问题的原因在于机械传动系统参数与控制系统的参数匹配不当。

机械传动系统与控制系统匹配的参数在不同的系统中有所不同，通常有电子齿轮比、指令倍乘系数、检测被乘系数、编码器脉冲数、丝杠螺距等。以上参数必须统一设定，才能保证系统的实际移动值与指令值相符。

在本机床中，通过检查系统设定参数发现，X 轴、Z 轴伺服的编码器脉冲数与系统设定的不一致。在机床上，X 轴、Z 轴的型号相同，但内装式编码器分别为每转2 000脉冲与 2 500 脉冲，而系统的设定值正好与此相反。

据了解，故障原因是用户在进行机床大修时，曾经拆下 X 轴、Z 轴伺服机构进行清理，但安装时未注意到编码器的区别，从而引起了以上问题。将 X 轴、Z 轴交换后，机床恢复正常工作。

【例 4-8】 测量系统故障的维修。

某卧式加工中心，当 X 轴运动到某一位置时，液压自动断开，且出现报警提示：Y 轴测量系统故障。断电再通电，机床可以恢复正常工作，但 X 轴运动到某一位置附近，均可能出现同一故障。

故障分析 该机床为进口卧式加工中心，配套 SIEMENS 6RA 系列直流伺服驱动系统。由于 X 轴移动时出现 Y 轴报警，为了验证系统的正确性，拔下 X 轴测量反馈电缆试验，系统出现 X 轴测量系统故障报警，因此，可以排除系统误报警的可能。

检查 X 轴出现报警的位置及附近，发现它对 Y 轴测量系统(光栅)并无干涉与影响，且仅移动 Y 轴亦无报警，Y 轴工作正常。再检查 Y 轴电缆插头、光栅读数头和光栅尺状况，均未发现异常现象。

该设备属大型加工中心，电缆较多，电气柜与机床之间的电缆长度较长，且所有电缆均固定在电缆架上，随机床来回移动。根据上述分析，初步判断，电缆的弯曲导致局部断线而引起该故障的可能性较大。

维修时有意将 X 轴运动到出现故障点位置，人为移动电缆线，仔细测量 Y 轴上每一根反馈信号线的连接情况，最终发现其中一根信号线在电缆不断移动的过程中，偶尔出现开路现象。利用电缆内的备用线替代断线后，机床恢复正常。

【例 4-9】 驱动器未准备好的故障维修。

一台配套 SIEMENS 6RA26××系列直流伺服驱动系统的卧式加工中心，在加工过程中突然停机，开机后面板上的“驱动故障”指示灯亮，机床无法正常启动。

故障分析 根据面板上的“驱动故障”指示灯亮的现象，结合机床电气原理图与系统 PLC 程序分析，确认机床的故障原因为 Y 轴驱动器未准备好。

检查电气柜内驱动器，测量 6RA26××驱动器主电路电源输入，只有 V 相有电压。进一步按机床电气原理图对照检查，发现 6RA26××驱动器进线快速熔断器的 U 相、W 相熔断。用万用表测量驱动器主回路进线端 1U、1W，确认驱动器主回路内部存在短路。

由于 6RA26××驱动器主回路进线直接与晶闸管相连，因此可以确认故障是由晶闸管损坏引起的。

逐一测量主回路晶闸管 $V_1 \sim V_6$，确认 V_1、V_2 不良（已短路）。更换同规格备件后，机床恢复正常。

由于测量主回路其他部分均无故障，换上晶闸管模块后，机床恢复正常工作，故分析可能是瞬间电压波动或负载波动引起的偶然故障。

【例 4-10】 自动工作偶然出现剧烈振动的故障维修。

一台配套 FAGOR 8030 系统、SIEMENS 6SC610 交流伺服驱动的立式加工中心，在自动工作时，偶然出现 X 轴剧烈振动的现象。

故障分析　机床在出现故障时，关机后再开机，机床即可恢复正常。在发生故障时系统、驱动器都无报警，而且振动在加工过程中只是偶然出现。

在振动时检查系统的位置跟随误差显示，发现此值在 0～0.1 mm 范围内，可以基本确认数控系统的位置检测部分以及位置测量系统均无故障。

由于故障偶然发生，而且故障发生后只要通过关机，即可恢复正常工作，这给故障的诊断增加了困难。为了确认故障部位，维修时将 X 轴、Y 轴的驱动器模块、伺服机构分别互换，但故障现象不变。因此，初步确定故障是由伺服与驱动器间的连接电缆不良引起的。

仔细检查伺服系统与驱动器间的连接电缆，未发现任何断线与接触不良的故障，而故障仍然存在。为了排除任何可能的原因，维修时利用新的测速反馈电缆作为临时线替代了原电缆试验，经过长时间的运行确认故障现象消失，机床恢复正常工作。

为了找到故障的根本原因，维修时取下了 X 轴测速电缆进行仔细检查，最终发现该电缆的 11 号线在电缆不断弯曲的过程中有时通时断的现象，打开电缆线检查，发现电线内部断裂。更换电缆后，故障排除，机床恢复正常工作。

【例 4-11】 指令位置与实际移动距离不符的故障维修。

某配套 SIEMENS 810MGA3 的改造数控机床，机床调试时，发现 X 轴、Y 轴、Z 轴可以运动，但实际运动距离与指令值相差 10 倍。

故障分析　由于机床 X 轴、Y 轴、Z 轴能正常工作，根据故障现象，可以基本确认故障原因是系统参数设定不当。

检查相关参数，发现 MD5002 bit2、1、0 的位置控制系统的控制分辨率参数与 MD5002 bit7、6、5 的位置控制系统的输入分辨率参数设定值均为 0010 0010，这显然与机床要求不符。

但调试人员对照系统对参数的说明，发现其设定与说明书一致。为了进一步确认原因，维修时对照了说明书原文，发现该系统从软件版本 1232 以后对参数的定义作了修改，在新的软件版本下，参数 MD5002 的正确设定应为 0100 0100。

修改参数后，机床实际运动距离与指令值完全一致。

【例 4-12】 DYNAPATH 20M 定位不准的故障维修。

一台配套 DYNAPATH 20M 系统的二手数控铣床，加工零件时 Y 向加工尺寸与编程尺寸存在较大的误差，而且误差值与 Y 轴的移动距离成正比，距离越大，误差越大。

故障分析　为了进一步确认故障原因,维修时对机床 Y 轴的定位精度进行了仔细测量。测量后发现,机床 Y 轴每移动一个螺距,实际移动距离均要相差 0.1 mm 左右,而且具有固定的规律。

根据故障现象,机床存在以上问题的原因似乎与系统的参数设定有关。系统的指令倍率、检测倍率、反馈脉冲数等参数设定错误,是产生以上故障的常见原因。但在本机床上,由于机床参数存储在 EPROM 上,因此参数出错的可能性较小。

进一步观察、测量机床 Y 轴移动情况,发现该机床 Y 轴伺服移动到某一固定角度时,都有一冲击过程。在无冲击的区域,测量实际移动距离与指令值相符。根据以上现象,初步判定,故障原因与位置检测系统有关。

因该机床采用的是半闭环系统,维修时拆下了内装式伺服编码器检查,经仔细观察发现,在有冲击的区域,编码器动光栅上有一明显的黑斑。

考虑到更换编码器的成本与时间问题,维修时利用酒精对编码器进行了仔细的清洗,洗去了由于轴承润滑脂融化产生的黑斑。

重新安装编码器后,机床可以正常工作,Y 轴冲击现象消失,精度恢复。

【例 4-13】　配套某系统的一台二手数控铣床,采用 FUNAC-S 系列三轴一体型伺服驱动器,开机后,X 轴、Y 轴工作正常。手动移动 Z 轴,发现在较小的范围内,Z 轴可以运动,但继续移动 Z 轴,系统出现伺服报警。

故障分析　根据故障现象,检查机床实际工作情况,发现开机后 Z 轴可以少量运动,不久温度迅速上升,表面发烫。

引起以上故障的原因可能是机床电气控制系统故障或机械传动系统不良。为了确定故障部位,考虑到本机床采用的是半闭环结构,维修时首先松开伺服机构与丝杠的连接,并再次开机试验,发现故障现象不变,故确认报警是由电气控制系统不良引起的。

由于机床 Z 轴伺服电动机带有制动器,开机后测量制动器的输入电压正常,故在系统、驱动器关机的情况下,对制动器单独加入电源进行试验。手动转动 Z 轴,发现制动器已松开,手动转动轴平稳、轻松,证明制动器工作良好。

为了进一步缩小故障部位的范围,确认 Z 轴伺服电动机的工作情况,维修时利用同规格的 X 轴在机床侧进行了互换试验,发现换上后同样出现发热现象,且工作时的故障现象不变,从而排除了伺服电动机本身的原因。

为了确认驱动器的工作情况,维修时在驱动器侧对 X 轴、Z 轴的驱动器进行了互换试验,即将 X 轴驱动器与 Z 轴伺服电动机连接,Z 轴驱动器与 X 轴伺服电动机连接。经试验发现故障转移到了 X 轴,Z 轴工作恢复正常。

根据以上试验,可以确认以下几点。

(1) 机床机械传动系统正常,制动器工作良好。

(2) 数控系统工作正常。因为当 Z 轴驱动器带动 X 轴时，机床无报警。

(3) Z 轴伺服机构工作正常。因为将它在机床侧与 X 轴互换后，工作正常。

(4) Z 轴驱动器工作正常。因为通过 X 轴驱动器(确认是无故障的)在电气柜侧互换，控制 Z 轴后，同样发生故障。

综合以上判断，可以确认故障是由 Z 轴伺服机构的电缆连接引起的。

仔细检查伺服机构的电缆连接，发现该机床在出厂时的电枢线连接错误，即驱动器的 L/M/N 端子未与插头的 A/B/C 连接端一一对应，相序存在错误。重新连接后，故障消失，Z 轴可以正常工作。

【例 4-14】 速度控制单元 OVC 报警的故障维修。

某配套 FANUC-6M 系统的进口立式加工中心，在自动加工过程中，出现 ALM402、ALM403、ALM441 报警。

故障分析　FANUC-6M 系统出现上述报警的含义如下。

ALM401：附加第 1 轴(第 4 轴)速度控制单元过载。

ALM403：第 4 轴速度控制单元未准备好。

ALM441：第 4 轴位置跟随误差超差。

由于该机床的第 4 轴(A 轴)连接的是数控转台，根据报警的含义，检查第 4 轴速度控制单元及伺服系统，发现该轴伺服表面温度明显过高，证明第 4 轴事实上存在过载。

为了分清故障部位，在回转台上取下了伺服系统，旋转第 4 轴蜗杆，发现蜗杆已被完全夹紧。考虑到该轴有液压夹紧机构，松开第 4 轴液压夹紧机构后再试验，蜗杆仍无法转动。由此确认故障是由第 4 轴机械负载过重引起的。

打开第 4 轴转台检查，发现转台内部的夹紧装置及检测开关位置调节不当，使第 4 轴在松开状态下，仍然无法转动。重新调整转台夹紧装置及检测开关，再次试验，报警消失，机床恢复正常。

【例 4-15】 测速发电机引起的位置跟随误差报警的故障维修。

一台配套 FANUC-7M 系统的立式加工中心，开机时，系统出现 ALM05、ALM07 和 ALM37 报警。

故障分析　FANUC-7M 系统出现上述报警的含义如下。

ALM05：系统处于急停状态。

ALM07：伺服驱动系统未准备好。

ALM37：Y 轴位置误差过大。

可能的原因如下。

(1) 电动机过载。

(2) 伺服变压器过热。

(3) 伺服变压器保护熔断器熔断。

(4) 输入单元的 EMG(IN1)和 EMG(IN2)之间的触点开路。

(5) 输入单元交流 100 V 熔断器熔断(F5)。

(6) 伺服驱动器与数控系统间的信号电缆连接不良。

(7) 伺服驱动器的主接触器(MCC)断开。

综合分析以上故障,当速度控制单元出现故障时,一般均会出现 ALM 37 报警,因此,故障维修应针对 ALM 37 报警进行。

在确认速度控制单元与数控系统、伺服电动机的连接无误后,考虑到机床中使用的 X 轴、Y 轴、Z 轴伺服驱动系统的结构和参数完全一致,为了迅速判断故障部位,加快维修进度,维修时首先将 X 轴、Z 轴的数控系统位置控制器输出连线 XC(Z 轴)和 XF(Y 轴)以及测速反馈线的 XE(Z 轴)和 XH(Y 轴)进行对调。这样,相当于用数控系统的 Y 轴信号控制 Z 轴,用数控系统的 Z 轴信号控制 Y 轴,以判断故障部位是在数控系统侧还是在驱动侧。经过以上调换后开机,发现故障现象不变,说明本故障与数控系统无关。

在此基础上,为了进一步判别故障部位,区分故障是由伺服电动机还是驱动器引起的,维修时再次将 Y 轴、Z 轴速度控制单元进行了整体对调。经试验,故障仍然不变,从而进一步排除了速度控制单元的原因,将故障范围缩小到 Y 轴直流伺服电动机上。

为此,拆开了直流伺服电动机,经检查发现,该电动机的内装测速发电机与伺服电动机间的连接齿轮存在松动,其余部分均正常。将其连接紧固后,故障排除。

【例 4-16】 编码器不良引起的跟随误差报警的故障维修。

某配套 FANUC-3MA 系统的数控铣床,在运行过程中,系统显示 ALM31 报警。

故障分析　FANUC-3MA 系统显示 ALM-31 报警的含义是“坐标轴的位置跟随误差大于规定值”。

通过对系统的诊断参数 DGN 800、801、802 的检查,发现机床停止时,DGN 800(X 轴的位置跟随误差)在－1 与－2 之间变化;DGN 801(Y 轴的位置跟随误差)在＋1与－1 之间变化;但 DGN 802(Z 轴的位置跟随误差)始终为“0”。由于伺服系统的停止是闭环动态调整过程,其位置跟随误差不可以始终为“0”,所以该现象表明 Z 轴位置测量回路可能存在故障。

为进一步判定故障部位,采用交换法,将 Z 轴和 X 轴驱动器与反馈信号互换,即利用系统的 X 轴输出控制 Z 轴伺服机构。此时,诊断参数 DGN 800 数值变为“0”,但 DGN 802 开始有了变化,这说明系统的 Z 轴输出以及位置测量输入接口无故障。故障最大的可能是 Z 轴伺服电动机的内装式编码器的连接电缆存在不良。

通过示波器检查 Z 轴的编码器,发现该编码器输出信号不良。更换新的编码器,机床恢复正常。

【例 4-17】 机械传动系统引起的跟随误差报警的故障维修。

一台采用 FANUC-6M 系统的卧式加工中心,在 B 轴旋转时(不论手动或回参考点),出现 ALM403、ALM441 报警。

故障分析　FANUC 6M 系统出现上述报警的含义如下。

ALM403：第 4 轴速度控制单元未准备好。

ALM441：第 4 轴位置跟随误差超差。

检查该机床的实际情况，发现机床配用的是齿牙盘回转工作台，工作台的回转应在抬起转台后才能进行。

检查该机床的实际动作，在按下 *B* 轴方向键后，转台有抬起动作，但回转动作一开始就出现以上报警。

现场分析，估计报警的原因是工作台抬起转台不到位。进一步检查，确认以上原因。重新调整工作台抬起行程，确保转台抬起到位，故障排除，机床恢复正常。

4.5　进给伺服电动机故障诊断与维修

4.5.1　直流伺服电动机的故障诊断及维修

1. 直流伺服电动机不转

当机床开机后，数控系统工作正常，机床锁住等信号已释放，按下方向键后系统显示坐标轴位置值在变化，但实际伺服电动机不转，可能原因、检查步骤和排除措施如表 4-27 所示。

表 4-27　直流伺服电动机不转的故障综述

可能原因	检查步骤	排除措施
动力线断线或接触不良	依次用万用表测量动力线 R、S、T 端子	正确连接动力线
使能信号（ENABLE）没有送到速度控制单元	如果没有使能信号，通常驱动器上的 PRDY 指示灯不亮	确保使能的条件，正常使能
速度指令电压（VCMD）为零	测量数控装置的速度指令电压输出端口是否有输出	确保数控装置由指令电压输出
	如果数控装置端有输出，测量速度指令线的驱动器端是否有电压	确保指令输出电压传输到位
永磁体脱落	检查永磁体脱落情况	更换永磁体或电动机
制动器未松开	检查制动器，依次排查制动电路	确保制动器能正常工作
制动器断线	检查制动器	更换制动器
整流桥或驱动器损坏	用交换法判断是否有故障	更换驱动器
电动机故障		更换电动机

2. 直流伺服电动机过热

可能的原因、检查步骤和排除措施如表 4-28 所示。

表 4-28 直流伺服电动机过热的故障综述

可能原因	检查步骤	排除措施
负载过大	校核工作负载是否过大	改善切削条件，重新考虑切削负载
换向器绝缘不正常或内部短路	由切削液和电刷灰引起换向器绝缘不正常	做好电动机的密封处理，定期清理电刷灰
磁钢去磁	由于电枢电流大于磁钢去磁最大允许电流	更换磁钢或电动机
制动器不释放	制动线圈断线、制动器未松开、制动摩擦片间隙调整不当	更换制动器或调整制动摩擦片的间隙
	制动电路故障	依次排查制动电路，确保正常
温度检测开关不良	一般用手摸能感觉到温度	更换温控开关

3. 旋转时有大的冲击

若机床一开机，伺服即有冲击，通常是由电枢或测速发电机极性相反引起的。若冲击在运动过程中，其可能的原因、检查步骤、排除措施如表 4-29 所示。

表 4-29 旋转时有大的冲击的故障综述

可能原因	检查步骤	排除措施
负载不均匀	可目测和分析	改善切削条件
测速发电机输出电压突变	在不损坏机床的情况下，重现故障，测量反馈电压	更换测速发电机
输出给电动机电压的波纹太大	是否外界的电压变化异常	采用稳压电源
	驱动器有故障	更换驱动器
电枢绕组不良	采用交换法，确认电动机电枢有故障	更换电动机
电枢绕组内部短路	测量电枢的接线端子	排除短路点
电枢绕组对地短路	测量电枢绕组的对地电阻	处理好屏蔽与接地
脉冲编码器不良	测量编码器输出信号	更换编码器

4. 低速加工时工件表面有大的振纹

造成低速加工时工件表面有大的振纹的原因较多，有刀具、切削参数、机床等方面的原因，应予以综合分析。从电动机方面看，可能的原因、检查步骤和排除措施如表 4-30 所示。

表 4-30　低速加工时工件表面有大的振纹的故障综述

可能原因	检查步骤	排除措施
速度环增益设定不当	检查增益参数是否与要求一致	依照参数说明书，正确设置参数
电动机的永磁体被局部去磁	采用交换法判断	重新充磁或更换永磁体
电动机性能下降，纹波过大		更换电动机

5. 电动机运行噪声大

可能的原因、检查步骤和排除措施如表 4-31 所示。

表 4-31　电动机运行噪声大的故障综述

可能原因	检查步骤	排除措施
换向器接触面粗糙	可拆卸下来后目测检验	更换换向器
换向器损坏		
轴向间隙过大	检查轴向间隙	在数控装置端进行机床的螺距误差补偿与反向间隙补偿
换向器的局部短路（如切削液等进入电刷槽中）	测量其接线端子，判断是否短路	更换换向器

6. 在运转、停车或变速时振动

造成直流伺服电动机转动不稳、振动的可能原因、检查步骤和排除措施如表 4-32所示。

表 4-32　在运转、停车或变速时有振动的故障综述

可能原因	检查步骤	排除措施
脉冲编码器不良	测量脉冲编码器的反馈信号	更换脉冲编码器
绕组内部短路	测量电枢的接线端子	排除短路点
绕组对地短路	测量电枢绕组的对地电阻	处理好屏蔽与接地
电动机接触不良	检查电动机接触情况	重新调整、安装电动机
电动机故障	用交换法判断	更换电动机

4.5.2　交流伺服电动机的故障诊断及维修

1. 交流伺服电动机的基本检查

原则上说，交流伺服电动机可以不需要维修，因为它不易损坏。但由于交流伺服电动机内含有精密检测器，因此，当发生碰撞、冲击时可能会引起故障，维修时应对电

动机做如下检查。

(1) 是否受到任何机械损伤。

(2) 旋转部分是否可用手正常转动。

(3) 对于带制动器的交流伺服电动机,制动器是否正常。

(4) 是否有任何松动螺钉或间隙。

(5) 是否安装在潮湿、温度变化剧烈和有灰尘的地方等。

2. 交流伺服电动机的安装注意事项

维修完成后,安装交流伺服电动机要注意以下几点。

(1) 由于交流伺服电动机防水结构不是很严密,切削液、润滑油等渗入其内部会引起绝缘性能降低或绕组短路,因此,应注意尽可能避免切削液等溅入。

(2) 当交流伺服电动机安装在齿轮箱上,加注润滑油时,应注意齿轮箱内的润滑油油面高度必须低于交流伺服电动机的输出轴水平高度,防止润滑油渗入内部。

(3) 固定交流伺服电动机联轴器、齿轮、同步带等连接件时,在任何情况下,作用在其上的力不能超过容许的径向负载,如表 4-33 所示。

表 4-33 交流伺服电动机容许的径向负载

电动机形式	容许的径向负载
1—0,2—0	25 kg
0,5	75 kg
10,20,30,30R	450 kg

(4) 按说明书规定,在交流伺服电动机和控制电路之间进行正确的连接(见机床连接图)。连接中的错误,可能引起电动机失控或振荡,也可能使电动机或机械件损坏。当完成接线后,在通电之前,必须进行电源线和电动机壳体之间的绝缘测量,测量用 500 MΩ 表进行,然后再用万用表检查信号线和电动机壳体之间的绝缘是否良好。注意:不能用兆欧表测量脉冲编码器输入信号的绝缘状况。

3. 交流伺服电动机常见的故障

交流伺服电动机常见故障及其排除措施如表 4-34 所示。

表 4-34 交流伺服电动机常见故障综述

故障现象	可能原因	排除措施
接线故障(如插座脱焊或端子接线松开)	虚焊,连接不牢固	确保连接正常且稳定
位置检测装置故障	检验其是否有输出信号	更换反馈装置
得电不松开、失电不吸合制动	电磁制动故障	更换电磁阀

4. 判断交流伺服电动机故障的方法

(1) 用万用表或电桥测量电枢绕组的直流电阻，检查是否断路，并用兆欧表检查绝缘是否良好。

(2) 将电动机与机械装置分离，用手转动转子，正常情况下感觉有阻力，转一个角度后手放开，转子有返回现象。如果用手转动转子时能连续转几圈并自由停下，该电动机已损坏；如果用手转不动或转动后无返回，电动机机械部分可能有故障。

5. 脉冲编码器的更换

如果交流伺服电动机的脉冲编码器不良，就应更换脉冲编码器。更换编码器应按规定步骤进行(请参照相应安装说明书)。注意，原连接部分无定位标记的，编码器不能随便拆离，不然会使相位错位；对于采用霍尔元件换向的，应注意开关的出线顺序。平时，不应敲击电动机上安装位置检测装置的部位。另外，伺服电动机一般在定子中埋设有热敏电阻，当出现过热报警时，应检查热敏电阻是否正常。

4.6 进给驱动系统的维护

4.6.1 直流伺服电动机的维护

1. 存放要求

不要将直流伺服电动机长期存放在室外，也要避免存放在温度高、温度有急剧变化和多尘的环境中。如需存放 1 年以上，应将电刷从电动机上取下来，否则容易腐蚀换向器，损坏电动机。

2. 当机床长期不运行时的保养

在机床长达几个月不开动的情况下，要对全部电刷进行检查，并要认真检查换向器表面是否生锈。如有生锈，要用特别缓慢的速度，使电动机充分、均匀地运转。经过 1～2 h 后再检查，直至处于正常状态，方可使用机床。

3. 电动机的日常维护

(1) 每天在机床运行时的维护检查。在运行过程中要注意观察电动机的旋转速度；是否有异常的振动和噪声；是否有异常气味；检查电动机的外壳和轴承的温度。

(2) 定期维护。由于直流伺服电动机带有数对电刷，旋转时，电刷与换向器摩擦会逐渐磨损。电刷异常或过度磨损，会影响工作性能，所以对直流伺服电动机的定期维护也是相当必要的。要每月定期对电刷进行清理和检查。数控车床、铣床和加工中心的直流伺服电动机应每年检查一次，频繁加、减速的机床(如冲床等)的直流伺服电动机应每两个月检查一次，检查步骤如下。

① 在数控系统处于断电状态且已经完全冷却的情况下进行检查。

② 取下橡胶刷帽，用螺钉旋具拧下刷盖取出电刷。

③ 测量电刷长度,如 FANUC 直流伺服电动机的电刷长度由 10 mm 磨损到小于 5 mm 时,就必须更换同型号的新电刷。

④ 仔细检查电刷的弧形接触面是否有深沟或裂痕,以及电刷弹簧上有无打火痕迹。如有上述现象,则要考虑电动机的工作条件是否过分恶劣或电动机本身是否有问题。

⑤ 将不含金属粉末及水分的压缩空气导入装电刷的刷握孔,吹净粘在刷握孔壁上的电刷粉末。如果难以吹净,可用螺钉旋具尖轻轻清理,直至孔壁全部干净为止,但要注意工具不要碰到换向器表面。

⑥ 重新装上电刷,拧紧刷盖。如果更换了新电刷,要使电动机空运行一段时间,以使电刷表面与换向器表面吻合良好。

4.6.2 交流伺服电动机的维护

交流伺服电动机与直流伺服电动机相比,最大的优点是不存在电刷维护的问题。应用于进给驱动系统的交流伺服电动机多采用永磁式同步交流伺服电动机。其特点是磁极是转子,定子的电枢绕组与三相交流电枢绕组一样,但它有三相逆变器供电,通过转子位置检测其产生的信号去控制定子绕组的开关器件,使其有序轮流导通,实现换流作用,从而使转子连续不断地旋转。转子位置检测器与转子同轴安装,用于转子的位置检测,检测装置一般为霍尔开关或具有相位检测的光电脉冲编码器。

第5章 数控机床主轴驱动系统常见故障及处理

数控机床的主轴驱动系统的性能直接决定了加工工件的表面质量，因此，在数控机床的维护和维修中，主轴驱动系统显得很重要。

5.1 主轴驱动系统概述

主轴驱动系统也叫主传动系统，是在数控系统中完成主运动的动力装置部分。主轴电动机通过主传动机构将其动力转变成主轴上安装的刀具或工件的切削力矩和切削速度，配合进给运动，加工出理想的零件。主轴的运动是零件加工的成形运动之一，它的精度对零件的加工精度有较大的影响。

5.1.1 数控机床对主轴驱动系统的要求

数控机床的主轴驱动系统和进给驱动系统有较大的差别。数控机床主轴的运动通常是旋转运动，不像进给驱动需要丝杠或其他直线运动装置做往复运动。数控机床通常通过主轴的回转与进给轴的进给实现刀具与工件快速的相对切削运动。在20世纪60年代至70年代，数控机床的主轴一般采用三相感应电动机配上多级齿轮变速箱实现有级变速的驱动方式。随着刀具技术、生产技术、加工工艺以及生产效率的不断发展，上述传统的主轴驱动已不能满足生产的需要。现代数控机床对主轴传动系统提出了以下更高的要求。

1. 调速范围宽并实现无级调速

为保证加工时选用合适的切削用量，以获得最佳的生产率、加工精度和表面质量，特别是对于具有自动换刀功能的数控加工中心，为适应各种刀具、工序和各种材料的加工要求，现代数控机床对主轴的调速范围要求更高。现代数控机床要求主轴能在较宽的转速范围内根据数控系统的指令自动实现无级调速，并减少中间传动环节，简化主轴箱。

目前主轴驱动装置的恒转矩调速范围已可达 1∶100，恒功率调速范围也可达 1∶30。一般过载 1.5 倍时，主轴可持续工作 30 min。

主轴变速分为有级变速、无级变速和分段无级变速三种形式，其中有级变速仅用于经济型数控机床，大多数数控机床均采用无级变速或分段无级变速。在无级变速中，变频调速主轴一般用于普及型数控机床，交流伺服主轴则用于中、高档数控机床。

2. 恒功率范围要宽

现代数控机床要求主轴在全速范围内均能提供切削所需功率，并尽可能在全速范围内提供主轴电动机的最大功率。由于主轴电动机与驱动装置的限制，主轴在低速段均为恒转矩输出。为满足数控机床低速、强力切削的需要，常采用分段无级变速（即在低速段采用机械减速装置）的方法扩大输出转矩。

3. 具有4象限驱动能力

现代数控机床要求主轴在正、反转时均可进行自动加、减速控制，并且加、减速时间要短。目前，一般伺服主轴可以在1 s内从静止加速到6 000 r/min。

4. 具有位置控制能力

现代数控机床要求主轴具有位置控制能力，即进给功能（C轴功能）和定向功能（准停功能），以满足加工中心自动换刀、刚性攻丝、螺纹切削以及车削中心的某些加工工艺的需要。

5. 具有较高的精度与刚度，传动平稳，噪声低

数控机床的加工精度与主轴系统的精度密切相关。为了提高传动件的制造精度与刚度，采用齿轮传动时，齿轮齿面应采用高频感应加热淬火工艺以增加耐磨性。最后一级一般用斜齿轮传动，使传动平稳。采用带传动时应采用齿型带。应采用精度高的轴承及合理的支撑跨距，以提高主轴组件的刚度。在结构允许的条件下，应适当增加齿轮宽度，提高齿轮的重叠系数。变速滑移齿轮一般都用花键传动，采用内径定心。侧面定心的花键对降低噪声更为有利，因为这种定心方式传动间隙小，接触面大，但加工需要专门的刀具和花键磨床。

6. 良好的抗振性和热稳定性

数控机床在加工工件时，可能会因持续切削、加工余量不均匀、运动部件不平衡和切削过程中的自振等产生冲击力和交变力，使主轴产生振动，影响工件的加工精度和表面粗糙度，严重时甚至可能损坏刀具和主轴系统的零件，使其无法工作。主轴系统的发热可能会使其中的零部件产生热变形，降低传动效率，影响零部件之间的相对位置精度和运动精度，从而造成加工误差。因此，主轴组件应有较高的固有频率，较好的动平衡，且应保持合适的配合间隙，并应进行循环润滑。

5.1.2 不同类型的主轴系统的特点和使用范围

1. 普通鼠笼型异步电动机配齿轮变速箱

这是最经济的一种主轴配置方式，但只能实现有级调速。由于电动机始终工作在额定转速下，经齿轮减速，主轴在低速工作时输出力矩大，重切削能力强，非常适合粗加工和半精加工的要求。如果加工产品比较单一，对主轴转速没有太高的要求，这种配置方式在数控机床上也能起到很好的效果。它的缺点是噪声比较大，而且电动机工作在工频下，主轴转速范围不大，所以也不适合有色金属和需要频繁变换主轴速度的加工

场合。

2. 普通鼠笼型异步电动机配简易变频器

这种配置方式可以实现主轴的无级调速，主轴电动机只有工作在约 500 r/min 的速度以上时才能有比较满意的力矩输出，否则，特别是车床，很容易出现堵转的情况。一般采用两挡齿轮或皮带变速，但主轴仍然只能工作在中高速范围。另外，受到普通电动机最高转速的限制，主轴的转速范围不能很大。

这种配置方式适用于需要无级调速但对低速和高速都不要求的场合，例如数控钻铣床。国内生产的简易变频器品种较多。

3. 普通鼠笼型异步电动机配通用变频器

目前进口的通用变频器，除了具有 U/f 曲线调节，一般还具有无反馈矢量控制功能，会对电动机的低速特性有所改善，配合两级齿轮变速，基本上可以满足车床低速（100～200 r/min）、小加工余量的加工，但同样受电动机最高转速的限制。这是目前经济型数控机床比较常用的主轴驱动系统配置方式。

4. 专用变频电动机配通用变频器

这种配置的主轴系统一般采用有反馈矢量控制，低速甚至零速时都可以有较大的力矩输出，有些还具有定向甚至分度进给的功能，是非常有竞争力的产品。以先马 YPNC 系列变频电动机为例：电压有三相 200、220、380、400 V 可选；输出功率为 1.5～18.5 kW；变频范围为 2～200 Hz；；具有 30 min 150％过载能力；支持 V/f 控制、V/f＋PG（编码器）控制、无 PG 矢量控制、有 PG 矢量控制。提供通用变频器的厂家以国外公司为主，如西门子、安川、富士、三菱、日立等。

中档数控机床主要采用这种方式，主轴传动两挡变速甚至仅一挡即可实现转速在 100～200 r/min 时车、铣的重力切削。一些有定向功能的主轴系统还可以应用于要求精镗加工的数控镗铣床。这种方式若应用在加工中心上，则还不是很理想，必须采用其他辅助机构完成定向换刀的功能，而且也不能达到刚性攻丝的要求。

5. 伺服主轴驱动系统

伺服主轴驱动系统具有响应快、速度高、过载能力强的特点，还可以实现定向和进给功能，当然价格也是最高的，通常是同功率变频器主轴驱动系统的 2～3 倍。伺服主轴驱动系统主要应用在加工中心上，用于满足系统自动换刀、刚性攻丝、主轴 C 轴进给功能等对主轴位置控制性能要求很高的加工。

6. 电主轴

电主轴是主轴电动机的一种结构形式，驱动器可以是变频器或主轴伺服机构，也可以不要驱动器。电主轴由电动机和主轴合二为一，没有传动机构，因此大大简化了主轴的结构，并且提高了主轴的精度。但其抗冲击能力较弱，而且功率还不能太大，一般在 10 kW 以下。由于结构上的优势，电主轴主要向高速方向发展，一般转速在 10 000 r/min 以上。

安装电主轴的机床主要用于精加工和高速加工，例如，高速精密加工中心。另外，电主轴在雕刻机和有色金属以及非金属材料加工机床上应用较多。这些机床由于只对主轴高转速有要求，因此，往往不用主轴驱动器。

5.1.3 常用的主轴驱动系统介绍

1. FANUC(发那科)主轴驱动系统

从20世纪80年代开始，发那科公司已使用了交流主轴驱动系统，取代直流驱动系统。目前该公司的三个系列交流主轴电动机为：S系列电动机，额定输出功率范围为1.5～37 kW；H系列电动机，额定输出功率范围为1.5～22 kW；P系列电动机，额定输出功率范围为3.7～37 kW。该公司交流主轴驱动系统的特点为：① 采用微处理器控制技术，进行矢量计算，从而实现最佳控制；② 主回路采用晶体管PWM逆变器，使电动机电流波形非常接近正弦波形；③ 具有主轴定向控制、数字和模拟输入接口等功能。

2. SIEMENS(西门子)主轴驱动系统

西门子公司生产的直流主轴电动机有1GG5、1GF5、1GL5和1GH5四个系列，与这四个系列电动机配套的6RA24、6RA27系列驱动装置采用晶闸管控制。

20世纪80年代初期，该公司推出了1PH5和1PH6两个系列的交流主轴电动机，功率范围为3～100 kW。驱动装置为6SC650系列交流主轴驱动装置或6SC611A(SIMODRIVE 611A)主轴驱动模块。主回路采用晶体管SPWM变频器控制的方式，具有能量再生制动功能。另外，采用微处理器80186可进行闭环转速、转矩控制及磁场计算，从而实现矢量控制。通过选件实现C轴进给控制，在不需要数控系统的帮助下，实现主轴的定位控制。

3. DANFOSS(丹佛斯)系列变频器

丹佛斯公司目前应用于数控机床的常用变频器系列有：VLT 2800，可并列式安装，具有宽范围配接电动机功率，0.37～7.5 kW 200 V/400 V；VLT 5000，可在整个转速范围内进行精确的滑差补偿，并在3 ms内完成。在使用串行通信时，VLT 5000对每条指令的响应时间为0.1 ms，可使用任何标准电动机与VLT 5000匹配。

4. HITACHI(日立)系列变频器

日立公司应用于数控机床的主轴变频器通常有：日立L100系列通用型变频器，额定输出功率范围为0.2～7.5 kW，U/f特性可选恒转矩或降转矩，可手动或自动提升转矩，载波频率在0.5～16 Hz内连续可调；日立SJ100系列变频器，是一种矢量型变频器，额定输出功率范围为0.2～7.5 kW，载波频率在0.5～16 Hz内连续可调，加、减速过程中可分段改变加、减速时间，可内部或外部启动直流制动；日立SJ200/300系列变频器，额定输出功率范围为0.75～132 kW，具有2台电动机同时无速度传感器矢量控制运行，且在线或离线都可自定义或调整电动机参数。

5. 华中数控公司系列主轴驱动系统

HSV-20S是武汉华中数控股份有限公司推出的全数字交流主轴驱动器。该驱动器结构紧凑、使用方便、可靠性高。

该驱动器采用的是最新专用运动控制数字信号处理器(DSP)、大规模现场可编程逻辑阵列(FPGA)和智能化功率模块(IPM)等新技术设计,具有 025、050、075、100 等多种型号规格,具有很宽的功率选择范围。用户可根据要求选配不同型号的驱动器和交流主轴电动机,形成高可靠性、高性能的交流主轴驱动系统。

5.1.4 主轴驱动系统的分类

主轴驱动系统包括主轴驱动器和主轴电动机。数控机床主轴的无级调速是由主轴驱动器完成的。主轴驱动系统分为直流驱动系统和交流驱动系统,目前数控机床的主轴驱动多采用交流主轴驱动系统,即交流主轴电动机配备变频器或主轴伺服驱动器的系统。

直流驱动系统在 20 世纪 70 年代初至 80 年代中期在数控机床上占据主导地位,这是由于直流电动机具有良好的调速性能,输出力矩大,过载能力强,精度高,控制原理简单,易于调整。随着微电子技术的迅速发展,加上交流伺服电动机材料、结构及控制理论有了突破性的进展,20 世纪 80 年代初期出现了交流驱动系统,标志着新一代驱动系统的开始。由于交流驱动系统保持了直流驱动系统的优越性,而且交流电动机无需维护,便于制造,不受恶劣环境影响,所以目前直流驱动系统已逐步被交流驱动系统所取代。从 20 世纪 90 年代开始,交流伺服驱动系统已走向数字化,驱动系统中的电流环、速度环的反馈控制已全部数字化,系统的控制模型和动态补偿均由高速微处理器实时处理,增强了系统自诊断能力,提高了系统的快速性和精度。

5.2 直流主轴驱动系统故障诊断与维修

5.2.1 直流主轴驱动系统介绍

直流主轴电动机驱动器有晶闸管调速和脉宽调制调速两种形式。由于脉宽调制调速具有很好的调速性能,因而在对静动态性能要求较高的数控机床的进给驱动装置上曾广泛使用。而三相全控晶闸管调速装置则适用于大功率场合。

从原理上说,直流主轴驱动系统与通常的直流调速系统无本质的区别,具有以下特点。

(1) 调速范围宽。采用直流主轴驱动系统的数控机床通常只设置高、低两级速度的机械变速机构,就能得到全部的主轴变换速度,实现无级变速,因此具有较宽的调速范围。

(2) 直流主轴通常采用全封闭的结构形式,可以在有灰尘和切削液飞溅的工业环境中使用。

(3) 主轴电动机通常采用特殊的热管冷却系统，能将转子产生的热量迅速向外界发散。此外，为了使发热最小，定子往往采用独特附加磁极，以减小损耗，提高效率。

(4) 直流主轴驱动器主回路一般采用晶闸管三相全波整流，以实现四象限的运行。

(5) 主轴控制性能好。为了便于与数控系统配合，主轴伺服驱动器一般都带有D/A转换器、"使能"信号输入、"准备好"输出、速度或转矩显示输出等信号接口。

(6) 纯电气主轴定向准停控制功能。无需机械定位装置，进一步缩短了定位时间。

5.2.2 直流主轴驱动系统常见故障

尽管直流主轴驱动系统在目前已应用不多，逐步由交流主轴驱动系统所取代，但现有系统的维修还有不少，所以在此也介绍它的常见故障。

(1) 主轴速度不正常或不稳定。造成这类故障的可能原因、检查步骤和排除措施如表5-1所示。

表5-1 主轴速度不正常或不稳定的故障综述

<table>
<tr><th>可能原因</th><th>检查步骤</th><th>排除措施</th></tr>
<tr><td>电动机负载过重</td><td>检查电动机负载状况</td><td>重新考虑负载条件，减轻负载</td></tr>
<tr><td>速度指令电压不良或错误</td><td rowspan="2">测量从数控装置主轴接口输出的信号</td><td rowspan="2">确保主轴控制信号正常</td></tr>
<tr><td>D/A转换器故障</td></tr>
<tr><td>反馈线断线或接触不良</td><td rowspan="2">测量反馈信号</td><td>确保接线正确</td></tr>
<tr><td>反馈装置损坏</td><td>更换反馈装置</td></tr>
<tr><td>电动机故障，如励磁丧失等</td><td rowspan="3">采用交换法，可以判断是否有故障</td><td>更换电动机</td></tr>
<tr><td>驱动器故障</td><td rowspan="2">更换驱动器</td></tr>
<tr><td>误差放大器故障</td></tr>
<tr><td>印制电路板太脏</td><td>打开驱动器，定期清洁印制电路板</td><td>保持印制电路板的清洁或更换驱动器</td></tr>
</table>

(2) 主轴电动机速度达不到最高值。如FANUC直流晶闸管主轴伺服驱动单元转速为1 160 r/min。它是电动机的调速转换点。速度在0～1 160 r/min之间时，励磁电流恒为6.8 A，电动机主绕组电压在0～220 V之间变化；电动机速度大于1 160 r/min后，电动机主绕组电压恒为220 V，励磁电流从6.8 A逐渐减小。这类故障的可能原因、检查步骤和排除措施如表5-2所示。

表 5-2　主轴电动机速度达不到最高值的故障综述

可能原因	检查步骤	排除措施
晶闸管整流部分太脏，造成直流母线电压过低或绝缘性能降低	检查晶闸管的清洁状况	清理晶闸管，保持内部电路板的清洁
电动机磁体不正常，输出电压不正常	用万用表测量励磁电压	更换磁体或更换电动机
控制板的励磁回路故障	用交换法测试控制板	更换控制板

（3）主轴过流报警。这类故障的可能原因、检查步骤和排除措施如表 5-3 所示。

表 5-3　主轴过流报警的故障综述

可能原因	检查步骤	排除措施
驱动器电流极限设定错误	检查设定参数	依照参数说明书设置好参数
主轴负载过大或机械故障	检查是否机械卡住，在停机状态下用手扳主轴，应该非常灵活	确保主轴无机械异常，如果负载过大，重新考虑机床负载条件
长时间切削条件恶劣	检查切削条件	调整切削参数，改善切削条件
直流主轴电动机的绕组电阻不正常，换向器太脏	检查直流主轴电动机的绕组电阻是否正常，换向器是否太脏	确保电阻正常，用干燥的压缩空气将换向器吹干净
动力线连接不牢固	检查动力线是否连接牢固	拧紧动力线
励磁绕组连接不牢固	检查励磁绕组连接是否牢固	拧紧励磁绕组
驱动器的控制励磁电源存在故障	检查励磁电压是否正常	确保励磁电压正常
电动机故障，如电枢绕组内部存在局部短路等	采用交换法，可判断是否有故障	更换电动机
驱动器故障，如同步触发脉冲不正确等		更换驱动器

（4）主轴过热或过载报警。这时驱动器的过热报警指示灯会亮，其可能原因、检查步骤和排除措施如表 5-4 所示。

表 5-4　主轴过热或过载报警的故障综述

可能原因	检查步骤	排除措施
长期负载过大，电动机太热	用手触摸电动机，感觉是否发热厉害，如果很烫手，等冷却后再开机，看是否仍有报警	改善切削条件，调整切削参数，降低负载
电动机或反馈线断线或短路	用万用表测量其输出端子，检测接通状况是否良好	确保连线正确
电动机故障	采用交换法，判断电动机是否有故障	更换电动机

(5) 熔断器熔断。其可能原因、检测步骤和排除措施如表 5-5 所示。

表 5-5　熔断器熔断的故障综述

可能原因	检查步骤	排除措施
伺服电动机或主回路绝缘不良	检查直流伺服电动机和主回路的绝缘是否良好	更换相应部件
电枢绕组短路	检查是否有电枢绕组短路、局部短路或电枢线对地短路	排除短路故障
主回路故障	用万用表检查所有主回路的晶闸管是否有短路	更换坏的晶闸管
控制板故障引起主回路电流过大	检查在熔断器熔断的同时是否有过电流报警	按电流报警的应对方法处理
输入电压太高	用万用表测量输入电压	控制电压在正常值的 －10％～15％范围内

(6) 电动机不转。系统发出指令后，主轴伺服单元或直流主轴电动机不执行。其可能原因、检查步骤和排除措施如表 5-6 所示。

表 5-6　电动机不转的故障综述

可能原因	检查步骤	排除措施
机械卡死	在不通电的情况下，检查机械轴能否自由活动	消除机械故障，减轻负载
负载特别大	检查负载状况	重新考虑机床负载能力
机械连接脱落，如高/低挡齿轮切换用的齿轮啮合不良	检查机械连接情况	重新调整机械连接
控制信号未满足主轴旋转的条件，如转向信号、速度给定电压未输出	通过 PLC 状态监测功能，查看主轴正/反转信号是否送出，主轴速度给定指令是否给出	从数控系统端找出故障，确保各指令正常
电动机动力线不良	用万用表测量各连线端子的接通情况	确保各连接线正常
电动机励磁绕组短路		
R、S、T 线不正常		
碳刷接触不良或严重磨损	检查直流主轴电动机的碳刷是否正常，是否接触不良	更换新的碳刷
电动机励磁回路或主回路阻值不正常	检查励磁回路是否有阻值，或者阻值是否很大	如果没阻值或阻值很大，更换电动机
驱动器印制电路板表面太脏以致内部电路接触不良	在不通电的情况下，打开驱动器保护盖子，清洁印制电路板	保持驱动器的清洁，有良好的工作环境
触发脉冲电路故障，晶闸管无触发脉冲产生	属驱动器故障，采用交换法判断是否有故障	更换驱动器
控制板故障	用交换法判断控制板是否有故障	更换控制板

(7) 主轴定向不停止。有的系统会提示超时报警,其可能原因、检查步骤和排除措施如表 5-7 所示。

表 5-7　主轴定向不停止的故障综述

可能原因	检查步骤	排除措施
主轴没接收到编码器信号	编码器故障,没有输出零位信号	更换编码器
	反馈回路故障,信号没有传入到系统	消除反馈信号传输中的断路
磁性传感器故障	如果采用磁性传感器定位,检查相关的指示灯是否点亮	如果没亮,更换磁性传感器
定向板上的继电器损坏	如果主轴停在准停位,仍有报警,则说明定向板上的继电器损坏	更换相应继电器

(8) 电刷磨损严重或电刷表面上有划痕。其可能原因、检查步骤和排除措施如表 5-8 所示。

表 5-8　电刷磨损严重或电刷表面上有划痕的故障综述

可能原因	检查步骤	排除措施
主轴连续长时间过载工作	检查主轴过载工作状况	有计划地使用机床
主轴电动机换向器表面太脏或有伤痕	观察换向器表面状况	清洁换向器
电刷上有切削液进入	检查电刷清洁状况	做好密封措施
驱动器控制回路的设定、调整不当	检查参数是否正确	依照参数说明书,重新设置参数

(9) 过电压吸收器烧坏。通常情况下,这类故障是由外加电压过高或瞬间电网电压干扰引起的。

5.2.3　维修实例

【例 5-1】　配套 SIEMENS 6RA26××系列直流主轴驱动器,开机后显示主轴报警。

故障分析　检查 SIEMENS 6RA26××系列直流主轴驱动器,发现报警的含义与提示是“电源故障”,其可能的原因如下。

(1) 电源相序接反。

(2) 电源缺相,相位不正确。

(3) 电源电压低于额定值的 80%。

测量驱动器输入电压正常,相序正确,但主轴驱动器仍有报警,因此可能的原因是电源板存在故障。

根据 SIEMENS 6RA26××系列直流主轴驱动器原理图,逐级测量各板的电源回路,发现触发板的同步电源中有一相低于正常电压。

经检查确认故障原因为印制电路板存在虚焊，导致同步电源的电压降低，引起了电源报警。重新焊接后电压恢复正常，报警消失，机床恢复正常。

【例 5-2】 某配置 FANUC 15 型直流主轴驱动的数控仿型铣床，主轴在启动后，运转过程中声音沉闷；当主轴制动时，CRT 显示“FEED HOLD”(进给保持)，主轴驱动装置的过电流报警指示灯亮。

故障分析 为了判别主轴过电流报警产生的原因，维修时首先断开了主轴电动机与主轴间的连接，检查机械传动系统，未发现异常，因此排除了机械上的原因。

接着测量、检查绕组、对地电阻及电动机的连接情况，在对换向器及电刷进行检查时，发现部分电刷已达使用极限，换向器表面有严重的烧熔痕迹。

针对以上问题，维修时首先更换了同型号的电刷，然后拆开电动机，对换向器的表面进行了修磨处理，完成了对电动机的维修。

重新安装电动机后再试车，当时故障消失；但在第二天开机时，又再次出现上述故障，并且在机床通电约 30 min 之后，故障就自动消失。

根据以上现象，由于排除了机械传动系统、主轴电动机、连接方面的原因，故而可以判定故障原因在主轴驱动器上。

对照主轴伺服驱动系统的原理图，重点针对电流反馈环节的有关线路进行了分析检查，对印制电路板中有可能虚焊的部位进行了重新焊接，对全部接插件进行了表面处理，但故障现象仍然不变。

由于维修现场无驱动器备件，不能进行驱动器的印制电路板互换处理，为了确定故障的大致部位，针对机床通电约 30 min 后故障可以自动消失这一特点，维修时采用了局部升温的方法。用吹风机在距印制电路板 8～10 cm 处，对印制电路板的每一部分进行了局部升温，结果发现在触发线路升温后，主轴运转可以马上恢复正常。由此初步判定故障部位在驱动器的触发线路上。

通过示波器观察部分触发线路的输出波形，发现其中的一片集成电路在常温下无触发脉冲发生，引起整流回路 U 相的 4 只晶闸管(正组和反组各 2 只)的触发脉冲消失。更换此芯片后该故障排除。

电动机维修完成后，进一步分析其他故障原因。在主轴驱动器工作时，三相全桥整流主回路有一相无触发脉冲，导致直流母线整流电压波形脉动变大，谐波分量提高，产生电动机换向困难、运行声音沉闷的现象。

当主轴制动时，由于驱动器采用的是回馈制动，控制线路首先要阻断正组的触发脉冲，并触发反组的晶闸管，使其逆变。逆变时同样由于缺一相触发脉冲，能量不能及时回馈电网，因此产生过流。驱动器便产生过流报警，以保护电路。

5.2.4 直流主轴驱动系统使用注意事项和日常维护要求

1. 安装注意事项

主轴伺服驱动系统对安装有较高的要求，这些要求是保证驱动器正常工作的前提条件，在维修时必须引起注意。

(1) 安装驱动器的电气柜必须密封。为了防止电气柜内温度过高，电气柜设计时应将温升控制在 15 ℃以下。电气柜的外部空气引入口处应设置过滤器，并防止从排气口进入灰尘或烟雾；电缆出入口、柜门等部分应进行密封；冷却风扇不要直接吹向驱动器，以免粉尘附着。

(2) 维修完成后，进行重新安装时，要遵循下列原则。

① 安装面要平，且有足够的刚度。

② 电刷应定期维修及更换，安装位置应尽可能使其检修容易。

③ 冷却进风口的进风要充分，安装位置要尽可能使冷却部分的检修容易。

④ 应安装在灰尘少、湿度不高的场所，环境温度应在 40 ℃以下。

⑤ 应安装在切削液和油不能直接溅到的位置上。

2. 使用检查

(1) 伺服驱动系统启动前的检查事项如下。

① 伺服单元和电动机的信号线、动力线等的连接是否正确，是否松动以及绝缘是否良好。

② 强电柜和电动机是否可靠接地。

③ 电动机电刷的安装是否牢靠，电动机安装螺栓是否完全拧紧。

(2) 使用时的检查事项如下。

① 速度指令与转速是否一致，负载指示是否正常。

② 是否有异常声音和异常振动。

③ 轴承温度是否存在急剧上升等不正常现象。

④ 电刷上是否有显著的火花发生痕迹。

3. 日常维护

(1) 电气柜的空气过滤器每月应清扫一次。

(2) 电气柜及驱动器的冷却风扇应定期检查。

(3) 建议操作人员每天注意主轴的旋转速度、异常振动、异常声音、通风状态、轴承温度、外表温度和异常臭味。

(4) 建议维护人员每月检查电刷、换向器。

(5) 建议维护人员每半年检测测速发电机、轴承、热管冷却部分、绝缘电阻。

5.3　主轴通用变频器

5.3.1　变频器技术简介

随着交流调速技术的发展，目前数控机床的主轴驱动控制多采用交流主轴配变频器控制的方式。变频器的控制方式从最初的电压空间矢量控制(磁通转迹法)到矢量控制(磁通定向控制),发展至今为直接转矩控制,从而能方便地实现无速度传感器化;脉宽调制(PWM)技术从正弦 PWM 发展至优化 PWM 技术和随机 PWM 技术,以实现电流谐波畸变小,电压利用率最高、效率最优,转矩脉冲最小及噪声强度大幅度削弱的目标;功率器件由 GTO、GTR、IGBT 发展到智能模块 IPM,使开关速度快,驱动电流小,控制驱动简单,故障率降低,干扰得到有效控制及保护功能进一步完善。

随着数控控制的 SPWM 变频调速系统的发展,数控机床主轴驱动也越来越多地采用通用变频器控制。所谓通用包含两方面的含义:一是可以和通用的鼠笼型异步电动机配套应用;二是具有多种可供选择的功能,可应用于各种不同性质的负载。

如三菱 FR-A500 系列变频器既可以通过 2、5 端,用数控系统输出的模拟信号来控制电动机的转速,也可通过拨码开关的编码输出或数控系统的数字信号输出值 RH、RM 和 RL 端,通过变频器的参数设置,实现从最低速到最高速的变速。

值得注意的是,变频器的冷却方式都是风扇强迫冷却。如果通风不良,器件的温度将会升高,有时即使变频器并没有跳闸,但器件的使用寿命已经下降。所以,应注意检查冷却风扇的运行状况是否正常,经常清理滤网和散热器的风道,以保证变频器的正常运转。

5.3.2 变频器接线图

国外某系列变频器的接线图如图 5-1 所示。

5.3.3 变频器调速原理与特性

1. 变频调速

由

$$U_X \propto E = Cf\Phi \quad (C\text{ 为常数})$$

得

$$\Phi \propto E/f \approx U_X/f \tag{5-1}$$

(1) 当 U_X 不变时,$f\downarrow \Rightarrow \Phi\uparrow$(造成磁路过饱和)$\Rightarrow I$(励磁电流)$\uparrow\Rightarrow$铁心过热。

(2) 为了解决铁心过热的问题,须使 $f\downarrow$ 时$\Rightarrow U_X\downarrow$,即频率与电压能协调控制,亦即 U_X 必须与 f 成比例变化。

2. 恒转矩变频调速

恒转矩变频调速系统中,如果保持 U_X/f 为定值,则 f 变化时,过载能力能保持不变(理论上)。

在基频 f_n(即额定频率)以下调速时,保持 U_1/f_1 为常数调节,即恒转矩调速。

最大转矩为

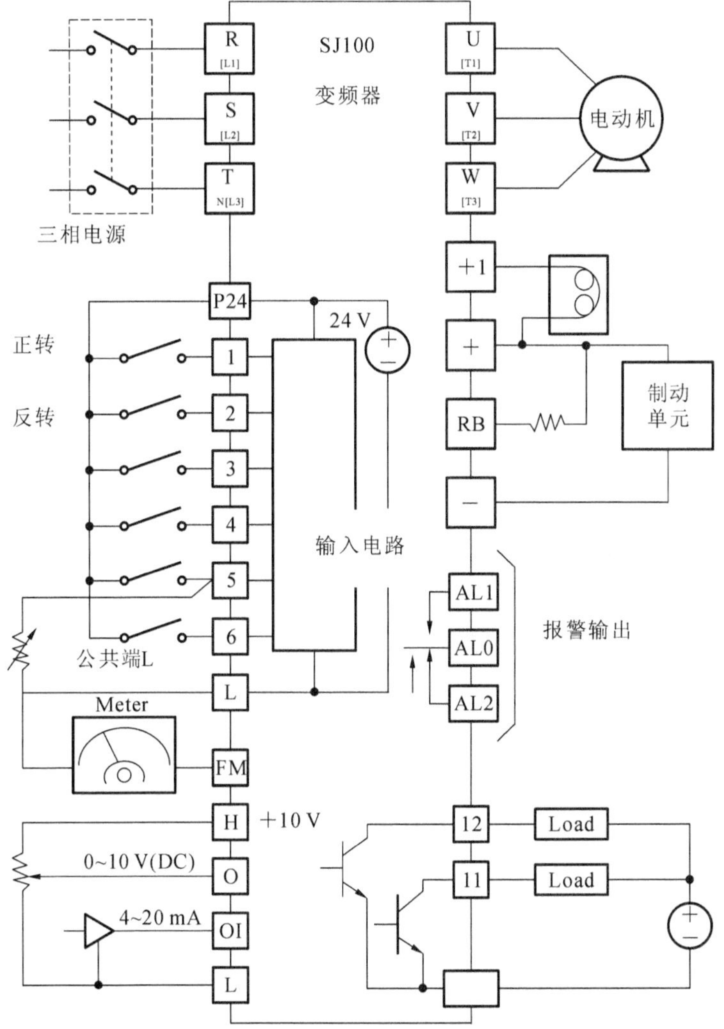

图 5-1　某系列变频器接口接线图

$$T_m \approx \frac{m_1 p}{8\pi^2 (L_1 + L_2')}\left(\frac{U_1}{f_1}\right)^2 \tag{5-2}$$

启动转矩为

$$T_{st} \approx \frac{m_1 p r_2'}{8\pi^2 (L_1 + L_2')^2}\left(\frac{U_1}{f_1}\right)^2 \frac{1}{f_1} \tag{5-3}$$

临界点转速降为

$$\Delta n_m = S_m n_1 \approx \frac{r_2'}{2\pi f_1 (L_1 + L_2')} \frac{60 f_1}{p} \tag{5-4}$$

从式(5-2)、式(5-3)、式(5-4)可知：当 f_1 减小时，最大转矩 T_m 不变，启动转矩 T_{st} 增大，临界点转速降不变，因此，机械特性随频率的降低而向下平移，如图 5-2 虚线所示。

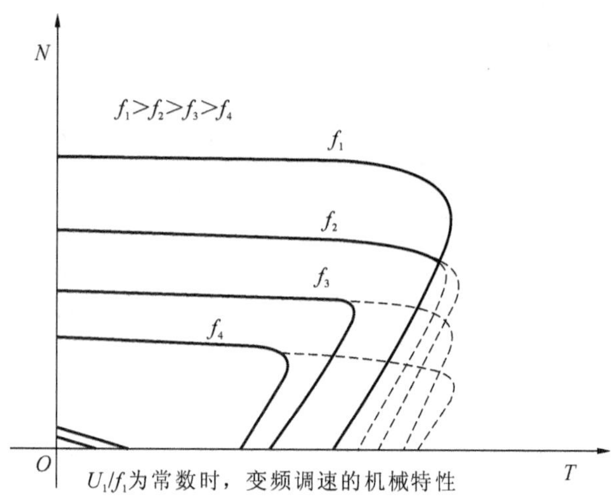

图 5-2　实际恒转矩特性曲线

实际上，由于定子电阻 r_1 的存在，随着 f_1 的降低（U_1/f_1 为常数），T_m 将减小，当 f_1 很低时，T_m 减小很多，如图 5-2 实线所示。

3. 恒功率变频调速

在基频以上调速时，频率从 $f_1 \rightarrow N$ 往上增高，但电压 U_1 却不能增加得比额定电压还大，最大只能保持 $U_1=U_{1N}$。由上述公式可知，这迫使 Φ 与 f 成反比降低，T_m 与 T_{st} 均随频率 f_1 的增大而减小，Δn_m 保持不变，机械特性如图 5-3 所示，这近似为恒功率调速，相当于直流电动机弱磁调速的情况。

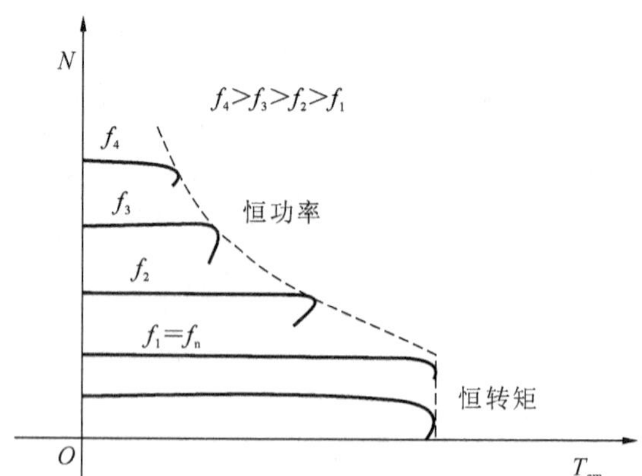

图 5-3　恒转矩和恒功率变频调速时的机械特性

4. 变频调速时异步电动机的特性曲线

图 5-4 所示为异步电动机变频调速控制特性。

图 5-5 所示为变频调速时功率、转矩变化特性。

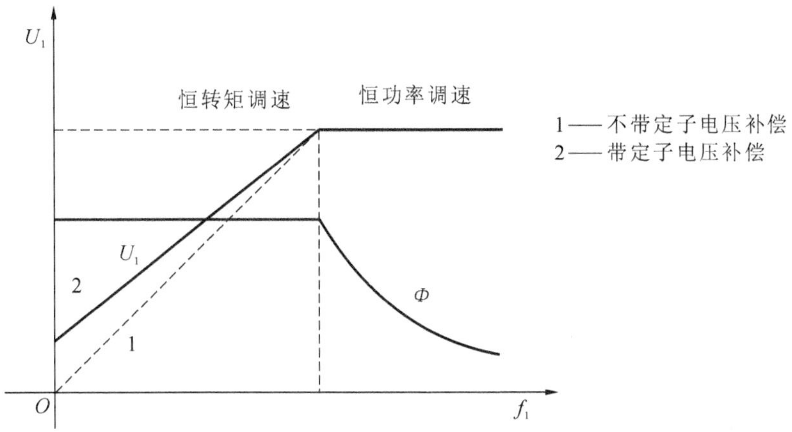

图 5-4　异步电动机变频调整控制特性

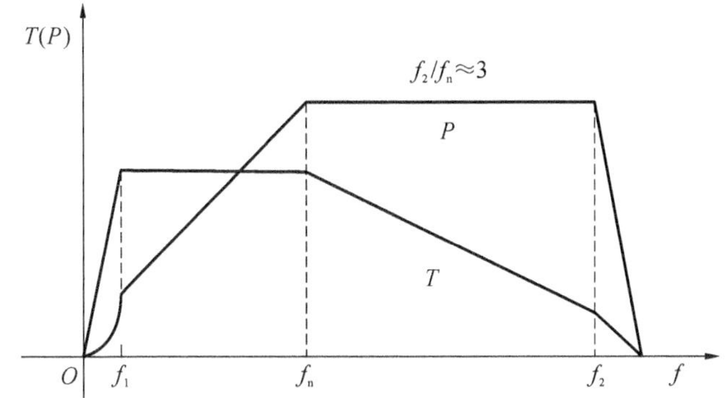

图 5-5　变频调速时功率、转矩变化特性

5.3.4　主轴通用变频器常见报警及故障处理

1. 通用变频器常见报警及保护功能

为了保证驱动器安全、可靠地运行，主轴伺服系统设置了较多的保护功能，以便在出现故障和异常情况时进行检测和保护。这些保护功能与主轴驱动器的故障检测及维修密切相关。当驱动器出现故障时，可以根据保护功能的情况，分析故障原因。

(1) 接地保护。

在伺服驱动器的输出线路以及主轴内部等出现对地短路时，可以通过快速熔断器的熔断切断电源，对驱动器进行保护。

(2) 过载保护。

当驱动器负载超过额定值时，安装在其内部的热开关或主回路的热继电器将动作，对过载进行保护。

(3) 速度偏差过大报警。

当主轴的速度由于某种原因，偏离了指令速度且达到一定的误差时，驱动器将产生报警,并进行保护。

(4) 瞬时过电流报警。

当驱动器中由于内部短路、输出短路等产生异常的大电流时,驱动器将产生报警并进行保护。

(5) 速度检测回路断线或短路报警。

当测速发电机出现信号断线或短路时,驱动器将产生报警并进行保护。

(6) 速度超过报警。

当检测到主轴转速超过额定值的 115%时,驱动器将产生报警并进行保护。

(7) 励磁监控。

如果主轴励磁电流过低或无励磁电流,为防止飞车,驱动器将产生报警并进行保护。

(8) 短路保护。

当主回路发生短路时,驱动器可以通过相应的快速熔断器进行短路保护。

(9) 相序报警。

当三相输入电源相序不正确或缺相时,驱动器将产生报警。

驱动器出现保护性的故障(也叫报警)时,首先通过自身的指示灯以报警的形式反映出动作内容,具体说明如表 5-9 所示。

表 5-9 驱动器报警说明

报警名称	报警时的 LED 显示	动作内容
对地短路	对地短路故障	检测到变频器输出电路对地短路时动作(一般为≥30 kW)。而对≤22 kW 变频器发生对地短路时,作为过电流保护动作。此功能只保护变频器。为保护人身安全和防止火警事故等,应采用另外的漏电保护继电器或漏电短路器等进行保护
过电压	加速时过电压	再生电流增加使主电路直流电压达到过电压检出值(有些变频器为直流 800 V)时,保护动作(但是,如果由变频器输入侧错误地输入控制电路电压值时,将不能显示此报警)
	减速时过电流	
	恒速时过电流	
欠电压	欠电压	电源电压降低等使主电路直流电压低至欠电压检出值(有些变频器为直流 400 V)以下时,保护功能动作。注意:当电压低至不能维持变频器控制电路电压值时,将不显示报警
电源缺相	电源缺相	连接的三相输入电源中任何一相缺失时,有些变频器能在三相电压不平衡状态下运行,但可能造成某些器件(如主电路整流二极管和主滤波电容器)损坏,这种情况下变频器会报警和停止运行

续表

报警名称	报警时的 LED 显示	动作内容
过热	散热片过热	如内部的冷却风扇发生故障，散热片温度上升，则产生保护动作
	变频器内部过热	如变频器内通风散热不良等，则其内部温度上升，保护动作
	制动电阻过热	当采用制动电阻且使用频度过高时，其温度会上升，为防止制动电阻烧损(有时会有“叭”的很大的爆炸声)，保护动作
外部报警	外部报警	当控制电路端子连接控制单元、制动电阻、外部热继电器等外部设备的报警常闭触点时，按这些触点的信号动作
过载	电动机过负载	当电动机所拖动的负载过大使电子热继电器的电流超过设定值时，按反时限性保护动作
	变频器过负载	此报警一般为变频器主电路半导体元件的温度保护，变频器输出电流超过过载额定值时保护动作
通信错误	RS 通信错误	当通信出错时，保护动作

2. 通用变频器常见故障及处理方法

通用变频器的常见故障及处理方法见表 5-10。

表 5-10　通用变频器的常见故障及处理方法

故障现象	发生时的工作状况	处理方法
电动机不运转	变频器输出端子 U、V、W 不能提供电源	检查电源是否已提供给端子，并确保其正常
		检查运行命令是否有效，并确保其正常
		检查 RS(复位)功能或自由运行/停车功能是否处于开启状态，并确保其正常
	负载过重	检查电动机负载是否太重，并确保其正常
	任选远程操作器被使用	确保其操作设定正确
电动机反转	输出端子 U/T1、V/T2 和 W/T3 的连接可能不正确	确保电动机的相序与端子连接相对应，通常来说：正转(FWD)，U—V—W；反转(REV)，U—W—V
	电动机正反转的相序可能与输出端子 U/T1、V/T2 和 W/T3 不对应	
	控制端子(FW)和(RV)连线可能不正确	端子(FW)用于正转，(RV)用于反转

续表

故障现象	发生时的工作状况	处理方法
电动机转速不能到达	如果使用模拟输入，电流或电压为“O”或“OI”	检查连线，并确保其正常
		检查电位器或信号发生器，并确保其正常
	负载太重	减少负载
		重负载激活了过载限定（根据需要可以不让此过载信号输出）
转动不稳定	负载波动过大	增加电动机容量（变频器及电动机）
	电源不稳定	解决电源问题
	该现象只是出现在某一特定频率下	适当改变输出频率，使用调频设定将有问题的频率跳过
过流	加速中过流	检查电动机是否短路或局部短路，输出线绝缘是否良好，并确保其正常
		延长加速时间
		变频器配置不合理，增大变频器容量
		减小转矩提升设定值
	恒速中过流	检查电动机是否短路或局部短路，输出线绝缘是否良好，并确保其正常
		检查电动机是否堵转，机械负载是否有突变，并确保其正常
		变频器容量太小，增大变频器容量
		检查电网电压是否有突变，并确保其正常
	减速中或停车时过流	检查输出连线绝缘是否良好，电动机是否有短路现象，并确保其正常
		延长减速时间
		更换容量较大的变频器
		直流制动量太大，减少直流制动量
		机械故障，送厂维修
短路	对地短路	检查电动机连线是否短路，并确保其正常
		检查输出线绝缘是否良好，并确保其正常
		送修
过压	停车中过压	延长减速时间，或加装刹车电阻。 改善电网电压，检查是否有突变电压产生，并确保其正常
	加速中过压	
	恒速中过压	
	减速中过压	

续表

故障现象	发生时的工作状况	处理方法
低压		检查输入电压是否正常，并确保其正常
		检查负载是否有突变，并确保其正常
		检查是否缺相，并确保其正常
变频器过热		检查风扇是否堵转，散热片是否有异物，并确保其正常
		检查环境温度是否正常，并确保其正常
		检查通风空间是否足够，空气是否能对流，并确保其正常
变频器过载	连续超负载 150% 1 min以上	检查变频器容量是否太小，适当加大容量
		检查机械负载是否有卡死现象，并确保其正常
		V/f 曲线设定不良，重新设定
电动机过载	连续超负载 150% 1 min以上	检查机械负载是否有突变，并确保其正常
		电动机配用太小，适当增大
		检查电动机发热绝缘是否变差，并确保其正常
		检查电压是否波动较大，并确保其正常
		检查是否缺相，并确保其正常
		机械负载增大，适当减小
电动机过转矩		检查机械负载是否有波动，并确保其正常
		检查电动机配置是否偏小，并确保其正常

关于上表的情况说明如下。

（1）电源电压过高。变频器一般允许电源电压向上波动的范围是＋10%，超过此范围时，就进行保护。

（2）降速过快。如果减速时间设定得太短，在再生制动过程中，制动电阻来不及将能量放掉，致使直流回路电压过高，形成高电压。

（3）电源电压低于额定值电压的 10%。

（4）过电流可分为以下两种。

① 非短路性过电流：可能发生在严重过载或加速过快时。

② 短路性过电流：可能发生在负载侧短路或负载侧接地时。

另外，过电流可能导致变频器逆变桥同一桥臂的上、下两晶体管同时导通，形成“直通”。因为变频器在运行时，同一桥臂的上、下两晶体管总是处于交替导通状态，在交替导通的过程中，必须保证只有在一个晶体管完全截止后，另一个晶体管才开始导通。如果由于某种原因，如环境温度过高等，使器件参数发生漂移，就可能导致“直通”。

3. 通用变频器故障维修实例

【例 5-3】 变频器出现过电压报警的维修。

配套某系统的数控车床，主轴驱动采用三菱公司的 E540 变频器，在加工过程中，变频器出现过压报警。

故障分析 仔细观察机床故障产生的过程，发现故障总是在主轴启动、制动时发生，因此，可以初步确定故障的产生与变频器的加、减速时间设定有关。当加、减速时间设定不当时，如主轴启动、制动频繁或时间设定太短，变频器的加、减速无法在规定的时间内完成，则通常容易产生过电压报警。

修改变频器参数，适当增加加、减速时间后，故障消除。

【例 5-4】 安川变频主轴在换刀时出现旋转的故障维修。

配套某系统的数控车床，开机时发现，当机床进行换刀动作时，主轴也随之转动。

故障分析 由于该机床采用安川变频器控制主轴，主轴转速是通过系统输出的模拟电压控制的，根据以往的经验，安川变频器对输入信号的干扰比较敏感，因此初步确认故障原因与线路有关。

为了确认故障原因，再次检查机床的主轴驱动器、刀架控制的原理图与实际接线，可以判定在线路连接、控制上二者相互独立，不存在相互影响。

进一步检查变频器的输入模拟量屏蔽电缆布线与屏蔽线连接，发现该电缆的布线位置与屏蔽线均不合理，将电缆重新布线并重新连接屏蔽线后，故障消失。

5.4 交流伺服主轴驱动系统故障诊断与维修

5.4.1 交流伺服主轴驱动系统

交流伺服主轴驱动系统通常采用感应电动机作为驱动电动机，由伺服驱动器实施控制，有速度开环或闭环两种控制方式。也有的系统采用永磁式同步电动机作为驱动电动机，由伺服驱动器实现速度环的矢量控制，具有快速的动态响应特性，但恒功率调速范围较小。

与交流伺服驱动系统一样，交流主轴驱动系统也有模拟式和数字式两种形式。交流主轴驱动系统与直流主轴驱动系统相比，具有如下特点。

(1) 由于驱动系统必须采用微处理器和现代控制理论进行控制，因此其运行平稳，振动和噪声小。

(2) 驱动系统一般都具有再生制动功能，在制动时，即可将能量反馈回电网，起到节能的效果，又可以加快启动、制动速度。

(3) 特别是对于全数字式主轴伺服驱动系统，驱动器可直接使用数控系统的数字量输出信号进行控制，不需要经过 D/A 转换器转换，转速控制精度得到了提高。

(4) 与数字式交流伺服驱动系统一样，数字式主轴伺服驱动系统还可采用参数设定方法进行静态调整与动态优化，系统设定灵活、调整准确。

(5) 由于交流主轴无换向器，主轴通常不需要进行维修。

(6) 交流主轴转速的提高不受换向器的限制，最高转速通常比直流主轴的更高，每分钟可达到数万转。

5.4.2　交流伺服主轴驱动系统常见故障与维修

交流主轴驱动系统按信号形式可分为交流模拟型主轴驱动单元和交流数字型主轴驱动单元。交流主轴驱动系统除了有直流主轴驱动系统同样的过热、过载、转速不正常报警或故障外，还有其他的故障，总结如下。

1. 主轴不能转动，且无任何报警显示

此故障的可能原因、检查步骤和排除措施如表 5-11 所示。

表 5-11　主轴不能转动，且无任何报警显示的故障综述

<table>
<tr><th>可能原因</th><th>检查步骤</th><th>排除措施</th></tr>
<tr><td>机械负载过大</td><td>检查负载状况</td><td>尽量减轻机械负载</td></tr>
<tr><td>主轴与电动机的连接皮带过松</td><td>在停机的状态下，查看皮带的松紧程度</td><td>调整皮带的连接</td></tr>
<tr><td>主轴中的拉杆未拉紧夹持刀具的拉钉(在车床上就是卡盘未夹紧工件)</td><td>有的机床会设置敏感元件的反馈信号，检查此反馈信号是否到位</td><td>重新装夹好刀具或工件</td></tr>
<tr><td>系统处在急停状态</td><td rowspan="2">检查主轴单元的主交流接触器是否吸合</td><td>根据实际情况，松开急停</td></tr>
<tr><td>机械准备好信号断路</td><td>排查“机械准备好”信号电路</td></tr>
<tr><td>主轴动力线断线</td><td rowspan="2">用万用表测量动力线电压</td><td rowspan="2">确保电源输入正常</td></tr>
<tr><td>电源缺相</td></tr>
<tr><td>正、反转信号同时输入</td><td>利用 PLC 监查功能查看相应信号</td><td>确保信号输入正常</td></tr>
<tr><td>无正、反转信号</td><td>通过 PLC 监视画面，观察正、反转指示信号是否发出</td><td rowspan="2">一般为数控装置的输出有问题，排查系统的主轴信号输出端子</td></tr>
<tr><td>没有速度控制信号输出</td><td>测量输出的信号是否正常</td></tr>
<tr><td>使能信号没有接通</td><td>通过 CRT 观察 I/O 状态，分析机床 PLC 梯形图(或流程图)，以确定主轴的启动条件，如润滑、冷却等是否满足</td><td>确保外部启动的条件符合要求</td></tr>
<tr><td>主轴驱动装置故障</td><td rowspan="2">有条件的话，利用交换法，判断是否有故障</td><td>更换主轴驱动装置</td></tr>
<tr><td>主轴电动机故障</td><td>更换电动机</td></tr>
</table>

2. 主轴速度指令无效，转速仅有 1～2 r/min

此故障的可能原因、检查步骤和排除措施如表 5-12 所示。

表 5-12 主轴速度指令无效，转速仅有 1～2 r/min 的故障综述

可能原因	检查步骤	排除措施
动力线接线错误	检查主轴伺服系统与电动机之间的 U、V、W 连线	确保连线正确
数控系统模拟量输出 D/A 转换电路故障	用交换法判断是否有故障	更换相应电路板
数控系统速度输出模拟量与驱动器连接不良或断线	测量相应信号是否有输出且是否正常	更换指令发送口或更换数控装置
主轴驱动器参数设定不当	检查驱动器参数是否正常	依照说明书，正确设置参数
反馈线连接不正常	检查反馈连线	确保反馈连线正常
反馈信号不正常	检查反馈信号的波形	调整波形至正确或更换编码器

3. 速度偏差过大

速度偏差过大指的是主轴电动机的实际速度与指令速度的误差值超过允许值，一般是启动时电动机没有转动或速度未达到要求。此故障的可能原因、检查步骤和排除措施如表 5-13 所示。

表 5-13 速度偏差过大的故障综述

可能原因	检查步骤	排除措施
反馈连线不良	不启动主轴，用手扳动主轴使主轴电动机以较快速度转起来，估计电动机的实际速度，监视反馈的实际转速	确保反馈连线正确
反馈装置故障		更换反馈装置
动力线连接不正常	用万用表或兆欧表检查电动机或动力线是否正常（包括相序是否正常）	确保动力线连接正常
动力电压不正常		确保动力线电压正常
机床切削负荷太重，切削条件恶劣	检查机床切削状况	重新考虑负载条件，减轻负载，调整切削参数
机械传动系统不良	检查机械传动系统	改善机械传动系统条件
制动器未松开	查明制动器未松开的原因	确保制动电路正常
驱动器故障	利用交换法，判断是否有故障	更换故障单元
电流调节器控制板故障		
电动机故障		

4. 过载报警

切削用量过大，频繁正、反转等均可引起过载报警。具体表现为主轴过热、主轴驱动装置显示过电流报警等。造成此故障的可能原因、检查步骤和排除措施如表 5-14 所示。

表 5-14　过载报警的故障综述

故障出现时间	可能原因	检查步骤	排除措施
长时间开机后再出现此故障	负载太大	检查机械负载状况	调整切削参数，改善切削条件，减轻负载
	频繁正、反转	检查正、反转状况	减少正、反转次数
开机后立即出现此故障	热控开关故障	用万用表测量相应管脚	更换热控开关
	控制板有故障	用交换法判断是否有故障	更换控制板

5. 主轴振动或噪声过大

首先要区别异常噪声及振动发生在主轴机械部分还是在电气驱动部分。检查方法如下。

(1) 若在减速过程中发生，一般是由驱动装置造成的，如交流驱动中的再生回路故障。

(2) 若在恒转速时发生，可通过观察主轴在停车过程中是否有噪声和振动来判断。如果有，则主轴机械部分有问题。

(3) 检查振动周期是否与转速有关。如无关，一般是主轴驱动装置未调整好；如有关，则应检查主轴机械部分是否良好，测速装置是否不良。

这类故障的可能原因、检查步骤和排除措施如表 5-15 所示。

表 5-15　主轴振动或噪声过大的故障综述

故障部位	可能原因	检查步骤	排除措施
电气部分故障	系统电源缺相、相序不正确或电压不正常	测量输入的系统电源	确保电源正确
	反馈不正确	测量反馈信号	确保接线正确，且反馈装置正常
	驱动器异常，如增益调整电路或颤动调整电路的调整不当	检查驱动器参数设定	根据参数说明书，设置好相关参数
	三相输入的相序不对	用万用表测量输入电源	确保电源正确

续表

故障部位	可能原因	检查步骤	排除措施
机械部分故障	主轴负载过大	检查主轴负载状况	重新考虑负载条件，减轻负载
	润滑不良	检查是否缺润滑油	加注润滑油
		检查是否存在润滑电路或电动机故障	检修润滑电路
		检查润滑油是否泄漏	更换润滑导油管
	主轴与电动机的连接皮带过紧	在停机的状态下，检查皮带的松紧程度	调整皮带的连接
	轴承故障、主轴和电动机之间离合器故障	观察判断机械连接是否正常	调整轴承和离合器
	轴承拉毛或损坏	可拆开相关机械结构后观察	更换轴承
	齿轮有严重损伤		更换齿轮
	主轴部件上动平衡不好(从最高速度向下时发生此故障)	当主轴电动机处于最高速度时，关掉电源，检查电动机惯性运转时是否仍有声音	校核主轴部件上的动平衡条件，调整机械部分
	轴承预紧力不够或预紧螺钉松动	检查螺钉状况	调紧预紧螺钉
	游隙过大或齿轮啮合间隙过大	检查间隙	调整机床间隙

【例 5-5】 配套某系统的数控车床，在端面加工时，会使工件表面出现周期性振纹。

故障分析　数控车床端面加工时，工件表面出现振纹的原因很多，在机械方面，如刀具、丝杠、主轴等部件的安装不良，机床的精度不足等都可能产生以上问题。

但该机床故障周期性出现，且有一定规律，根据通常的情况，应与主轴的位置监测系统有关，但仔细检查机床主轴各部分，却未发现任何不良。

仔细观察振纹与 X 轴的丝杠螺距相对应的情况，维修时再次针对 X 轴进行检查。

检查该机床的机械传动装置，其结构是伺服系统与滚珠丝杠间通过齿形带进行连接，位置反馈编码器采用的是分离型布置。

检查发现 X 轴的分离式编码器安装位置与丝杠不同心，存在偏心，即编码器轴心线与丝杠中心线不在同一直线上，从而造成了 X 轴移动过程中编码器旋转不均匀。反映到加工中，则工件表面出现周期性振纹。

重新安装、调整编码器后，机床恢复正常。

6. 直流侧熔断器熔断报警

三相 220 V 交流电压经整流桥整流到直流 300 V，经过一个熔断器后供给晶体管模块，控制板检测此熔断器两端的电压，如果太大，则产生此报警。故障的可能原因、检查步骤和排除措施如表 5-16 所示。

表 5-16　直流侧熔断器熔断报警的故障综述

可能原因	检查步骤	排除措施
熔断器已经断开	用万用表检查直流熔断器是否断开	确保熔断器在可工作状态
连线不良	检查主控制板与主轴单元的连接插座是否紧合	确保连线正常
电动机电枢线短路	用万用表测量各输出线，测量是否短路	确保没有短路现象
电动机电枢绕组短路或局部短路		
电动机电枢绕组对地短路		
输入电源存在缺相	用万用表测量电压	确保电源正常

7. 主轴在加、减速时工作不正常

其可能原因、检查步骤和排除措施如表 5-17 所示。

表 5-17　主轴在加、减速时工作不正常的故障综述

可能原因	检查步骤	排除措施
电动机加、减速电流预先设定、调整不当	查看相关参数是否正常	正确设置参数
加、减速回路时间常数设定不当		
反馈信号不良	在不通电的状态下，用手转动主轴，测量反馈信号是否与主轴转动的速度成比例	如果反馈装置故障，则更换反馈装置；如果反馈回路故障（如接线错误），则排查相应故障
电动机、负载间的惯量不匹配	检查负载状况	重新校核负载
机械传动系统不良	检查机械传动系统	改善机械传动系统条件

8. 外界干扰，主轴转速出现随机和无规律性的波动

此故障的可能原因、检查步骤和排除措施如表 5-18 所示。

表 5-18　主轴转速出现随机和无规律性的波动的故障综述

可能原因	检查步骤	排除措施
屏蔽和接地措施不良	检查屏蔽和接地状况	处理好接地，做好屏蔽处理
主轴转速指令信号受到干扰	测量输出信号是否与转速对应的模拟电压匹配	加抗干扰的磁环
反馈信号受到干扰	测量反馈信号与输出信号是否匹配	

9. 主轴不能变速

此故障的可能原因、检查步骤和排除措施如表 5-19 所示。

表 5-19　主轴不能变速的故障综述

可能原因	检查步骤	排除措施
数控系统参数设置不当	检查有关主轴的参数	依照参数说明书，正确设置参数
加工程序编程错误	检查加工程序	正确使用控制主轴的 M03、M04、S 指令
D/A 转换器电路故障	用交换法判断是否有故障	更换相应电路板
主轴驱动器速度模拟量输入电路故障	测量相应信号是否有输出且是否正常	更换指令发送口或更换数控装置

【例 5-6】 一台配套某系统的立式加工中心，低速（低于 120 r/min）时，S 指令无效，主轴固定以 120 r/min 转速运转。

故障分析　主轴在低速时固定以 120 r/min 转速运转，可能的原因是主轴驱动器有 120 r/min 的转速模拟量输入，或是主轴驱动器控制电路存在不良状况。

为了判定故障原因，检查数控系统内部 S 代码信号状态，发现它与 S 指令值一一对应；但测量主轴驱动器的 D/A 转换器输出（测两端 CH2），发现即使在 S 为“0”时，D/A 转换器虽然无数字输入信号，但其输出仍然为 0.5 V 左右的电压。

由于本机床的最高转速为 2 250 r/min，对照表 5-20 看出，当 D/A 转换器输出为 0.5 V 左右的电压时，转速应为 120 r/min 左右，因此可以判定故障是 D/A 转换器（型号：DAC80）损坏引起的。

更换同型号的 D/A 转换器后，机床恢复正常。

表 5-20　指令、电压、转速对应表

二进制转速指令	S 模拟输出/V	转速/(r/min)
0000 0000 0000	0	0
0000 0101 1011	0.222	50
0000 1011 0110	0.444	100
1111 1111 1111	9.999	2 250

【例 5-7】 配套某系统的数控车床，使用安川变频器作为主轴驱动装置，当输入指令 S××M03 后，主轴旋转，但转速不能改变。

故障分析　由于该机床主轴采用的是变频器调速，在自动方式下运行时，主轴转速是通过系统输出的模拟电压控制的。利用万用表测量变频器的模拟电压输入，发现在不同转速下，模拟电压有变化，说明数控系统工作正常。

进一步检查发现主轴的方向输入信号正确，因此初步判定故障原因是变频器的参数设定不当或外部信号不正确。检查变频器参数设定，发现参数设定正确；检查外部控制信号，发现在主轴正转时，变频器的多级固定速度控制输入信号中有一个被固定为“1”。断开此信号后，主轴恢复正常。

10. 螺纹或攻丝加工出现“乱牙”故障

数控车床加工螺纹，其实质是主轴的角位移与 Z 轴进给之间进行插补，“乱牙”是由主轴与 Z 轴进给不能实现同步引起的。主轴的角位移是通过主轴编码器进行测量的。一般螺纹加工时，系统进行的是主轴每转进给动作，要执行每转进给的指令，主轴必须有每转一个脉冲的反馈信号。

检查故障的具体步骤如下。

(1) 一般来说，根据 CRT 画面有报警显示确认是“乱牙”现象(具体报警为：主轴转速与进给不匹配)。

(2) 通过 CRT 调用机床数据或 I/O 状态，观察编码器的信号状态。

(3) 用每分钟进给指令代替每转进给指令来执行程序，观察故障是否消失。

此故障的可能原因、检查步骤和排除措施如表 5-21 所示。

表 5-21　螺纹或攻丝加工出现“乱牙”的故障综述

可能原因	检查步骤	排除措施
主轴编码器零位脉冲不良或受到干扰	用万用表测量编码器反馈信号，检查是否正常	更换编码器
主轴编码器联轴器松动或断裂	检查编码器连线	确保反馈回路正常
编码器信号线接地、屏蔽不良，被干扰	检查编码器信号线的屏蔽和接地状况	参照表 5-18
加工程序有问题，如主轴转速尚未稳定，就执行了螺纹加工指令(G32)，导致主轴与 Z 轴进给不能实现同步，造成“乱牙”	空运行程序，判断是否有此现象发生	修改加工程序，如在用螺纹加工指令(G32)前加 G04 延时指令或更改螺纹加工程序的起始点，使其离开工件一段距离，保证在主轴速度稳定后，再开始螺纹加工，即可实现正常的螺纹加工

【例 5-8】 配套某系统的数控车床，在使用螺纹加工指令 G32 车螺纹时，出现起始段螺纹“乱牙”的故障。

故障分析　该机床使用变频器作为主轴调速装置，主轴速度为开环控制，在不同的负载下，主轴的启动时间不同，且启动时的主轴速度不稳，转速亦有相应的变化，导致了主轴与 Z 轴进给不能实现同步。

解决以上故障的方法有如下两种。

(1) 在主轴旋转指令(M03)后、螺纹加工指令(G32)前增加 G04 延时指令，保证在主轴速度稳定后，再开始螺纹加工。

(2) 更改螺纹加工程序的起始点，使其离开工件一段距离，保证在主轴速度稳定后，再真正接触工件，开始螺纹的加工。

采用以上方法中的任何一种都可以排除此故障，实现正常的螺纹加工。

11.机床执行了主轴定向指令后，主轴定向位置出现偏差

主轴准停用于刀具交换、精镗进、退刀及齿轮换挡等场合，有如下三种实现方式。

(1) 机械准停控制。由带 V 型槽的定位盘和定位用的液压缸配合动作。

(2) 磁性传感器的电器准停控制。发磁体安装在主轴后端，磁传感器安装在主轴箱上，其安装位置决定了主轴的准停点，发磁体和磁传感器之间的间隙为 1.5±0.5 mm。

(3) 编码器型的准停控制。在主轴内安装或在机床主轴上直接安装一个光电编码器来实现准停控制，准停角度可任意设定。

上述准停均要经过减速的过程，如果减速或增益等参数设置不当，均有可能引起定位抖动。另外，准定方式(1)中定位液压缸活塞移动的限位开关失灵，准停方式(2)中发磁体和磁传感器之间的间隙发生变化或磁传感器失灵均有可能引起定位抖动。所以此故障的可能原因、检查步骤和排除措施如表 5-22 所示。

表 5-22　主轴定位点不稳定的故障综述

可能原因	检查步骤	排除措施
如果是第(1)种定位方式，可能是限位开关失灵	检查限位信号是否正常传输到了数控系统段	调整或更换限位开关
如果是第(2)种定位方式，可能是此传感信号没到位	在系统端测量定位信号	确保定位信号正确传输到数控装置
反馈线连接不良	检查连线	确认连线正常
主轴编码器零位脉冲不良或受到干扰	用万用表测量编码器反馈信号，检查是否正常	更换编码器

【例 5-9】 采用某系统的立式加工中心，配套 SIEMENS 6SC6502 主轴驱动器，在调试时，出现主轴定位点不稳定的故障。

故障分析 维修时通过多次定位进行反复试验，确认本故障的实际故障现象如下。

(1) 该机床可以在任意时刻进行主轴定位，定位动作正确。

(2) 只要机床不关机，不论进行多少次定位，其定位点总是保持不变。

(3) 机床关机后，再次开机执行主轴定位，定位位置与关机前不同，在完成定位后，只要不开机以后每次定位总是保持在该位置不变。

(4) 每次关机后，重新定位，其定位点都不同，主轴可以在任意位置定位。

事实上这是由编码器零位脉冲不固定引起的。分析可能引起以上故障的原因如下。

(1) 编码器固定不良，在旋转过程中编码器与主轴的相对位置在不断变化。

(2) 编码器不良，无零位脉冲输出或零位脉冲受到干扰。

(3) 编码器连接错误。

根据以上可能的原因，逐一检查，排除了编码器固定不良、编码器不良的原因。进一步检查编码器的连接，发现该编码器内部的零位脉冲“U_{a0}”与“$-U_{a0}$”引出线接反。重新连接后，故障排除。

【例 5-10】 某配套 YASKAWA J50M 的加工中心，在机床换刀时，出现主轴定

位不准的故障。

故障分析 仔细检查机床的定位动作，发现机床在主轴转速小于10 r/min时，主轴定位位置正确；但在主轴转速大于10 r/min时，定位点在不同的速度下都不一致。

通过系统的信号诊断参数，检查主轴编码器信号输入，发现该机床的主轴零位脉冲输入信号在一转内有多个，引起了定位点的混乱。检查数控系统与主轴编码器的连接，发现机床出厂时，主轴编码器的连接电缆线未按照规定的要求使用双绞屏蔽线。在机床环境发生变化后，线路的干扰引起了主轴零位脉冲的混乱。重新使用双绞屏蔽线连接后，故障消除，机床恢复正常工作。

12. 主轴出力不足

此故障的可能原因、检查步骤和排除措施如表5-23所示。

表5-23 主轴出力不足的故障综述

可能原因	检查步骤	排除措施
齿形皮带调节过松	在停机状态下，打开保护盖后，检查皮带状况	调整皮带间隙
主轴刚度低	一般新机床可能出现此问题	调整伺服相关增益参数
主轴电动机故障	有条件，可用交换法测试	更换电动机

13. 主轴不能松刀

此故障的可能原因、检查步骤和排除措施如表5-24所示。

表5-24 主轴不能松刀的故障综述

可能原因	检查步骤	排除措施
液压或气压压力不足	检查液压表或气压表	开启液压阀或气压阀，加大压力
弹簧损坏	检查弹簧	更换弹簧
松拉刀气缸损坏	检查松拉刀气缸	维修或更换松拉刀气缸
松拉刀电磁换向阀故障	直接给电磁换向阀上加上控制信号，观察电磁换向阀是否动作	维修或更换电磁换向阀
松拉刀的检测开关故障	用手按下检测开关，观察是否有信号输入	维修或更换检测开关
松拉刀夹爪损坏	检查松拉刀夹爪	维修或更换松拉刀夹爪

【例5-11】 某公司现有的JCS-018立式加工中心采用的是日本FANUC-BESK7M系统。该系统采用16位微处理器控制，伺服驱动单元为大惯量直流伺服电动机，主电机由三相全波晶闸管无环流电路驱动，旋转变压器作为位置检测元件，测速发电机构成速度反馈。

正常执行加工程序，当执行换刀指令M06时，刀套下，主轴不定向，不换刀，主轴又按下一把刀的程序继续加工，系统无报警。

故障分析 执行换刀指令 M06 动作顺序为：主轴定向，刀套下，75°转出，手臂下，180°回转换刀，手臂上，75°转回，刀套上，180°油缸复位。而后发出"FIN"指令，再执行下段程序。结合故障分析，检查 PC 输出板及执行换刀动作的元器件，当检查指令 G3 时，发现异常。正常情况下，执行 G3 指令换刀时，其管脚 2 为高电平，管脚 3 为高电平，24 V 电压不送出，而执行换刀动作；当换刀完毕后，管脚 2 变为低电平，而使 24 V 电压送出，发出"FIN"指令，即 MT 信号执行完毕。管脚 2 现在无论为高电平或低电平，"FIN"信号发出，均有 24 V 电压输出，MT 信号执行完毕送出，从而数控系统执行下段程序。此时刀具尚未交换，易发生撞件的可能。据此，拆下 G3 芯片，在没有相同芯片的情况下，根据其性能而采用松下 DSZY-S-DC5C 代替，故障解决。

14. 主轴不能正常工作

此故障的可能原因、检查步骤和排除措施如表 5-25 所示。

表 5-25 主轴不能正常工作的故障综述

可能原因	检查步骤	排除措施
松紧刀检测不到位	利用系统诊断画面观测 PLC 的 I/O 状态，查看松紧刀位信号是否到位	确保拉刀机构工作正常
	检查拉刀机构，包括液压压力、气压压力、松紧刀接近开关和电磁阀	
主轴齿轮挡位未到达	利用系统诊断画面观测 PLC 的 I/O 状态，查看主轴挡位是否到达	确保挡位已到达
切削过载	检查切削状况	按切削规范正确使用机床
刀库机械手不在规定位置	利用系统诊断画面观测 PLC 的 I/O 状态，查看机械手或刀库到位信号是否到达	确保机械手或刀库能正常退回规定位置
斗笠式刀库没有退回规定位置		
主轴电动机模块出错	用交换法检测相应模块是否故障	更换有故障的部分
主轴机械部分损坏	最好不要上电，检查机械部分状况	维修或更换有故障的部分

【例 5-12】 某立式加工中心，配套 SIEMENS 6SC6502 主轴驱动器，在调试时，出现主轴驱动器 F15 报警。

故障分析 SIEMENS 6SC650 系列主轴驱动器出现 F15 报警的含义是"驱动器过热报警"，可能的原因如下。

(1) 驱动器过载(电动机与驱动器匹配不正确)。

(2) 环境温度太高。

(3) 热敏电阻故障。

(4) 冷却风扇故障。

(5) 断路器 Q1 或 Q2 跳闸。

由于本故障在开机时立即出现,故可以排除驱动器过载、环境温度太高等原因。检查断路器 Q1 或 Q2,位置正确,冷却风扇正常旋转,因此故障原因与热敏电阻本身或其连接有关。

拆开驱动器检查,发现 A01 板与转换板间的电缆插接不良。重新插接后,故障排除,主轴工作正常。

5.4.3 各种主轴驱动单元的故障维修实例

【例 5-13】 驱动器出现过电流报警的故障维修。

一台配套某系统的卧式加工中心,在加工时主轴运行突然停止,驱动器显示过电流报警。

故障分析 经查交流主轴驱动器主回路,发现再生制动回路故障、主回路的熔断器均熔断。更换熔断器后机床恢复正常。但机床正常运行数天后,再次出现同样故障。

故障重复出现,说明该机床主轴系统存在问题,根据报警现象,分析可能存在的主要原因如下。

(1) 主轴驱动器控制板不良。

(2) 连续过载。

(3) 绕组存在局部短路。

在以上几点中,根据现场实际加工情况,过载的原因可以排除。考虑到换上元器件后,驱动器可以正常工作数天,故主轴驱动器控制板不良的可能性已较小。因此,故障原因可能性最大的是绕组存在局部短路。

维修时仔细测量绕组的各项电阻,发现 U 相对地绝缘电阻较小,证明该相存在局部对地短路。

拆开检查发现,内部绕组与引出线的连接处绝缘套已经老化。重新连接后,对地电阻恢复正常。

再次更换元器件后,机床恢复正常,故障不再出现。

【例 5-14】 主轴高速出现异常振动的故障维修。

配套某系统的数控车床,当主轴高速(3 000 r/min 以上)旋转时,机床出现异常振动。

故障分析 数控机床的振动与机械系统的设计、安装、调整以及机械系统的固有频率、主轴驱动系统的固有频率等因素有关,其原因通常比较复杂。

但在本机床上,由于故障前交流主轴伺服驱动系统工作正常,可以高速旋转;且主轴转速超过 3 000 r/min 时,在任意转速下振动均存在,故可以排除机械共振的原因。

检查机床机械传动系统的安装与连接,未发现异常。在脱开主轴与机床的连接后,从控制面板上观察主轴转速、转矩或负载电流值,发现其中有较大的变化,因此可以初步判定故障在主轴驱动系统的电气部分。

经仔细检查机床的主轴驱动系统连接，最终发现该机床的主轴驱动器的接地线连接不良。将接地线重新连接后，机床恢复正常。

【例 5-15】 主轴引起的程序段无法继续执行的故障维修。

一台配套 FANUC 6 系统的卧式加工中心，在进行自动加工时，程序执行到 M03 S××××程序段后，主轴能启动，转速正确，但无法继续执行下一程序段，系统、驱动器无任何报警。

故障分析 现场检查，该机床在 MDI 方式下，手动输入 M03 或 M04 指令，主轴可以正常旋转，但修改 S 指令值，新的 S 指令无法生效；而用 M05 指令停止主轴或按复位键清除后，可执行任何转速的指令。

检查机床诊断参数 DGN700.0=1，表明机床正在执行 M、S、T 功能。进一步检查 PLC 程序梯形图，发现主轴正转信号 SFR 或主轴反转信号 SRV 可以为“1”，即 M 指令已经正常输出。但 S 功能完成信号 SFIN（诊断号为 DGN208.3）为“0”，导致机床处于等待状态。

继续检查梯形图，发现该机床 SFIN=1 的条件是：S 功能选通信号 SF（诊断号为 DGN66.2）为“1”，主轴速度到达信号 SAR（诊断信号为 DGN35.7）为“1”，主轴变速完成信号 SPE（诊断号为 DGN208.1）为“1”。而实际状态是 SF=1，SAR=0，SPE=0，故 SFIN=0。从系统手册可知 SF、SPE、SFIN 为数控系统到 PLC 的内部信号，SAR 与外部条件有关。

检查 SAR 信号输入，发现故障时驱动器的主轴速度到达信号输出为高电平，但数控系统 I/O 板上对应的 SAR 信号却为低电平。

检查信号连接发现电缆中存在断线，重新连接后，机床恢复正常。

【例 5-16】 不执行螺纹加工的故障维修。

配套某系统的数控车床，在自动加工时，机床不执行螺纹加工程序。

故障分析 在本机床上，由于主轴能正常旋转与变速，故分析故障原因主要有以下几种。

(1) 主轴编码器与主轴驱动器之间的连接不良。

(2) 主轴编码器故障。

(3) 主轴驱动器与数控装置之间的位置反馈信号电缆连接不良。

经查主轴编码器与主轴驱动器的连接正常，故可以排除第(1)项。CRT 可以正常显示主轴转速，因此说明主轴编码器的 A、$-A$、B、$-B$ 信号正常。利用示波器检查 Z、$-Z$ 信号，可以确认编码器零位脉冲输出信号正确。

继续检查，可以确定主轴位置监测系统工作正常。根据数控系统的说明书，进一步分析螺纹加工功能与信号的要求，可以知道螺纹加工时，系统进行的是主轴每转进给动作，因此它与主轴的速度到达信号有关。

在 FANUC 0-TD 系统上，主轴的每转进给动作与参数 PRM24.2 的设定有关。当该参数设定为“0”时，Z 轴进给时不检测“主轴速度到达”信号；设定为“1”时，Z 轴进给时需要检测“主轴速度到达”信号。

在本机床上，检查发现该参数设定为“1”，因此只有“主轴速度到达”信号为“1”时，Z 轴才能实现进给。

通过系统的诊断功能，检查发现当实际主轴转速显示值与系统的指令值一致时，才能实现进给。但此时，“主轴速度到达”信号仍然为“0”。

进一步检查发现，该信号连接线断开。重新连接后，螺纹加工动作恢复正常。

【例 5-17】 三菱 FR 主轴驱动器主轴噪声大的故障维修。

一台使用 MELDAS M3 控制器和三菱 FR-SF-22K 主轴控制器的数控机床，出现主轴噪声较大的故障，且在主轴空载情况下，负载表指示超过 40%。

故障分析　考虑到主轴负载在空载时已经达到 40%以上，初步认为机床机械传动系统存在故障。维修的第一步是脱开主轴电动机与主轴的连接机构，在无负载的情况下检查主轴电动机的运转情况。

经试验，发现主轴负载表指示已恢复正常，但主轴仍有噪声，由此判定该主轴系统的机械、电气两方面都存在故障。

在机械方面，检查主轴机械传动系统，发现主轴转动明显过紧，进一步检查发现主轴轴承已经损坏。更换后，主轴机械传动系统恢复正常。

在电气方面，首先检查主轴驱动器的参数设定，包括驱动放大器的型号，电动机的型号以及伺服环增益等参数，经检查发现机床参数设定无误，由此判定故障原因是驱动系统硬件存在故障。

为了进一步分析原因，维修时将主轴驱动器的 00 号参数设定为“1”，让主轴驱动系统开环运行。转动主轴后，发现主轴噪声消失，运行平稳，由此可以判定故障原因在速度检测器件 PLG 上。

进一步检查发现 PLG 的安装位置不正确，重新调整 PLG 安装位置后，再闭环运行，噪声消失。

重新安装电动机与机械传动系统，机床恢复正常工作。

【例 5-18】 三菱 FR 主轴驱动器高速时出现断路器跳闸的故障维修。

一台配套 MAZATROL CAM-2 系统、三菱 FR 主轴驱动器的立式加工中心，由于操作者失误，在主轴旋转过程中发生碰撞，导致在运行加工程序时，只要主轴以 150 r/min 以上的转速直接启动，主轴驱动器 FR-SE 内的断路器 CB1 就跳闸，驱动器控制板上的报警指示灯 AL8(LED13)、AL4(LED14)亮。

故障分析　根据报警显示，从 FR 主轴驱动器说明书可知，它是主轴驱动器主回路过电流报警信号，引起报警的最常见原因是逆变大功率晶体管组件损坏。但实际测量全部逆变大功率晶体管组件，发现元器件正常，且主回路不存在短路现象。由此可以初步判定故障原因在电流检测回路本身。

注意检查电流检测回路元器件，最终发现驱动器中的电流互感器 RO-2 不良，更换后故障排除。

【例 5-19】 三菱 FR 主轴驱动器低速时出现尖叫的故障维修。

一台使用三菱公司 FR-SF-11K 主轴驱动系统的设备，在低速运转时出现尖叫，但高速时运转正常。

故障分析 为了进一步分析原因，维修时将主轴驱动器的 00 号参数设定为"1"，让主轴驱动系统开环运行，转动主轴后，无上述现象。考虑到高速运行正常，可以认为主轴驱动器和主轴均无问题，故障属于调整不当。调整步骤如下。

(1) 用直流电压表(毫伏挡)测量 SF-CA 板 CH40 与 CH9 测量端的电压，电压表显示为 91 mV。

(2) 调整 VR2 使 HC40 与 CH9 间的电压小于 5 mV(最好为 0 V)。

(3) 测量 CH41 与 CH9 间的电压，此时电压表实际显示为 65 mV。

(4) 调整 VR3，使 CH41 与 CH9 间的电压值小于 5 mV。

进行以上调整后，再次开机，故障消失，主轴系统恢复正常运行。

【例 5-20】 SIEMENS 611A 主轴定位出现超调的故障维修。

某采用 SIEMENS 810M 的龙门加工中心，配套 611A 主轴驱动器，在执行主轴定位指令时，主轴存在明显的位置超调，定位动作正确，系统无故障。

故障分析 由于系统无报警，主轴定位动作正确，可以确认故障是由主轴驱动器或系统调整不良引起的。

解决超调的方法有很多种，如减小加、减速时间，提高速度环比例增益，降低速度环积分时间等。检查本机床主轴驱动器参数，发现驱动器的加、减速时间设定为2 s，此值明显过大。更改参数，将加、减速时间设定为 0.5 s 后，位置超调消除。

【例 5-21】 DYNAPATH 20M 系统主轴不能正常旋转的故障维修。

一台配套美国 DYNAPATH 20M 系统的立式加工中心(二手机床)，在机床通电后，主轴便沿逆时针方向以 100 r/min 的转速自行旋转。但输入 M03、M04 及 S××指令时，系统却不执行，系统亦无报警。

故障分析 DYNAPATH 20M 系统为 PLC 内置式系统，主轴正转、反转信号由 PLC 程序输出。根据故障现象，为了区分故障部位，维修时首先断开了 PLC 输出的 M03、M04 信号；再次启动机床，主轴无自动旋转现象。

根据以上分析，初步判定故障是由主轴的 M03、M04 信号输出引起的，检查应从 PLC 梯形图入手。

通过检查 PLC 梯形图，发现该机床的程序设计思路是：在机床通电后，主轴应立即进行定向准停，以便更换刀具。因此，开机后主轴旋转不停，且不执行 M、S 代码的原因可能是主轴定向装置存在问题，导致主轴定向准停动作无法完成。

从开机后主轴以 100 r/min 的转速自行旋转的现象分析，可知 PLC 的主轴定向控制部分工作正常(主轴定向准停的转速为 100 r/min)，因此故障原因可能是主轴定向检测回路或检测器件不良。维修时，用示波器依次测试主轴定向检测器件的输入、输出信号波形，信号电缆的连接均无异常现象，因此可以判定故障原因在主轴位置检测信号的接口电路上。

进一步检测接口电路发现其中有一运算放大器集成块(型号:CA747)不良,更换后,机床恢复正常。

5.5　交流伺服主轴驱动系统维护

为了使交流主轴伺服驱动系统长期可靠、连续运行,防患于未然,应对其进行日常检查和定期检查。

5.5.1　日常检查

通电和运行时不取外盖,从外部观察变频器的运行,确认是否存在异常情况。通常检查以下各方面。

(1) 运行性能是否符合标准规范。

(2) 周围环境是否符合标准规范。

(3) 键盘面板显示是否正常。

(4) 是否存在异常的噪声、振动和气味。

(5) 是否存在过热或变色等异常情况。

5.5.2　定期检查

定期检查时,应注意以下事项。

(1) 维护检查时,务必先切断输入变频器的电源。

(2) 确定变频器电源切断、显示消失后,等到内部高压指示灯熄灭后,方可检查、维护。

(3) 在检查过程中,绝对不可以将内部电源及线材、排线拔起或误配,否则会造成变频器不工作或损坏。

(4) 安装时,螺丝等配件不可留在变频器内部,以免造成电路板短路。

(5) 安装后保持变频器的清洁,避免灰尘、油雾、湿气侵入。

特别要注意:即使断开变频器的供电电源后,滤波电容器上仍有充电电压,放电需要一定的时间。为避免危险,必须等待充电指示灯熄灭,并用电压表测试,确认此电压低于安全值(≤25 V),才能开始检查作业。

(1) 对于≤22 kW变频器,断开电源后经过5 min;对于≥30 kW变频器,经过10 min。确认充电指示器熄灭,测量端子P-N间直流电压低于25 V,才能开始开盖检查作业。

(2) 非专业维修人员不能进行检查和更换部件等工作(作业时应取下手表、戒指等金属物品,作业时使用带绝缘的工具)。

(3) 防止电击和设备事故。

定期检查应包含的内容及方法如表5-26所示。

表 5-26　检查项目一览表

检查部分		检查项目	检查方法	判断标准
周围环境		确认环境温度、湿度、振动和有无灰尘、气体、油雾、水等	依据目视和仪器测量	符合技术规范
		周围是否放置工具等异物和危险品	依据目视	不能放置
电压		主电路、控制电路电压是否正常	用万用表等测量	符合技术规范
键盘显示面板		显示是否看得清楚	依据目视	需要时都能显示，没有异常
		是否缺少字符		
框架盖板等结构		是否有异常声音、异常振动等	依据目视、听觉	没有异常
		螺栓等(紧固件)是否松动或脱落	拧紧	
		是否存在变形损坏	依据目视	
		是否由于过热而变色		
		是否有灰尘、污损		
主电路	公用	螺栓等是否松动或脱落	拧紧	没有异常 注意：铜排变色不表示其特性有问题
		机器、绝缘体是否存在变形、裂纹、破损或由于过热和老化而变色	依据目视	
		是否有污损、灰尘		
	导体导线	导体是否由于过热而变色和变形等	依据目视	没有异常
		电线护层是否破裂和变色		
	端子排	是否有损伤	依据目视	没有损伤
	滤波电容器	是否存在漏液、变色、裂纹和外壳膨胀	依据目视	没有异常
		安全阀是否出来；阀体是否有显著膨胀		
		按照需要测量静电容量	根据维护信息判断寿命或用静电容量测量电容量	静电容量≥初始值×0.85
	电阻器	是否由于过热产生异味和绝缘体开裂	依据嗅觉或目视	没有异常
		是否断线	依据目视或卸开一端的连接，用万用表测量	电阻值偏差在标称值的±10%以内
	变压器、电抗器	是否存在异常的振动声和异味	依据听觉、目视、嗅觉	没有异常
	电磁接触器	工作时是否有振动声音	依据听觉	没有异常
		接触点是否接触良好	依据目视	

续表

<table>
<tr><th colspan="2">检查部分</th><th>检查项目</th><th>检查方法</th><th>判断标准</th></tr>
<tr><td rowspan="4">控制电路</td><td rowspan="4">控制印制电路板连接器</td><td>螺丝和连接器是否松动或脱落</td><td>拧紧</td><td rowspan="4">没有异常</td></tr>
<tr><td>是否存在异味和变色</td><td>依据嗅觉或目视</td></tr>
<tr><td>是否存在裂缝、破损、变形、显著锈蚀</td><td>依据目视</td></tr>
<tr><td>电容器是否存在漏液和变形痕迹</td><td>依据目视并根据维护信息判断寿命</td></tr>
<tr><td rowspan="4">冷却系统</td><td rowspan="3">冷却风扇</td><td>是否存在异常声音、异常振动</td><td>依据听觉、目视或用手转一下(必须切断电源)</td><td>平稳旋转</td></tr>
<tr><td>螺栓等是否松动或脱落</td><td>拧紧</td><td rowspan="2">没有异常</td></tr>
<tr><td>是否由于过热而变色</td><td>依据目视并按维护信息判断寿命</td></tr>
<tr><td>通风道</td><td>散热片和进气、排气口是否堵塞或附着异物</td><td>依据目视</td><td>没有异常</td></tr>
</table>

注意：有污染的地方，请用化学上中性的清洁布擦拭干净，用电气清除器除去灰尘等。

第6章　数控机床常见机械故障及其维修

数控机床机械部分的故障与普通机床机械部分的故障有许多共同点，因此在对机械故障进行诊断及维修时，有许多地方是相通的。但是，数控机床大量采用电气控制与电气驱动，这就使得数控机床的机械结构与普通机床的机械结构相比有很大的简化，使其机械结构的故障呈现出一些新的特征。在实际中，机械故障的种类繁多，本章只能介绍一些具有共性的故障，如主传动系统、进给系统、机床导轨等部件的故障。

本章首先介绍数控机床主传动系统与主轴部件的故障诊断与维修，然后介绍进给系统的两个主要部件——滚珠丝杠副和导轨副的故障诊断与维修。由于滚珠丝杠副和导轨副是为适应数控机床的特殊要求而特有的，因此对它们的结构及材料性能作了一些介绍，以便读者了解。接着介绍刀库及换刀装置的故障诊断与维修，然后介绍了回转工作台的故障诊断与维修，最后介绍了液压系统和气动系统的故障诊断与维修。

6.1　数控机床主传动系统与主轴部件的故障诊断与维修

数控机床的主传动系统承受主切削力，它的功率与回转速度直接影响着机床的加工效率。而主轴部件是保证机床加工精度和自动化程度的主要部件，对数控机床的性能有着决定性的影响。

由于数控机床的主轴驱动广泛采用交、直流主轴电动机，这就使得主传动的功率和调速范围较普通机床大为增加。同时，为了进一步满足主传动调速和转矩输出的要求，在数控机床上常采用机电结合的方法，即同时采用电动机调速和机械齿轮变速这两种方法。

6.1.1　主传动系统系统

数控机床的主传动系统常采用的配置形式有以下几种。

1. 带有变速齿轮的主传动系统

滑移齿轮的换挡常采用液压拨叉或直接由液压缸带动，还可通过电磁离合器直接实现换挡。这种配置方式在大、中型数控机床中应用较多。

2. 电动机与主轴直联的主传动系统

其特点是结构紧凑，但主轴转速的变化及转矩的输出和电动机的输出特性一致，因而使用受到一定的限制。

3. 采用带传动的形式

这种形式可避免齿轮传动引起的振动和噪声，但只能用在低扭矩的情况下。这种配置在小机床中经常使用。

4. 电主轴

电主轴通常作为现代机电一体化的功能部件，用在高速数控机床上。其主轴部件结构紧凑，重量轻，惯量小，可提高启动、停止的响应特性，有利于控制振动和噪声，缺点是制造和维护困难，且成本较高。

6.1.2　主轴部件

数控机床主轴部件是影响机床加工精度的主要部件。主轴部件要具有与本机床工作性能相适应的高回转精度、刚度、抗振性、耐磨性和低温升，其结构必须便于解决刀具和工具的装夹、轴承的配置、轴承间隙调整和润滑密封等问题。

数控机床的主轴部件主要有以下几个部分：主轴本体及密封装置、支承主轴的轴承、配置在主轴内部的刀具卡进及吹屑装置、主轴的准停装置等。

根据数控机床的规格、精度采用不同的主轴轴承。一般中、小规格的数控机床的主轴部件多采用成组的高精度滚动轴承；重型数控机床采用液体静压轴承；高精度数控机床采用气体静压轴承；转速达 20 000 r/min 的主轴采用磁力轴承或氮化硅材料的陶瓷滚珠轴承。

1. 主轴润滑

为了保证主轴有良好的润滑，减少摩擦发热，同时又能把主轴组件的热量带走，通常采用循环式润滑系统。用液压泵供油强力润滑，在油箱中使用油温控制器控制油液温度。现在许多数控机床的主轴采用高级锂基润滑脂封闭方式润滑，每加一次油脂可以使用 7～10 年，简化了结构，降低了成本且维护保养简单，但是需要防止润滑油和油脂混合，通常采用迷宫密封方式。为了适应主轴转速向更高速化发展的需要，新的润滑冷却方式相继被开发出来。这些新的润滑冷却方式不但要减少轴承温升，还要减少轴承内、外圈的温差，以保证主轴热变形小。

① 油气润滑方式。这种润滑方式近似于油雾润滑方式，所不同的是，油气润滑是定时、定量地把油雾送进轴承空隙中，这样既实现了油雾润滑，又不至于使油雾太多而污染周围空气；后者则是连续供给油雾。

② 喷注润滑方式。它将较大流量(每个轴承 3～4 L/min)的恒温油喷注到主轴轴承内，以达到润滑冷却的目的。需要特别指出的是，较大流量的油不是自然回流，而是用排油泵强制排油。同时，采用专用高精度、大容量恒温油箱，油温变动控制在 ±0.5 ℃内。

2. 防泄漏

在密封件中，被密封的介质往往会以穿漏、渗透或扩散的形式泄漏到密封连接处

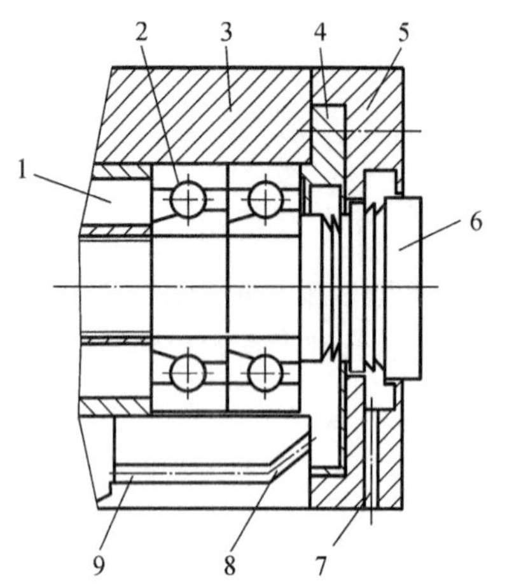

图 6-1 卧式加工中心主轴前支承的密封结构

1—进油口；2—轴承；3—套筒；4,5—法兰盘；6—主轴；7—泄漏孔；8—回油斜孔；9—泄油孔

的彼侧。造成泄漏的基本原因是流体从密封面上的间隙中溢出，或是密封部件内、外两侧密封介质的压力差或浓度差致使流体向压力低或浓度低的一侧流动。图 6-1 所示为卧式加工中心主轴前支承的密封结构。卧式加工中心主轴前支承处采用的是双层小间隙密封装置。主轴前端车出两组锯齿形护油槽，在法兰盘 4 和 5 上开沟槽及泄漏孔 7。当喷入轴承 2 内的油液流出后被法兰盘 4 内壁挡住，并经过泄油孔 9 和套筒 3 上的回油斜孔 8 流回油箱。少量油液沿着主轴 6 流出时，经主轴护油槽在离心力的作用下被甩至法兰盘 4 的沟槽内，经过回油斜孔 8 重新流回油箱。这样便达到了防止润滑介质泄漏的目的。

当外部切削液、切屑及灰尘等沿主轴 6 与法兰盘 5 之间的间隙进入法兰盘时，经法兰盘 5 的沟槽由泄漏孔 7 排出。少量的切削液、切屑及灰尘进入前锯齿沟槽，在主轴 6 高速旋转的离心力作用下仍被甩至法兰盘 5 的沟槽内由泄漏孔 7 排出。这样便达到了主轴端部密封的目的。

要使间隙密封结构能在一定的压力和温度范围内具有良好的密封防泄漏性能，必须保证法兰盘 4 和 5 与主轴及轴承端面的配合间隙符合如下条件。

① 法兰盘 4 与主轴 6 的配合间隙应控制在 0.1～0.2 mm(单边)范围内。如果间隙偏大，则泄漏量将按照间隙的 3 次方倍扩大；若间隙过小，由于加工及安装的误差，法兰盘容易与主轴局部接触，使主轴局部升温并产生噪声。

② 法兰盘 4 内端与轴承端面的间隙应控制在 0.15～0.3 mm 范围内。小间隙可使压力油直接被挡住并沿泄油孔 9 经回油斜孔 8 流回油箱。

③ 法兰盘 5 与主轴 6 的配合间隙应控制在 0.15～0.25 mm(单边)范围内。间隙太大，进入主轴 6 内的切削液及杂物会显著增多；间隙太小，则法兰盘容易与主轴接触。法兰盘 5 的沟槽深度应大于 10 mm(单边)。泄漏孔 7 的直径应大于 6 mm，并位于主轴下方靠近沟槽内壁处。

④ 法兰盘 4 的沟槽深度应大于 12 mm(单边)。主轴上的锯齿尖而深，一般在 5～7 mm范围内，以确保具有足够的甩油空间。法兰盘 4 处的主轴锯齿应向后倾斜，法兰盘 5 处的主轴锯齿应向前倾斜。

⑤ 法兰盘 4 上的沟槽与主轴 6 上的护油槽对齐，以保证被主轴甩至法兰盘沟槽内腔的油液能可靠地流回油箱。

⑥ 套筒前端的回油斜孔 8 及泄油孔 9 流量为进油口 1 的 2～3 倍，以保证压力油能顺利地流回油箱。

3. 刀具夹紧

在自动换刀机床的刀具自动夹紧装置中，刀具自动夹紧装置的刀杆常采用7：24的大锥度锥柄，既利于定心，也为松刀带来方便。蝶形弹簧通过拉杆及夹头拉住刀柄的尾部，使刀具锥柄和主轴锥孔紧密配合，夹紧力达 10 000 N 以上。松刀时，液压缸活塞推动拉杆来压缩蝶形弹簧，使夹头张开，夹头与刀柄上的拉钉脱离，刀具就可拔出进行新、旧刀具的更换。新刀装入后，液压缸活塞后移，新刀具又被蝶形弹簧拉紧。在活塞推动拉杆松开刀柄的过程中，压缩空气由喷气头经过活塞中心孔和拉杆中的孔吹出，将锥孔清理干净，防止主轴锥孔中掉入切屑和灰尘，把主轴锥孔表面和刀杆的锥柄划伤，同时保证刀具的位置正确。

6.1.3　主传动系统的常见故障及排除方法

主传动系统的常见故障及排除方法如表 6-1 所示。

表 6-1　主传动系统的常见故障及排除方法

序号	故障现象	故障原因	排除方法
1	主轴发热	主轴轴承损伤或轴承不清洁	更换轴承，清除脏物
		主轴前端盖与主轴箱体压盖研伤	修磨主轴前端盖，使其压紧主轴前轴承，轴承与后盖有 0.02～0.05 mm 间隙
		轴承润滑油脂耗尽或润滑油脂涂抹过多	涂抹润滑油脂，一般每个轴承的涂抹量不超过 3 mL
		主轴轴承预紧力调节过大	重新预紧
2	主轴在强力切削时停转	电动机与主轴连接的传动带过松	移动电动机机座，张紧传动带，然后将电动机机座重新锁紧
		传动带表面有油	用汽油清洗后擦干净，再装上
		传动带使用过久而失效	更换新传动带
		摩擦离合器调整过松或磨损	调整摩擦离合器，修磨或更换摩擦片
3	切削振动大	主轴箱和床身连接螺钉松动	恢复精度后紧固连接螺钉
		轴承预紧力不够、游隙过大	重新调整轴承游隙。但预紧力不宜过大，以免损坏轴承
		轴承预紧螺母松动，使主轴窜动	紧固螺母，确保主轴精度合格
		轴承拉毛或损坏	更换轴承
		主轴与箱体超差	修理主轴或箱体，使其配合精度、位置精度达到要求
		其他因素	检查刀具或切削工艺问题
		如果是车床，则可能是转塔刀架运动部位松动或压力不够而未卡紧	调整修理

续表

序号	故障现象	故障原因	排除方法
4	主轴噪声	缺少润滑	涂抹润滑油脂，保证每个轴承的涂抹量不超过 3 mL
		小带轮与大带轮传动平稳情况不佳	带轮上的平衡块脱落，重新进行动平衡
		主轴与电动机连接的皮带过紧	移动电动机座，使皮带松紧度合适
		齿轮啮合间隙不均匀或齿轮损坏	调整啮合间隙或更换新齿轮
		传动轴承损坏或传动轴弯曲	修复或更换轴承，校直传动轴
5	齿轮和轴承损坏	变挡压力过大，齿轮受冲击产生破损	按液压原理图，调整到适当的压力和流量
		变挡机构损坏或固定销脱落	修复或更换零件
		轴承预紧力过大或无润滑油	重新调整预紧力，并使之润滑充足
6	主轴无变速	电气变挡信号未输出	电气人员检查处理
		压力不足	检测并调整工作压力
		变挡液压缸或气缸研损或卡死	修去毛刺和研伤，清洗后重装
		变挡电磁阀卡死	检修并清洗电磁阀
		变挡液压缸或气缸拨叉脱落	修复或更换
		变挡液压缸或气缸窜油或内泄	更换密封圈
		变挡复合开关失灵	更换新开关
7	液压变速时齿轮推不到位	主轴箱内拨叉磨损	选用球墨铸铁做拨叉材料
			在每个垂直滑移齿轮下方安装弹簧作为辅助平衡装置，减轻对拨叉的压力
			活塞的行程与滑移齿轮的定位相协调
			若拨叉磨损，予以更换
8	主轴没有润滑油循环或润滑不足	油泵转向不正确或间隙太大	改变油泵转向或修理油泵
		吸油管没有插入油箱的油面以下	将吸油管插入油面以下 2/3 处
		油管和滤油器堵塞	清除堵塞物
		润滑油压力不足	调整供油压力
9	润滑油泄漏	润滑油过量	调整供油量
		密封件损坏	更换密封件
		管件损坏	更换管件

续表

序号	故障现象	故障原因	排除方法
10	刀具不能夹紧	蝶形弹簧位移量较小	调整蝶形弹簧行程长度
		刀具松紧弹簧上的螺母松动	顺时针旋转松夹刀具弹簧上的螺母使其最大工作载荷不得超过 13 kN
		弹簧夹头损坏	更换新弹簧夹头
		蝶形弹簧失效	更换新碟形弹簧
		刀柄上拉钉过长	更换拉钉,并正确安装
11	刀具夹紧后不能松开	松刀弹簧压合过紧	逆时针旋转松夹刀具弹簧上的螺母使其最大工作载荷不得超过 13 kN
		液压缸压力和行程不够	调整液压压力和活塞行程开关位置
		蝶形弹簧压缩量过大	调整蝶形弹簧上的螺母,减小弹簧压缩量

6.1.4　主传动系统维修实例

【例 6-1】　主轴噪声的故障维修。

CK6140 车床以 1 200 r/min 运行时,主轴噪声变大。

故障分析　CK6140 车床采用的是齿轮变速传动。一般来讲主轴噪声的来源主要有:齿轮在啮合时的冲击和摩擦,主轴润滑油箱的油不到位,主轴轴承接触不良。将主轴箱上盖的固定螺钉松开,卸下上盖,发现油箱的油在正常水平。检查该挡位的齿轮及变速用的拨叉,看看齿轮有没有毛刺及啮合硬点,结果正常,拨叉上的铜块没有摩擦痕迹,且移动灵活。在排除以上因素后,卸下皮带轮及卡盘,松开前后锁紧螺母,卸下主轴,检查主轴轴承。检查中发现轴承的外环滚道表面上有一个细小的凹坑碰伤。更换轴承,重新安装好后,用声级计检测,主轴噪声降到 73.5 dB。

【例 6-2】　主轴漏油。

ZJK7532 铣钻床加工过程中出现漏油现象。

故障分析　该铣钻床手动换挡变速,通过主轴箱盖上方的注油孔加入冷却润滑油。在加工时只要速度达到 400 r/min,油就会顺着主轴流下来。观察油箱油标,油标显示,油在上限位置。拆开主轴箱上盖,发现冷却油已注满了主轴箱(还未超过主轴轴承端),油标也被油浸没。可以肯定故障是油加得过多,在达到一定速度时油弥漫所致。放掉多余的油后主轴运转时漏油问题解决。外部观察油标正常,是因为加油过急导致油箱的空气来不及排出,油将油标浸没,从而给加油者假象,导致加油过多,从而漏油。

【例 6-3】　主轴箱渗油。

CJK6032 车床主轴箱部位有油渗出。

故障分析　将主轴外部防护罩拆下，发现油是从主轴编码器处渗出。该CJK6032 车床的编码器安装在主轴箱内，属于第三轴，该编码器的油密封采用的是O 型密封圈。拆下编码器，将编码器轴卸下，发现该 O 型密封圈的橡胶已磨损，弹簧已露出来，故障为安装 O 型密封圈不当所致。更换密封圈后问题解决。

【例 6-4】　工件表面粗糙度不合格。

CK6136 车床车削工件，工件表面粗糙度不合格。

故障分析　该机床在车削外圆时，车削纹路不清晰，精车后工件表面粗糙度达不到$\sqrt{Ra1.6}$。在排除工艺方面的因素(如刀具、转速、材质、进给量、吃刀量等)后，将主轴挡位挂到空挡，用手旋转主轴，感觉主轴较松。打开主轴防护罩，松开主轴止退螺钉，收紧主轴锁紧螺母，用手旋转主轴。感觉主轴松紧合适后，锁紧主轴止退螺钉，重新精车削，问题得到解决。

【例 6-5】　主轴定位不良的故障维修。

加工中心主轴定位不良，使换刀过程中断。

故障分析　开始时，故障出现的次数不是很多，重新开机后主轴又能工作，但故障反复出现。仔细观察，才发现故障的真正原因是主轴在定向后发生位置偏移，且主轴在定位后如用手碰一下(和工作中在换刀时刀具插入主轴的情况相近)，主轴则会产生相反方向的漂移。检查电气单元无任何报警，该机床采用编码器定位，从故障的现象和可能发生的部位来看，电气部分故障的可能性比较小；机械部分又很简单，最主要的是连接，所以决定检查连接部分。在检查到编码器的连接时发现编码器上连接套的紧定螺钉松动，使连接套后退造成编码器与主轴的连接部分间隙过大，导致二者旋转不同步。将紧定螺钉按要求固定好后故障消除。

【例 6-6】　电主轴高速旋转发热的故障维修。

主轴高速旋转时发热严重。

故障分析　电主轴运转中的发热和温升问题始终是研究的焦点。电主轴单元的内部有两个主要热源：一个是主轴轴承，另一个是内藏式主电动机。

电主轴单元最突出的问题是内藏式主电动机的发热。主电动机旁边就是主轴轴承，如果主电动机的散热问题解决不好，就会影响机床工作的可靠性。主要的解决方法是采用循环冷却结构，分外循环和内循环两种，冷却介质可以是水或油，使电动机与前、后轴承都能得到充分冷却。

主轴轴承是电主轴的核心支承，也是电主轴的主要热源之一。如今的高速电主轴，大多数采用角接触陶瓷球轴承。因为陶瓷球轴承具有以下特点：① 滚珠质量小，离心力小，动摩擦力矩小。② 温升引起的热膨胀小，轴承的预紧力稳定。③ 弹性变形量小，刚度高，寿命长。由于电主轴的运转速度高，因此它对电主轴轴承的动态、热态性能有严格要求。合理的预紧力及良好而充分的润滑是保证电主轴正常运转的必要条件。采用油雾润滑，雾化发生器进气压为 0.25～0.3 MPa，选用 20＃透平油，滴油速度控制在 80～100 滴/min。润滑油雾在充分润滑轴承的同时，还带走了大量的热量。前、后轴承的润滑油分配是非常重要的问题，必须严格控制。进气口截面应大于前、后喷油口截面的总和，排气应顺畅，各喷油小孔的喷射角与轴线成 15°夹角，使油雾直接喷入轴承工作区。

6.2　数控机床进给系统的结构及维修

数控机床进给系统的任务是实现执行机构（刀架、工作台等）的运动。大部分数控机床的进给系统是由伺服电动机经过联轴器与滚珠丝杠直接相连的，然后由滚珠丝杠螺母副驱动工作台运动，机械结构比较简单。

数控机床进给系统中的机械传动装置和器件具有寿命长、刚度大、无间隙、灵敏度高和摩擦阻力小等特点。

6.2.1　滚珠丝杠副

滚珠丝杠副是在丝杠和螺母之间以滚珠为滚动体的螺旋传动元件。它将电动机的旋转运动转化为直线运动。

1. 滚珠丝杠副的安装

数控机床的进给系统要获得较大的传动刚度，除了加强滚珠丝杠螺母本身的刚度之外，滚珠丝杠正确的安装及其支承的结构刚度也是不可忽视的因素。螺母座及支承座都应具有足够的刚度和精度。通常，适当加大和机床结合部件的接触面积，可以提高螺母座的局部刚度和接触刚度。新设计的机床在工艺条件允许时常常把螺母座或支承座与机床本体做成整体来增大刚度。

滚珠丝杠副的安装方式通常有以下三种。

(1) 双推-自由方式。如图 6-2(a)所示，丝杠一端固定，另一端自由。固定端轴承同时承受轴向力和径向力。这种支承方式用于行程小的短丝杠。

(2) 双推-支承方式。如图 6-2(b)所示，丝杠一端固定，另一端支承。固定端同时承受轴向力和径向力；支承端只承受径向力，而且能微量轴向浮动，可以避免或减少因丝杠自重而出现的弯曲，同时丝杠热变形可以自由地向一端伸长。

(3) 双推-双推方式。如图 6-2(c)所示，丝杠两端均固定。固定端轴承都可以同时承受轴向力，这种支承方式可以对丝杠施加适当的预紧力，提高丝杠支承刚度，可以部分补偿丝杠的热变形。

2. 滚珠丝杠副的防护及润滑

(1) 滚珠丝杠副的防护。

滚珠丝杠副与其他滚动摩擦的传动器件一样，应避免硬质灰尘或切屑等污物进入，因此必须装有防护装置。如果滚珠丝杠副在机床上外露，则应采用封闭的防护

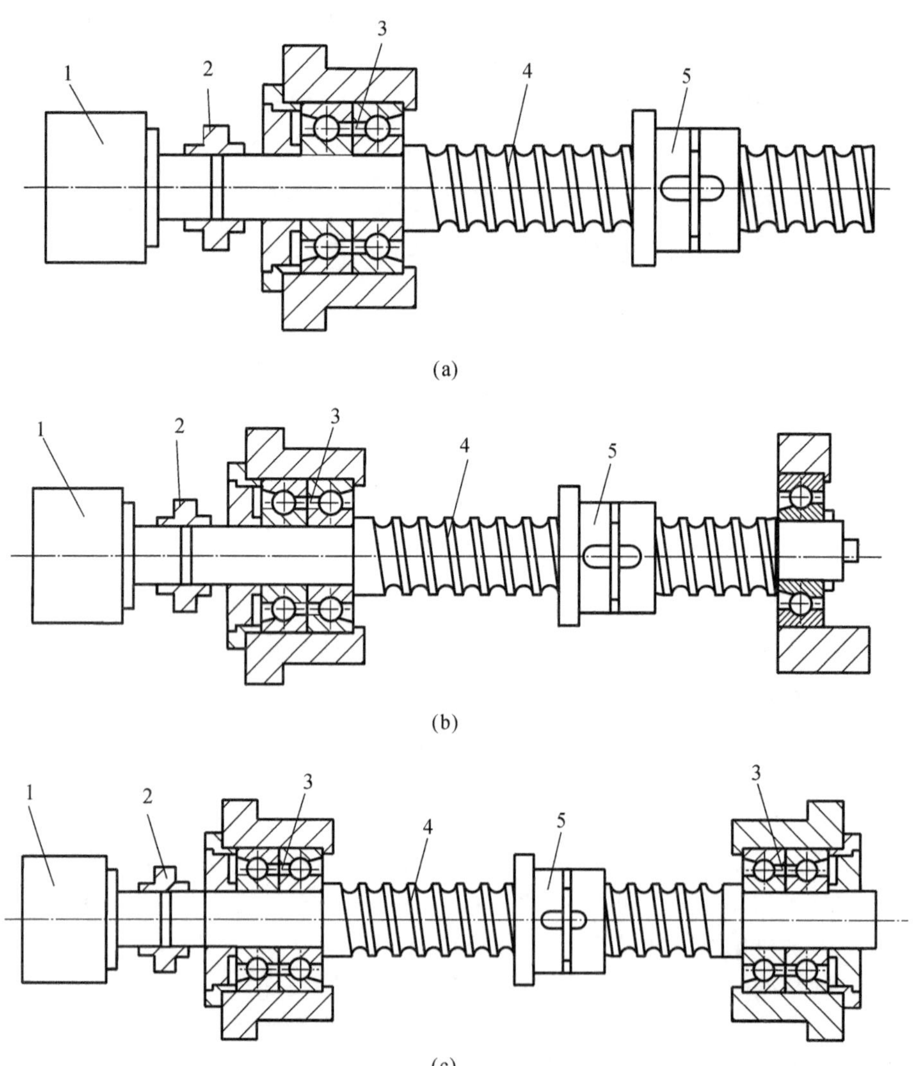

图 6-2 滚珠丝杠副的三种安装方式

1—电动机;2—弹性联轴器;3—轴承;4—滚珠丝杠;5—滚珠丝杠螺母

罩,如采用螺旋弹簧钢带套管、伸缩套管以及折叠式套管等。安装时将防护罩的一端连接在滚珠螺母的侧面,另一端固定在滚珠丝杠的支承座上。如果滚珠丝杠副处于隐蔽的位置,则可采用密封圈防护,密封圈装在螺母的两端。接触式的弹性密封圈采用耐油橡胶或尼龙制成,其内孔做成与丝杠螺纹滚道相配的形状,防尘效果好。但由于存在接触压力,摩擦力矩会略有增加。非接触式密封圈又称迷宫式密封圈,采用硬质塑料制成,内孔与丝杠螺纹滚道的形状相反,并稍有间隙,这样可避免摩擦力矩,但是防尘效果差。工作中应避免碰撞、击打防护装置,防护装置一有损坏就应及时更换。

（2）轴向间隙的调整。

为了保证反转传动精度和轴向刚度，必须消除轴向间隙。双螺母滚珠丝杠副消除间隙的方法是利用两个螺母的相对轴向位移，使两个滚珠螺母中的滚珠分别贴紧在螺旋滚道的两个相反的侧面上。此外还要消除丝杠安装部分和驱动部分的间隙。常用的双螺母丝杠间隙的调整方法有垫片调隙式、螺纹调隙式及齿差调隙式，如图 6-3 所示。图 6-3(a)所示为垫片调隙式结构；图 6-3(b)所示为螺纹调隙式结构；图 6-3(c)所示为齿差调隙式结构。

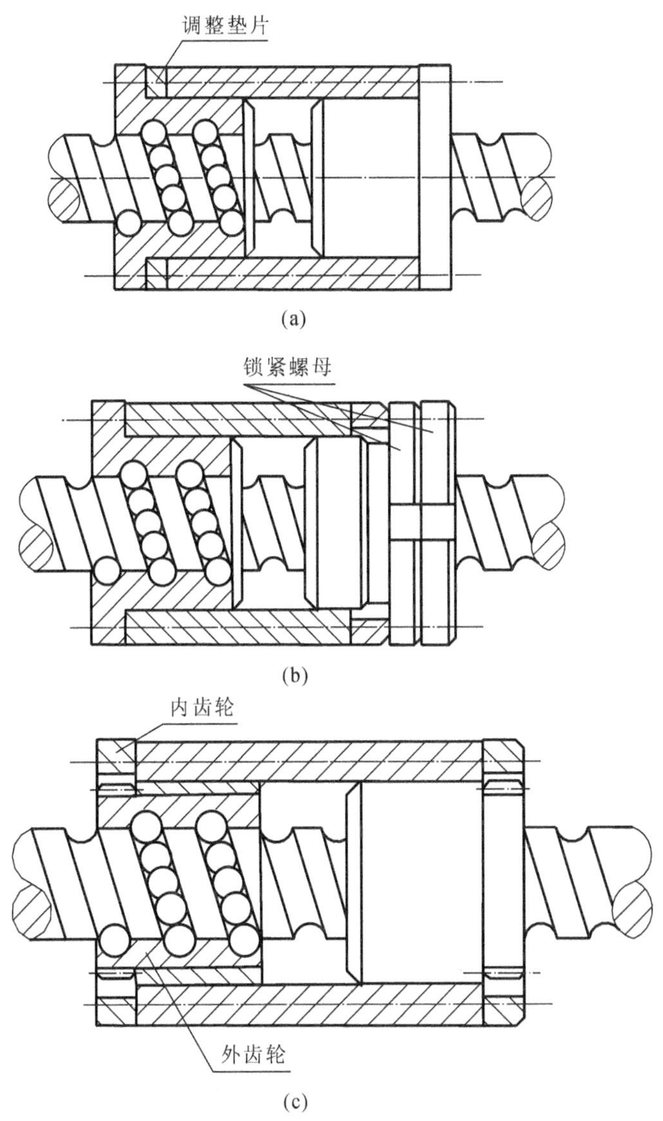

图 6-3　滚珠丝杠副的三种调隙结构

上述三种方式的基本原理都是使两个螺母间产生轴向位移，以达到消除间隙和产生预紧力的目的。但此时应切实控制好预紧力的大小。如果预紧力过小，则不能完全消除轴向间隙，起不到预紧的作用；如果预紧力过大，就会使空载力矩增加，从而降低传动效率，缩短滚珠丝杠副的使用寿命。

(3) 滚珠丝杠副螺母副的润滑。

润滑剂可提高耐磨性及传动效率，可分为润滑油和润滑脂两大类。润滑油一般为全损耗系统用油，润滑脂可采用锂基润滑脂。润滑脂一般加在螺纹滚道和安装螺母的壳体空间内，而润滑油则经过壳体上的油孔注入螺母的空间内。每半年要更换一次润滑脂，更换时应先清洗丝杠上的旧润滑脂，再涂上新的润滑脂。用润滑油润滑的滚珠丝杠副，可在机床每次工作前加油一次。

(4) 支承轴承的定期检查。

应定期检查丝杠支承与床身的连接是否有松动以及支承轴承是否损坏等。如有以上问题，要及时紧固松动部件并更换支承轴承。

3. 滚珠丝杠副的常见故障及排除方法

滚珠丝杠副的常见故障及排除方法如表 6-2 所示。

表 6-2　滚珠丝杠副的常见故障及排除方法

序号	故障现象	故障原因	排除方法
1	滚珠丝杠副噪声	丝杠支承轴承的压盖压合情况不好	调整轴承压盖，使其压紧轴承端面
		丝杠支承轴承破损	更换新轴承
		电动机与丝杠联轴器松动	拧紧联轴器锁紧螺钉
		丝杠润滑不良	改善润滑条件，使润滑油量充足
		滚珠丝杠副滚珠有破损	更换新滚珠
2	滚珠丝杠运动不灵活	轴向预加载荷太大	调整轴向间隙和预加载荷
		丝杠与导轨不平行	调整丝杠支座的位置，使丝杠与导轨平行
		螺母轴线与导轨不平行	调整螺母座的位置
		丝杠弯曲变形	校直丝杠
3	滚珠丝杠副传动状况不良	滚珠丝杠副润滑状况不良	用润滑脂润滑的丝杠需要移动工作台，取下套罩，涂上润滑脂
4	丝杠螺母润滑不良	分油器不分油	检查定量分油器
		油管堵塞	清除污物使油管畅通

续表

序号	故障现象	故障原因	排除方法
5	滚珠丝杠在运转中转矩过大	丝杠轴滑板配合压板过紧或研损	重新调整或修研压板，用 0.03 mm 塞尺塞不入为合格
		滚珠丝杠螺母反向间隙损坏，滚珠丝杠卡死或轴端螺母预紧力过大	修复或更换丝杠并精心调整
		丝杠研损	更换丝杠
		伺服电动机与滚珠丝杠连接不同轴	调整同轴度并紧固
		无润滑油	调整润滑油路
		超程开关失灵造成机械故障	检查故障并排除
		伺服电动机过热并报警	检查故障并排除
6	反向误差大，加工精度不稳定	丝杠轴联轴器锥套松动	重新紧固并用百分表反复测试
		丝杠轴滑板配合压板过紧或过松	重新调整或修研，用 0.03 mm 塞尺塞不入为合格
		丝杠轴滑板配合楔铁过紧或过松	重新调整或修研，使二者接触率达 70%以上，用 0.03 mm 塞尺塞不入为合格
		滚珠丝杠预紧力过大或过小	调整预紧力，检查轴向窜动值，使其误差不大于 0.015 mm
		滚珠丝杠螺母端面与结合面不垂直，结合过松	修理、调整或加垫处理
		丝杠支座轴承预紧力过大或过小	修理、调整
		滚珠丝杠制造误差大或轴向窜动	用控制系统自动补偿功能消除间隙，用仪器测量并调整丝杠窜动

6.2.2　滚珠丝杠副维修实例

【例 6-7】 跟踪误差过大报警。

XK713 机床加工过程中 X 轴出现跟踪误差过大报警。

故障分析　该机床采用闭环控制系统，伺服电动机与丝杠采用直连的连接方式。在检查系统控制参数无误后，拆开电动机防护罩，在电动机伺服机构带电的情况下，用手拧动丝杠，发现丝杠与电动机有相对位移，可以判断故障是由电动机与丝杠连接的张紧套松动所致。紧定紧固螺钉后，故障消除。

【例 6-8】 机械抖动。

CK6136 车床在 Z 向移动时有明显的机械抖动。

故障分析　该机床在 Z 向移动时，明显有机械抖动，在确认系统参数无误后，将 Z 轴电动机卸下。单独转动电动机，电动机运行平稳。用扳手转动丝杠，振动手感明显。拆下 Z 轴丝杠防护罩，发现丝杠上有很多小铁屑及脏物，初步判断为丝杠故障引起的机械抖动。拆下滚珠丝杠副，打开丝杠螺母，发现螺母反向器内也有很多小铁屑及脏物，造成钢球运转流动不畅，时有阻滞现象。用汽油认真清洗，清除杂物，重新安装，调整好间隙，故障排除。

【例 6-9】　加工尺寸不稳定。

某加工中心运行 9 个月后，Z 轴方向加工尺寸不稳定，尺寸超差且无规律，CRT 及伺服放大器无任何报警显示。

故障分析　该加工中心采用 HNC-8 系统，交流伺服电动机与滚珠丝杠通过联轴器直接连接。根据故障现象分析故障原因可能是联轴器连接螺钉松动，导致联轴器与滚珠丝杠或伺服电动机间产生滑动。

对 Z 轴联轴器连接进行检查，发现联轴器的 6 只紧定螺钉都松动。紧固螺钉后，故障排除。

【例 6-10】　丝杠窜动。

TH6380 卧式加工中心，启动液压后，手动运行 Y 轴时，液压自动中断，CRT 显示报警，驱动失效，其他各轴正常。

故障分析　该故障涉及电气、机械、液压等部分，任一环节有问题均可导致驱动失效，故障检查的顺序大致如下。

伺服驱动装置→电动机及测量器件→电动机与丝杠连接部分→液压平衡装置→开口螺母和滚珠丝杠→轴承→其他机械部分。

① 检查驱动装置外部接线及内部元器件，状态良好，电动机与测量系统正常；② 拆下 Y 轴液压抱闸后情况同前，将电动机与丝杠的同步传动带脱离，手摇 Y 轴丝杠，发现丝杠上下窜动；③ 拆开滚珠丝杠上轴承座，检查正常；④ 拆开滚珠丝杠下轴承座后发现轴向推力轴承的紧固螺母松动，导致滚珠丝杠上下窜动。

滚珠丝杠上下窜动，造成伺服电动机转动，带动丝杠空转约一周。在数控系统中，当数控系统指令发出后，测量系统应有反馈信号。若间隙的距离超过了数控系统所规定的范围，即电动机空走若干个脉冲后光栅尺无任何反馈信号，则数控系统必报警，导致驱动失效，机床不能运行。拧好紧固螺母，滚珠丝杠不再窜动，故障排除。

6.3　数控机床导轨副的结构及维修

6.3.1　导轨副的结构

导轨副是机床的重要部件之一，它在很大程度上决定了数控机床的刚度、精度和精度保持性。

数控机床导轨必须具有较高的导向精度，高刚度，高耐磨性，机床在高速进给时不振动、低速进给时不爬行等特性。

目前数控机床使用的导轨主要有三种：贴塑滑动导轨、滚动导轨和静压导轨。

1. 贴塑滑动导轨

贴塑滑动导轨的结构如图 6-4 所示。如不仔细观察，从表面上看，它与普通滑动导轨没有多少区别。它在两个金属滑动面之间粘贴了一层特制的复合工程塑料带，将导轨的金属与金属的摩擦副改变为金属与塑料的摩擦副，因而改变了数控机床导轨的摩擦特性。

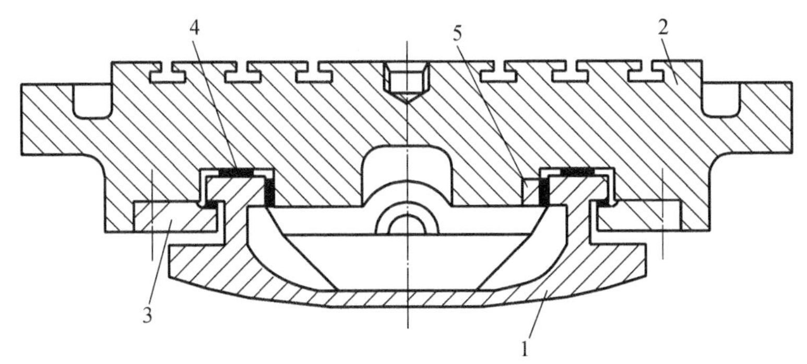

图 6-4　工作台和滑座剖面图

1—床身；2—工作台；3—下压板；4—导轨软带；5—贴有导轨软带的镶条

目前，贴塑材料常采用聚四氟乙烯导轨软带和环氧型耐磨导轨涂层两类。

（1）聚四氟乙烯导轨软带的特点。

① 摩擦性能好。金属对聚四氟乙烯导轨软带的动、静摩擦因数基本不变。

② 耐磨特性好。聚四氟乙烯导轨软带材料中含有青铜、二硫化铜和石墨，因此其本身就具有润滑作用，对润滑的要求不高。此外，塑料质地较软，即使嵌入金属碎屑、灰尘等，也不致损伤金属导轨面和软带本身，可延长导轨副的使用寿命。

③ 减振性好。塑料的阻尼性能好，其减振效果、消声的性能较好，有利于提高运动速度。

④ 工艺性能好。可以降低对粘贴塑料的金属基体的硬度和表面质量要求，而且塑料易于加工，使得导轨副接触面获得优良的表面质量。

（2）环氧型耐磨导轨涂层的特点。

环氧型耐磨导轨涂层是以环氧树脂和二硫化钼为基体，加入增塑剂，混合成液状或膏状为一组分，固化剂为另一组分的双组分塑料涂层。德国生产的 SKIC3 和我国生产的 HNT 环氧型耐磨涂层都具有以下特点。

① 良好的加工性。可经车、铣、刨、钻、磨削和刮削。

② 良好的摩擦性。

③ 耐磨性好。

④ 加工工艺简单。

2. 滚动导轨

滚动导轨作为滚动摩擦副的一类，具有以下特点。

① 摩擦因数小(0.003～0.005)，运动灵活。

② 动、静摩擦因数基本相同，因而启动阻力小，而且不易产生爬行。

③ 可以预紧，刚度高；寿命长；精度高；润滑方便。

滚动导轨有多种形式，目前数控机床常用的滚动导轨为直线滚动导轨，如图 6-5 所示。它主要由导轨体、滑块、滚柱或滚珠、保持器、端盖等组成。当滑块与导轨体相对移动时，滚动体在导轨体和滑块之间的圆弧直槽内滚动，并通过端盖内的滚道，从工作负荷区滚动到非工作负荷区，然后再滚动回工作负荷区，不断循环。为防止灰尘和脏物进入导轨滚道，滑块两端及下部均装有塑料密封垫，滑块上还有润滑油杯。

3. 液体静压导轨

液体静压导轨将具有一定压力的油液经节流器输送到导轨面的油腔，形成承载油膜，使相互接触的金属表面隔开，实现液体摩擦。液体静压导轨如图 6-6 所示。这种导轨的摩擦因数小(约为 0.000 5)，机械效率高；由于导轨面间有一层油膜，吸振性好；导轨面不相互接触，不会磨损，寿命长，而且在低速下运行也不易产生爬行。但是静压导轨结构复杂，制造成本较高，一般用于大型或重型机床。

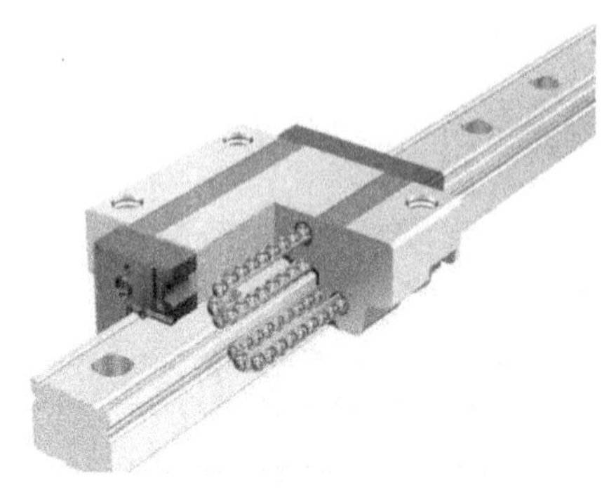

图 6-5　直线滚动导轨

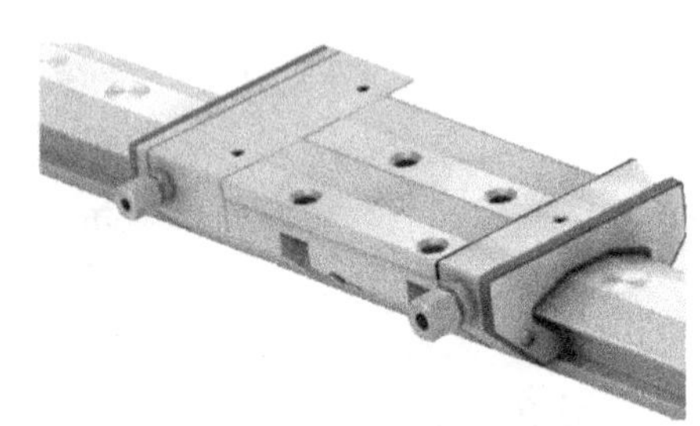

图 6-6　液体静压导轨

6.3.2　导轨副的维护

1. 间隙调整

导轨副维护很重要的一项工作是保证导轨面之间具有合理的间隙。间隙过小，则摩擦阻力大，导轨磨损加剧；间隙过大，则运动失去准确性和平稳性，失去导向精度。下面介绍几种调整间隙的方法。

(1) 压板调整间隙。图 6-7 所示为矩形导轨上常用的几种压板装置。压板用螺钉固定在动导轨上，常用钳工配合刮研及选用调整垫片、平镶条等机构，使导轨面与支承面之间的间隙均匀，达到规定的接触点数。对于图6-7(a)所示的压板结构，如间隙过大，应修磨和刮研 B 面；间隙过小或压板与导轨压得太紧，则可修磨和刮研 A 面。图6-7(b)所示为采用镶条式调整间隙。图6-7(c)所示为采用垫片式调整间隙。

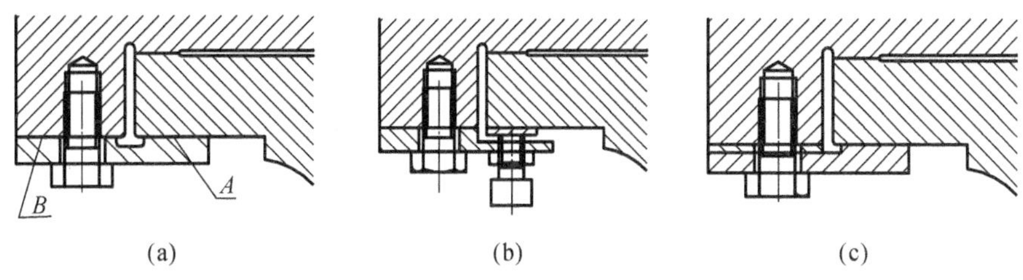

图6-7 压板调整间隙

(a) 修磨刮研式；(b) 镶条式；(c) 垫片式

(2) 镶条调整间隙。图6-8(a)所示为一种全长厚度相等、横截面为平行四边形(用于燕尾形导轨)或矩形的平镶条，通过侧面的螺钉调节和螺母锁紧，以其横向位移来调整间隙。由于收紧力不均匀，故在螺钉的着力点有挠曲。图6-8(b)所示为一种全长厚度变化的斜镶条及三种用于斜镶条的调节螺钉，以其纵向位移来调整间隙。斜镶条在全长上支承，其斜度为1∶40或1∶100，由于锲形的增压作用会产生过大的横向压力，因此调整时应细心。

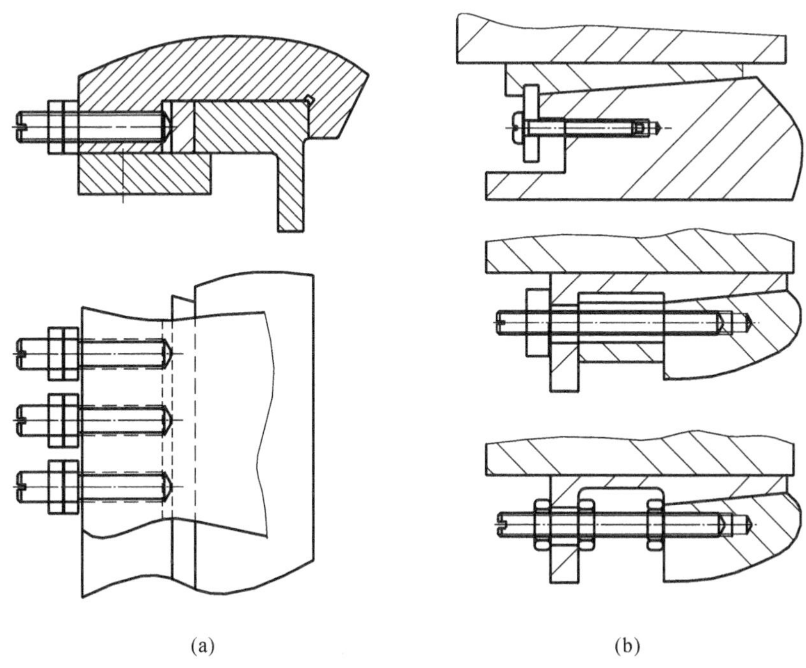

图6-8 镶条调整间隙

(a) 等厚度镶条；(b) 斜镶条

(3) 压板镶条调整间隙。如图 6-9 所示，T 形压板用螺钉固定在运动部件上，运动部件内侧和 T 形压板之间放置斜镶条。镶条不是在纵向有斜度，而是在高度方面做成倾斜。调整时，借助压板上几个推拉螺钉，使镶条上下移动，从而调整间隙。三角形导轨的上滑动面能自动补偿间隙，下滑动面的间隙调整方法与矩形导轨的下压板调整底面间隙的方法相同；圆形导轨的间隙不能调整。

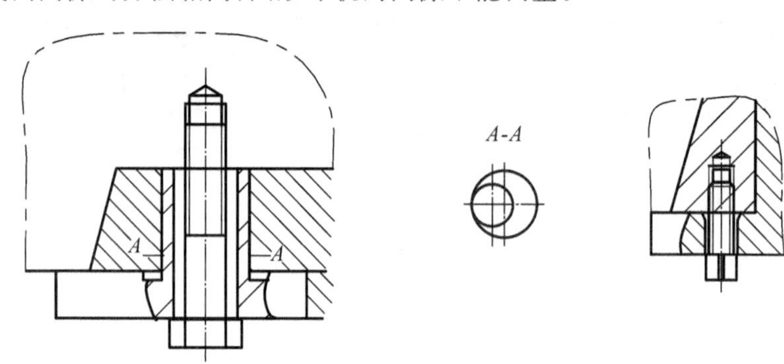

图 6-9　压板镶条调整间隙

2. 滚动导轨的预紧

为了提高滚动导轨的刚度，应对滚动导轨进行预紧。预紧可提高接触刚度，消除间隙。在立式滚动导轨上，预紧可防止滚动体脱落和歪斜。常见的预紧方法有两种。

(1) 采用过盈配合。预加载荷大于外载荷，预紧力产生的过盈量为 2～3 μm，过大会使牵引力增加。若运动部件较重，则其重力可起预加载荷作用。若其刚度满足要求，则可不施加预紧载荷。预紧载荷的大小可由客户在订货时提出要求，由导轨制造厂商解决。

(2) 调整法。利用螺钉、斜块或偏心轮调整来进行预紧。

3. 导轨的润滑

在导轨面上进行润滑，可降低摩擦因数，减少磨损，并且可防止导轨面锈蚀。导轨常用的润滑剂有润滑油和润滑脂，前者用于滑动导轨润滑，而滚动导轨的润滑两者都用。

(1) 润滑方法。最简单的润滑方式是人工定期加油或用油杯供油，这种方式简单、成本低，但不可靠，一般用于调节辅助导轨及运动速度低、工作不频繁的滚动导轨的润滑。运动速度较高的导轨大都采用润滑泵，以压力强制润滑。这样不但可连续或间歇供油给导轨进行润滑，而且可利用油的流动冲洗和冷却导轨表面。为实现强制润滑，必须有专门的供油系统。

(2) 对润滑油的要求。在工作温度变化时，润滑油黏度变化要小；要有良好的润滑性能和足够的油膜刚度；油中杂质尽量少，且不侵蚀机件。常用的全损耗系统用油有 L-AN10、L-AN15、L-AN32、L-AN42、L-AN67 等，精密机床导轨油有 L-TSA32、L-TSA46 等。

4. 导轨的防护

为了防止切屑、磨粒或冷却液散落在导轨面上而引起磨损、擦伤和锈蚀，导轨面上应有可靠的防护装置。常用的有刮板式、卷帘式和叠层式防护罩，大多用于长导轨。在机床使用过程中应防止损坏防护罩，叠层式防护罩应经常用刷子蘸润滑油清理移动接缝，以避免碰壳现象的产生。

6.3.3 导轨副的常见故障及排除方法

影响机床正常运行和加工质量的主要因素有导轨副间隙、滚动导轨副的预紧力、导轨的直线度和平行度，以及导轨的润滑、防护装置。导轨副的常见故障及排除方法如表 6-3 所示。

表 6-3　导轨副的常见故障及排除方法

序号	故障现象	故障原因	排除方法
1	导轨研伤	机床经长时间使用，地基与床身水平度有变化，使得导轨局部单位面积负荷过大	定期进行床身导轨的水平调整或修复导轨精度
		长期加工短工件或承受过分集中的负荷，使得导轨局部磨损严重	注意合理分布短工件的安装位置，避免负荷过分集中
		导轨润滑不良	调整导轨润滑油量，保证润滑油压力
		导轨材质不佳	采用电加热自冷淬火对导轨进行处理，导轨上增加锌铝铜合金板，以改善摩擦情况
		刮研质量不符合要求	提高刮研修复的质量
		机床维护不良，导轨里面落入脏物	加强机床保养，保护好机床防护装置
2	导轨上移动部件运动不良或不能移动	导轨面研伤	用 170＃砂布修磨机床与导轨面上的研伤
		导轨压板研伤	卸下压板，调整压板与导轨间隙
		导轨镶条与导轨间隙太小，调得太紧	松开镶条防松螺钉，调整镶条螺栓，使得运动部件运动灵活，用 0.03 mm 塞尺塞不入为合格，然后锁紧防松螺钉
3	加工面在接刀处不平	导轨直线度超差	调整或刮研导轨允差为 0.015 mm/500 mm
		工作台镶条松动或镶条弯度太大	调整镶条间隙，镶条弯度在自然状态下小于 0.05 mm/全长
		机床水平度差，使得导轨发生弯曲	调整机床安装水平度，保证平行度、垂直度为 0.02 mm/1000 mm

6.3.4 导轨副维修实例

【例 6-11】 车床 X 轴反向间隙过大。

CK6140 车床加工圆弧过程中 X 轴出现加工误差过大。

故障分析 在自动加工过程中，从直线到圆弧的接刀处出现明显的加工痕迹。用千分表分别检测车床的 Z 轴、X 轴的反向间隙，发现 Z 轴的反向间隙为 0.008 mm，而 X 轴的为 0.08 mm。可以确定该现象是由 X 轴间隙过大引起的。分别检查电动机连接的同步带、带轮等，确认无误后，将 X 轴分别移动至正、负极限处，将千分表压在 X 轴侧面，用手左右推拉 X 轴中拖板，发现有 0.06 mm 的移动值。由此可以判断是 X 轴导轨镶条引起的间隙。松开镶条止退螺钉，调整镶条调整螺母，移动 X 轴，X 轴移动灵活，间隙测试值还有 0.01 mm。锁紧止退螺钉，在系统参数里将"反向间隙补偿"值设为 10，重新启动系统运行程序，上述故障现象消失。

【例 6-12】 跟踪误差过大报警。

CJK6136 机床运动过程中 Z 轴出现跟踪误差过大报警。

故障分析 该机床采用半闭环控制系统，在 Z 轴移动时产生跟踪误差报警，确认参数无误后，对电动机与丝杠的连接等部位进行检查，结果正常。将系统的显示方式设为负载电流显示，在空载时发现显示电流为额定电流的 40%左右，在快速移动时就出现跟踪误差过大报警。用手触摸 Z 轴电动机，明显感受到电动机发热。检查 Z 轴导轨上的压板，发现压板与导轨间隙不到 0.01 mm。可以判断是压板压得太紧而导致摩擦力太大，使得 Z 轴移动受阻，导致电动机电流过大而发热，快速移动时产生丢步而造成跟踪误差过大报警。松开压板，使压板与导轨间的间隙在0.02～0.04 mm 之间，锁紧紧定螺母，重新运行，机床故障排除。

【例 6-13】 行程终端产生明显的机械振动。

某加工中心运行时，工作台 X 轴方向位移接近行程终端过程中产生明显的机械振动故障，故障发生时系统不报警。

故障分析 因故障发生时系统不报警，但故障明显，故通过交换法检查，确定故障部位应在 X 轴伺服电动机与丝杠传动链一侧。为进一步分析故障部位，可拆卸电动机与滚珠丝杠之间的弹性联轴器，单独通电检查电动机。检查结果表明，电动机运转时无振动现象，显然故障部位在机械传动部分。脱开弹性联轴器，用扳手转动滚珠丝杠进行手感检查。手感检查发现，工作台 X 轴方向位移接近行程终端时，阻力明显增加。拆下工作台检查，发现滚珠丝杠与导轨不平行，故而引起机械转动过程产生振动现象。经过认真修理、调整后，重新装好，故障排除。

【例 6-14】 电动机过热报警。

X 轴电动机过热报警。

故障分析 电动机产生过热报警的原因有多种，除伺服单元本身的问题外，可能是切削参数不合理，亦可能是传动链上有问题。而该机床的故障原因是导轨镶条与导轨间隙太小，调得太紧。松开镶条防松螺钉，调整镶条螺栓，使运动部件运动灵活，用 0.03 mm 塞尺塞不入为合格，然后锁紧防松螺钉，故障排除。

【例 6-15】 机床定位精度不合格。

某加工中心运行时，工作台 Y 轴方向位移接近行程终端过程中丝杠反向间隙明显增大，机床定位精度不合格。

故障分析　故障部位明显在 Y 轴伺服电动机与丝杠传动链一侧。拆卸电动机与滚珠丝杠之间的弹性联轴器，用扳手转动滚珠丝杠进行手感检查。手感检查发现，工作台 Y 轴方向位移接近行程终端时，阻力明显增加。拆下工作台检查，发现 Y 轴导轨平行度严重超差，故而引起机械转动过程阻力明显增加，滚珠丝杠弹性变形，反向间隙增大，机床定位精度不合格。经过认真修理、调整后，重新装好，故障排除。

【例 6-16】 移动过程中产生机械干涉。

某加工中心采用直线滚动导轨，安装后用扳手转动滚珠丝杠进行手感检查，发现工作台 X 轴方向移动过程产生明显的机械干涉故障，运动阻力很大。

故障分析　故障明显在机械结构部分。拆下工作台，首先检查滚珠丝杠与导轨的平行度，确认合格。再检查两条直线导轨的平行度，发现导轨平行度严重超差。拆下两条直线导轨，检查中滑板上直线导轨的安装基面的平行度，确认合格。再检查直线导轨，发现一条直线导轨的安装基面与其滚道的平行度严重超差(0.5 mm)。更换合格的直线导轨，重新装好后，故障排除。

6.4　刀库及换刀装置的诊断与维修

6.4.1　自动换刀装置的形式

自动换刀装置目前的主要形式有回转刀架及刀库。

1. 回转刀架换刀

数控机床上用得最多的就是电动回转刀架。主要有四工位转位刀架、六工位转位刀架及八工位转位刀架。其主要工作原理是选刀时刀架电动机正转，刀架转位，刀位信号到达后，刀架电动机反转，刀架定位压紧。

2. 刀库

刀库是数控机床的关键部件之一，是在加工中心机床中用来存储和运送刀具的装置，其结构主要有盘式和链式两种。盘式刀库存储容量小(30 把刀以下)，链式刀库的存储量较大。

6.4.2　刀架、刀库及换刀装置的常见故障及维修

刀架、刀库及换刀装置常见故障及排除方法如表 6-4 所示。

表 6-4　刀架、刀库及换刀装置的常见故障及排除方法

序号	故障现象	故障原因	排除方法
1	刀架没有抬起动作	控制系统没有 T 指令输出信号	请电气人员排除
		抬起电磁铁断线或抬起阀杆卡死	清除污物，更换电磁阀
		压力不够	检查油箱并重新调整压力
		抬起液压缸研损或密封圈损坏	修复研损部分或更换密封圈
		与刀架抬起连接的机械部分研损	修复研损部分
		抬起油缸不良	检查抬起油缸是否存在窜油、泄漏
		机械调整不良	检查抬起行程调整是否正确
2	刀架转位速度缓慢或不转位	无转位信号输出	检查转位继电器是否吸合
		转位电磁阀断线或者阀杆卡死	修理或更换
		压力不够	检查是否有液压故障，调整到额定压力
		转位速度节流阀是否卡死	清洗节流阀或更换
		液压泵研损或卡死	检修或更换液压泵
		凸轮轴压盖过紧	调整调节螺钉
		抬起液压缸体与刀架平面产生摩擦、研损	松开联接盘进行转位试验；取下联接盘配摩平面轴承下的调整垫，并使相对间隙保持在 0.04 mm
		安装附具不配套	重新调整附具安装，减少转位冲击
		电动机与螺杆的联轴器连接不良	检查联轴器连接
		蜗杆轴承损坏	检查、维修或更换蜗杆轴承
		球头销卡死	检查球头销和弹簧
		电动机转向错误	交换电动机相序，改变转向
		电动机损坏	检查、维修或更换电动机
3	刀架转位时碰牙	抬起速度过快或抬起延时时间短	调整抬起延时参数，增加延时时间

续表

序号	故障现象	故 障 原 因	排 除 方 法
4	刀架转动不到位	转位盘上的撞块与选位开关松动,使刀架到位时输出信号超期或滞后	拆下护罩,使转塔处于正位状态,重新调整撞块与选位开关的位置并紧固
		上下连接盘与中心轴花键间隙过大,产生位移偏差大,落下时易碰牙顶,引起不到位	重新调整连接盘与中心轴的位置,间隙过大可更换零件
		转位凸轮与转位盘间隙大	塞尺测试滚轮与凸轮,将凸轮调至中间位置,刀架左右窜量保持在二齿中间,确保落下时顺利咬合;转塔抬起时用手摆,摆动量不超过二齿的三分之一
		凸轮在轴上窜动	调整并紧固固定转位凸轮的螺母
		转位凸轮轴的轴向预紧力过大或有机械干涉,使其刀架不到位	重新调整预紧力,排除干涉
5	刀架在转位不停	磁钢磁极装反,磁钢与霍尔元件高度位置不准	调整磁钢磁极方向,调整磁钢与霍尔元件的位置
		刀架上的 24 V 电源断线	接好电源线
6	刀架不能锁紧或定位不准	电动机和蜗杆的联轴器连接不良	检查联轴器连接
		粗定位销卡死	检查定位销和弹簧
		反转延时时间过短	延长反转锁紧时间
		电动机不能反转	检查电气线路
7	刀架不能旋转	机械传动系统不良	检查刀架回转部件,确保机械连接件、回转部件正常
		回转驱动装置不良	检查回转驱动装置,如伺服电动机、液压回转油缸、回转齿条等部件是否能够正常工作
		机械调整不良	检查抬起行程是否足够
		抬起到位信号不正确	检查抬起到位信号的连接线路,检测开关的调整和工作状态
		回转信号输出不正确	检查 PLC 程序和输出连接,确认回转信号已经正确发出
		液压系统故障	检查液压系统的压力、电磁阀和管路
		电气系统故障	检查回转控制回路

续表

序号	故障现象	故障原因	排除方法
8	刀架不能夹紧	机械传动系统不良	检查刀架夹紧相关的部件，确保机械部件正常
		液压系统故障	检查液压系统的压力、电磁阀和管路
		粗定位不良	检查回转是否已经基本到位，到位检查信号是否已经正常输出
		机械调整不良	检查粗定位位置是否正确，齿牙盘是否存在顶齿或错齿现象
		电气系统故障	检查落下、夹紧电磁阀控制电路
		回转信号输出不正确	检查 PLC 程序和输出连接，确认回转信号已经正确发出
9	刀库不能转动	连接电动机与蜗杆的联轴器松动或脱落	紧固联轴器上的螺钉
10	刀库中的刀套不能卡紧刀具	刀套上的调整螺母松动	顺时针旋转刀套两边的调整螺母压紧弹簧，顶紧卡紧销
11	换刀时找不到刀	刀位编码用的组合行程开关、接近开关等元件损坏、接触不好或灵敏度降低	更换损坏元件
12	刀具交换时掉刀	换刀时主轴箱没有回到换刀点或换刀点漂移；机械手抓刀时没有到位，就开始拔刀	重新操作主轴箱运动，使其回到换刀点位置，重新设定换刀点
13	刀具从机械手中脱落	检查刀具质量	刀具质量不得超过规定数值
		机械手卡紧销损坏或没有弹出来	更换卡紧销或弹簧
14	机械手换刀速度过快或过慢	气压太高或太低，换刀气阀节流开口太大或太小	调整气压高低和节流阀开口大小
15	刀具不能夹紧	风泵气压不足	使风泵气压在额定范围
		增压漏气	关紧增压
		刀具卡紧液压缸漏油	更换密封装置，卡紧液压缸不漏
		刀具松卡弹簧上的螺母松动	旋紧螺母
16	刀具夹紧后不能松开	松紧刀的弹簧压力过紧	调节松紧刀弹簧上的螺钉，使其最大负载不超过额定数值

6.4.3 刀架及刀库维修实例

【例 6-17】 车床刀架转不到位。

CK6140 车床换刀时 3 号刀位转不到位。

故障分析 一般有两种原因。第一种是电动机相位接反，但调整电动机相位线后故障不能排除。第二种是磁钢与霍尔元件高度位置不准。拆开刀架上盖，发现 3 号磁钢与霍尔元件高度位置相差距离较大，用尖嘴钳调整 3 号磁钢与霍尔元件高度同其他刀号位基本一致，重新启动系统，故障排除。

【例 6-18】 加工尺寸失控。

数控系统加工尺寸不能控制。

故障分析 该机床为经济型数控车床，其刀架为 LD4-I 型电动刀架。该机床在产品加工的过程中，发生加工尺寸不能控制的现象。操作者每次在系统中修改参数后，数码显示器显示的尺寸与实际加工出来的尺寸相差很大，且尺寸的变化无规律，即使不修改系统的加工参数，加工出来的产品尺寸也在不停地变化。因该机床主要是进行内孔加工，因此尺寸的变化主要反映在 X 轴上。为了确定故障部位，采用交换法，将 X 轴的驱动信号与 Z 轴的驱动信号进行交换，即用 Z 轴控制信号去驱动 X 轴，而用 X 轴控制信号去驱动 Z 轴。交换后故障依然存在，这说明 X 轴的驱动信号无故障，同时也说明故障源应在 X 轴步进电动机及其传动机构、滚珠丝杠等硬件上。

检查上述传动机构、滚珠丝杠等硬件均无故障，进一步检查 X 轴轴向重复定位精度，也在技术指标之内。是什么原因导致 X 轴加工尺寸不能控制呢？思考检查分析故障的步骤，发现在分析检查中忽略了一个重要的部件——电动刀架。

检查电动刀架的每一个刀号的重复定位精度，发现电动刀架定位不准。分析电动刀架定位不准的原因，若是电动刀架自身的机械定位不准，故障应该是固定不变的，不应该出现加工尺寸不能控制的现象，定有其他的原因造成该故障现象。检查电动刀架的转动情况，发现电动刀架在抬起时，有一铁屑卡在里面。铁屑使定位不准，这就是故障源。

拆开电动刀架，用压缩空气将电动刀架定位齿盘上的铁屑吹干净，重新装配好电动刀架后，故障排除。

【例 6-19】 自动换刀时刀链运转不到位。

TH42160 龙门加工中心自动换刀时刀链运转不到位，刀库停止运转，机床报警。

故障分析 由故障报警可知，刀库伺服电动机过载，检查电气控制系统，没有发现什么异常。可以假设：刀库链内有异物卡住；刀库链上的刀具太重；润滑不良。经过检查排除了上述可能。卸下伺服电动机，发现伺服电动机不能正常运转，更换电动机，故障排除。

【例 6-20】 刀库无法旋转。

自动换刀时刀链运转不到位。当进行到自动换刀程序时，刀库开始运转，但是所需要换的刀具没有传动到位，刀库就停止运转了。3 min 后机床自动报警。

故障分析　TH42160 龙门加工中心采用的是链式刀库，其配套的数控系统为 HNC818B。

由上述故障查报警可知换刀时间超出。此时在 MDI 方式中，无论输入刀库顺时针旋转指令，还是逆时针旋转动作指令，刀库均不动作。检查电气控制系统，没有发现什么异常。PLC 输出指示器上的发光二极管点亮，表明 PLC 有输出。那么问题应该发生在机械传动方面，估计故障部位可能在减速器上。为此，拆除防护罩，卸下伺服电动机，拆开减速器，发现减速器内一传动轴上的连接键脱落，致使动力传动路线中断，刀库无法旋转。修复减速器后，故障排除。

6.5　回转工作台的故障诊断与维修

数控机床的圆周进给由回转工作台完成，回转工作台被称为数控机床的第四轴，可以与 X、Y、Z 三个坐标轴联动，从而加工出各种球、圆弧曲线等。回转工作台可以实现精确的自动分度，扩大了数控机床的加工范围。

6.5.1　工作台的形式

1. 数控回转工作台

数控回转工作台主要用于数控镗床和铣床，其外形和通用工作台几乎一样，但它的驱动是伺服系统的驱动方式。它可以与其他伺服机构进给轴联动。由于数控回转工作台的功能要求连续回转进给并与其他坐标轴联动，因此它采用伺服驱动系统来实现回转、分度和定位，定位精度由控制系统决定。

2. 分度工作台

分度工作台的功能是完成回转分度操作，即在需要分度时，将工作台及其工件回转一定角度。其作用是在加工中自动完成工件的转位换面，实现工件一次安装完成几个面的加工。由于结构上的原因，通常分度工作台的分度运动只限于某些规定的角度，不能实现 360°范围内任意角度的分度。

为了保证加工精度，分度工作台的定位精度(定心和分度)要求很高。单纯地依靠电动机工作，很难使工作台达到高分度精度，所以要通过辅助的机械定位装置，保证最终的高精度定位。按照采用的机械定位元件不同，分度工作台有定位销式和鼠齿盘式两种。

(1) 定位销式分度工作台。

定位销式分度工作台采用定位销和定位孔作为定位元件，定位精度取决于定位销和定位孔的精度(位置精度、配合间隙等)，最高可达 ±5″。因此，定位销和定位孔衬套的制造和装配精度要求都很高，硬度的要求也很高，而且耐磨性要好。

(2) 鼠齿盘式分度工作台。

分度工作台只能完成分度运动，不能实现圆周进给，其分度只限于某些规定的角度。鼠齿盘式分度工作台是一种应用很广的分度装置。鼠齿盘式分度机构的向心多齿啮合采用了误差平均原理，因此能获得较高的分度精度和定心精度，其分度精度可以达 1″～3″。

鼠齿盘式分度工作台是由工作台面、底座、压紧液压缸、鼠齿盘、伺服电动机、同步带轮和齿轮转动装置等零件组成的。鼠齿盘是保证分度精度的关键零件，每个齿盘的端面带有数目相同的三角形齿，当两个齿盘啮合时，能够自动确定轴向和径向的相对位置。

鼠齿盘式分度工作台做分度运动时，其工作过程分为三个步骤。

① 分度工作台抬起数控装置发出分度指令，工作台中央的压紧液压缸下腔通过油孔进压力油，活塞向上移动，通过钢球将分度工作台抬起，两齿盘脱开。抬起开关发出抬起完成信号。

② 分度工作台在数控装置接收到工作台抬起完成信号后，立即发出指令让伺服电动机旋转，通过同步齿形带及齿轮带动工作台旋转分度，直到工作台完成指令规定的旋转角度后，电动机停止旋转。

③ 分度工作台下降，并定位夹紧，在工作台旋转到位后，由指令控制液压电磁阀换向压紧液压缸上腔，并从油孔进压力油。压力油推动活塞带动工作台下降，鼠齿盘在新的位置重新啮合，并定位夹紧。夹紧开关发出夹紧完成信号。液压缸下腔的回油经过节流阀，以限制工作台下降的速度，保护齿面不受冲击。

鼠齿盘式分度工作台做回零运动时，工作过程基本与上述过程基本相同。只是工作台回转挡铁压下工作台零位开关时，伺服电动机减速并停止。

鼠齿盘式分度工作台与其他分度工作台相比，具有重复定位精度高、定位刚度好和结构简单等优点。鼠齿盘的磨损小，而且随着使用时间的延长，定位精度还会有进一步提高的趋势，因此在数控机床上得到了广泛应用。

6.5.2　回转工作台的常见故障及排除方法

回转工作台的常见故障及排除方法如表 6-5 所示。

表 6-5　回转工作台的常见故障及排除方法

序号	故障现象	故障原因	排除方法
1	工作台没有抬起动作	控制系统没有抬起信号输出	检查控制系统是否有抬起信号输出
		抬起液压阀卡住没有动作	清除污物或更换液压阀
		液压压力不够	检查油箱内油是否充足，并重新调整压力
		抬起液压缸研损或密封损坏	修复研损部位或更换密封圈
		与工作台相连接的机械部分研损	修复研损部位或更换零件

续表

序号	故障现象	故障原因	排除方法
2	工作台不转位	工作台抬起或松开完成信号没有发出	检查信号开关是否失效，更换失效开关
		控制系统没有转位信号输出	检查控制系统是否有转位信号输出
		与电动机或齿轮相连的张紧套松动	检查张紧套连接情况，拧紧张紧套压紧螺钉
		液压转台的转位液压缸研损或密封损坏	修复研损部位或更换密封圈
		液压转台的转位液压阀卡住没有动作	清除污物或更换液压阀
		工作台支承面回转轴及轴承等机械部分研损	修复研损部位或更换新的轴承
3	工作台转位分度不到位，发生顶齿或错齿	控制系统输入的脉冲数不够	检查系统输入的脉冲数
		机械传动系统间隙太大	调整机械传动系统间隙，轴向移动蜗杆，或更换齿轮、锁紧张紧套等
		液压转台的转位液压缸研损，未转到位	修复研损部位
		转位液压缸前端的缓冲装置失效，挡铁松动	修复缓冲装置，拧紧挡铁螺母
		闭环控制的圆光栅有污物或裂纹	清除污物或更换圆光栅
4	工作台不夹紧，定位精度差	控制系统没有输出工作台夹紧信号	检查控制系统是否有夹紧信号输出
		夹紧液压阀卡住没有动作	清除污物或更换液压阀
		液压压力不够	检查油箱内油是否充足，并重新调整压力
		与工作台相连接的机械部分研损	修复研损部位或更换零件
		上、下齿盘受到冲击松动，两齿牙盘间有污物，影响定位精度	重新调整固定，清除污物
		闭环控制的圆光栅有污物或裂纹，影响定位精度	清除污物或更换圆光栅

6.5.3 回转工作台故障维修实例

【例 6-21】 工作台分度盘不回落。

某加工中心运行时，工作台分度盘不回落，发出报警。

故障分析 工作台分度盘不回落与工作台下面的 SQ25、SQ28 传感器有关。由

PLC 输入状态信息知：传感器 SQ28 工作状态即 X10.6 为“1”，表明工作台分度盘旋转到位信号已经发出；SQ25 即 X10.0 为“0”，说明工作台分度盘未回落，故输出 Y4.7 始终为“0”，造成电磁阀 YS06 不吸合，工作台分度盘不能回落而发出报警。

检查机床液压系统，发现电磁阀 YS06 已经带电，但是阀心并没有换向，手动调节电磁阀 YS06 后，工作台分度盘回落，PLC 输入状态信息 X10.0 为“1”，报警解除。

拆换新的换向阀后，故障排除。

【例 6-22】 工作台分度盘回落后，不夹紧。

某加工中心运行时，工作台分度盘回落后，不夹紧，发出报警。

故障分析　工作台分度盘不夹紧与工作台下面的 SQ25 传感器有关。由 PLC 输入状态信息知：传感器 SQ25 工作状态即 X10.0 为“0”，表明工作台分度盘落下到位信号未发出，故输出 Y4.6 始终为“0”，造成电磁阀 YS05 不吸合，发出报警。

检查工作台分度盘落下传感器 SQ25 和挡铁，发现挡铁松动，传感器与挡铁间隙太大，因此传感器 SQ25 未发出工作台分度盘落下到位信号。

重新紧固挡铁，调整挡铁与传感器之间的间隙为 0.15～0.2 mm 后，故障排除。

【例 6-23】 数控回转工作台回参考点，经常出现抖动现象。

TH6363 卧式加工中心数控回转工作台，在返回参考点（正向）时，经常出现抖动现象。有时抖动大，有时抖动小，有时不抖动。如果按正向继续做若干次不等值回转，则抖动很少出现；当做负向回转时，第一次必定抖动，而且十分明显，随后会明显减少，直至消失。

故障分析　TH6363 卧式加工中心，在机床调试时就出现过数控回转工作台抖动现象，并一直从电气角度来分析和处理，但始终没有得到满意的结果。那么是否有可能是机械因素造成的？转台的驱动系统是否出了问题？顺着这个思路，从传动机构方面找原因，对驱动系统的每个相关件进行仔细的检查。终于发现固定蜗杆轴向的轴承右边的锁紧螺母左端没有紧靠其垫圈，有 3 mm 的空隙，这个螺母根本就没起锁紧作用，致使蜗杆产生窜动。

通过上述检查分析，转台抖动的原因是锁紧螺母松动。锁紧螺母没有起作用，这是其直径方向开槽深度及所留变形量不够合理所致，使 4 个 M4×6 紧定螺钉拧紧后，螺母没有产生明显变形，不能起到防松作用。转台在经过若干次正、负方向回转后，不能保持其初始状态，逐渐松动，而且越来越严重，导致轴承内环与蜗杆出现 3 mm 轴向窜动。这样回转工作台就不能与电动机同步动作。这不仅造成工作台的抖动，而且随着反向间隙增大，蜗轮与蜗杆相互碰撞，使蜗杆副的接触表面出现伤痕，影响了机床的精度和使用寿命。为此，我们将原锁紧螺母所开的宽 2.5 mm、深 10 mm 的槽开通，与螺纹相切，并超过半径，调整好安装位置后，用 2 个紧定螺钉紧固，即可起到防松作用。经以上修理后，该机床投入生产使用至今，数控回转工作台再没有出现抖动现象。

【例 6-24】 回转工作台分度的故障维修。

在机床使用过程中，回转工作台经常在分度后不能落入鼠牙定位盘内，机床停止执行接下来的指令。

故障分析 回转工作台在分度后不能落入鼠牙定位盘内，发生顶齿现象，产生工作台分度不准确现象。工作台分度不准确的原因可能有电气问题和机械问题，首先检查电动机和电气控制部分（因为此项检查较为容易）。检查电气部分正常，则问题出在机械部分，可能是伺服电动机至回转台传动链间隙过大或转动累计间隙过大所致。拆下传动箱，发现齿轮、蜗轮与轴键连接间隙过大，齿轮啮合间隙超差过多。经更换齿轮，重新组装，精调回转工作台定位块和伺服增益可调电位器后，故障排除。

6.6 液压系统的故障诊断与维修

液压系统在数控机床中占有很重要的位置，加工中心的刀具自动交换系统（ATC）、托盘自动交换系统、主轴箱的平衡、主轴箱齿轮的变挡，以及回转工作台的夹紧等一般都采用液压系统来实现。

机床液压设备是由机械、液压、电气及仪表等组成的统一体，液压系统的故障往往因为液压装置内部的情况难以观察，而不能像有些机械故障那样一目了然，给故障诊断及其维修带来困难，但两者也有其共性。分析系统的故障之前必须弄清楚整个液压系统的传动原理、结构特点，然后根据故障现象进行分析、判断，确定故障区域、部位甚至是某个元件。液压系统的工作总是由压力、流量、液流方向来实现的，可按照这些特征找出故障的原因并及时排除。

6.6.1 液压系统常见故障的特征

除机械、电气问题外，一般液压系统常见故障有如下几种。

(1) 接头连接处泄漏。

(2) 运动速度不稳定。

(3) 阀心卡死或运动不灵活，造成执行机构动作失灵。

(4) 阻尼小孔被堵，造成系统压力不稳定或压力调不上去。

(5) 长期工作后密封件老化以及易损元件磨损等，造成系统中内外泄漏量增加，系统效率明显下降。

6.6.2 液压元件常见故障及维修

1. 液压泵故障

液压泵主要有齿轮泵、叶片泵等，下面以齿轮泵为例介绍其故障诊断与维修。

在机器运行过程中，齿轮泵常见的故障有：噪声严重及压力波动，输油量不足，泵工作不正常或出现咬死现象。上述故障及排除方法如表 6-6 所示。

表 6-6　液压泵故障及排除方法

序号	故障现象	故障原因	排除方法
1	噪声严重及压力波动	过滤器被阻塞	用干净的清洗油将过滤器污物清除
		油位不足，吸油位置太高，吸油管露出油面	加油到油标位置，降低吸油位置
		泵的主动轴与电动机联轴器不同心，存在扭曲摩擦	调整同心度，误差不超过 0.2 mm
		泵齿轮的油封骨架脱落，泵体不密封	更换合格的泵轴油封
		泵齿轮的啮合精度不够	对研齿轮，达到齿轮啮合精度
2	输油不足	轴向间隙与径向间隙过大	由于运动磨损造成，更换零件
		泵体裂纹与气孔泄露	更换泵体
		油液黏度太高或温度过高	20#机械油适合在 10～50 ℃的温度条件下工作。若三班工作，应装冷却装置
		电动机反转	纠正电动机旋转方向
		过滤器有污物，管道不通畅	清除污物，更换油液，保持油液清洁
		压力阀失灵	修理或更换压力阀
3	液压泵运转不正常或有咬死现象	轴向间隙或径向间隙过小	更换零件，调整轴向或径向间隙
		滚针轴承转动不灵活	更换滚针轴承
		盖板和轴的同心度不好	更换盖板，使其与轴同心
		压力阀失灵	修理或更换压力阀
		泵与电动机轴间联轴器同心度不够	调整同心度，误差不超过 0.2 mm
		泵中有杂质	清除杂质和污物

2. 整体回路阀常见故障及排除

整体回路阀常见故障及排除如表 6-7 所示。

表 6-7　整体回路阀故障及排除方法

序号	故障现象	故障原因	排除方法
1	工作压力不足	溢流阀调定压力偏低	调整溢流阀压力
		溢流阀的滑阀卡死	拆开清洗，重新组装
		调压弹簧损坏	更换弹簧
		管路压力损失太大	更换管路或在允许压力范围内调整溢流阀压力

续表

序号	故障现象	故障原因	排除方法
2	工作油量不足	系统供油不足	检查油源
		阀内泄漏量大	若油温过高，黏度下降，则降低油温；若油液选择不当，则更换油液；若滑阀与阀体配合间隙过大，则应更换相应零件
		复位失灵由弹簧损坏引起	更换弹簧
		Y形密封圈损坏	更换Y形密封圈
		油口安装法兰盘面密封不良	检查相应部位的紧固与密封状况
		各结合面紧固螺钉、调压螺钉背帽松动	紧固相应部件

3. 电磁换向阀常见故障及排除

电磁换向阀常见故障及排除如表6-8所示。

表6-8　电磁换向阀常见故障及排除

序号	故障现象	故障原因	排除方法
1	滑阀动作不灵活	滑阀被拉坏	修整滑阀与阀孔的毛刺及拉坏表面
		阀体变形	调整安装螺钉的压紧力，安装转矩不得大于规定值
		复位弹簧折断	更换弹簧
2	电磁线圈烧坏	线圈绝缘不良	更换电磁阀
		电压太低	使用电压应在额定电压的90%以上
		工作压力和流量超过规定值	调整工作压力，或采用性能更高的阀
		回油压力过高	检查背压，应在规定值以下，如10 MPa

4. 液压缸常见故障及排除

液压缸常见故障及排除如表6-9所示。

表 6-9　液压缸常见故障及排除

序号	故障现象	故障原因	排除方法
1	外部漏油	活塞杆碰伤拉毛	用极细的砂纸或油石研磨,或更换新件
		防尘密封圈被挤出和反唇	拆开检查,更换密封圈
		活塞和活塞杆上的密封件磨损与损坏	更换新密封件
		液压缸安装定心不良,使活塞杆伸出困难	安装应符合要求
2	活塞杆爬行和蠕动	缸内进入空气或油中有气泡	松开接头,将空气排出
		液压缸的安装位置偏移	安装时应检查,使之与主机运动方向平行
		活塞杆全长或局部弯曲	活塞杆全长校正直线度误差应不超过 0.03 mm/100 mm 或更换活塞杆
		缸内锈蚀或拉伤	去除锈蚀和毛刺,严重时更换缸筒

6.6.3　常用液压回路故障维修

【例 6-25】　供油回路的故障维修。

供油回路不输出压力油。

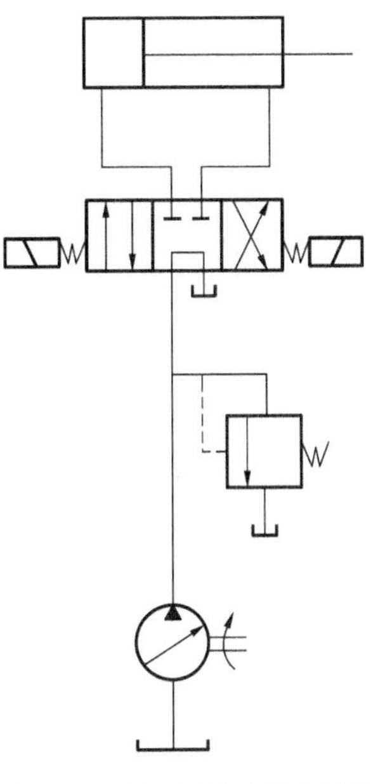

图 6-10　变量泵供油装置回路

故障分析　图 6-10 所示为一种常见的供油装置回路。液压泵为限压式变量叶片泵,换向阀为三位四通 M 型电磁换向阀。启动液压系统,调节溢流阀,压力表指针不动作,说明无压力;启动电磁阀,使其置于右位或左位,液压缸均不动作。电磁换向阀置于中位时,系统没有液压油回油箱。检测溢流阀和液压缸,其工作性能参数均正常,而液压系统没有压力油输出,显然液压泵没有吸进液压油,其原因可能有:液压泵的转向不对,吸油过滤器严重堵塞或容量过小,油液的黏度过高或温度过低,吸油管路严重漏气,过滤器没有全部浸入油液的液面以下或油箱液面过低,叶片在转子槽中卡死,液压泵至油箱液面高度大于500 mm等。经检查,泵的转向正确,过滤器工作正常,油液的黏度、温度合适,泵运转时无异常噪声,这说明没有过量空气进入系统,泵的安装位置也符合要求。将液压泵解体，检查泵内各运动副，叶片在转子槽中滑动灵活，但发现可移动的定子环卡死于零位附近。变量叶片泵的输出流量与定子相对转子的偏心距成正比。定子卡死于零位，即偏心距为零，因此泵的输出流量为零。具体来说，叶片泵与其他液压泵一样都是容积泵，吸油过程是吸油腔的容积逐渐增大，形成部分真空，液压油箱中液压油在大气压力的作用下，沿着管路进入泵的吸入腔。若吸入腔不能形成足够的真空（管路漏气，泵内密封破坏），或大气压力和吸入腔压力差值低于吸油管路压力损失（过滤器堵塞，管路内径小，油液黏度高），或泵内部吸油腔与排油腔互通（叶片卡死于转子槽内，转子体与配油盘脱开）等，液压泵就不能完成正常的吸油过程。液压泵压油过程是依靠密封工作腔的容积逐渐减小，油液被挤压在密封的容积中，压力升高，由排油口输送到液压系统中来实现的。由此可见，变量叶片泵密封的工作腔逐渐增大（吸油过程），密封的工作腔逐渐减小（压油过程），完全是由于定子和转子存在偏心距而形成的。当其偏心距为零时，密封的工作腔容积不变化，不能完成吸油、压油过程，因此上述回路中无液压油输入，系统也就不能工作。

故障原因查明，相应排除方法就好操作了。排除步骤是：将叶片泵解体，清洗并正确装配，重新调整泵的上支承盖和下支承盖螺钉，使定子、转子和泵体的水平中心线互相重合，使定子在泵体内调整灵活，并无较大的上下窜动，从而避免定子卡死而不能调整的故障。

【例 6-26】 压力回路的故障维修。

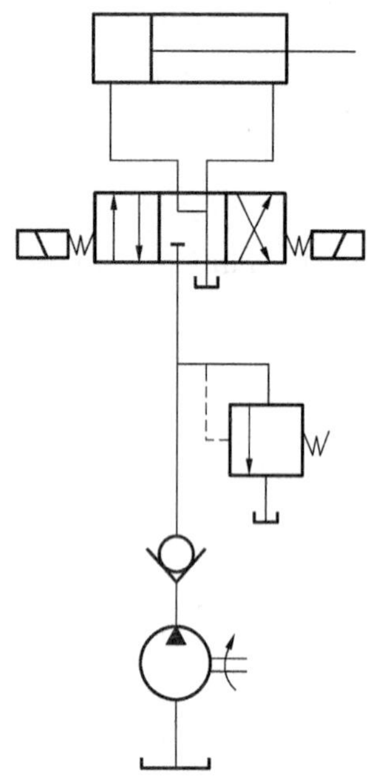

图 6-11　定量泵压力控制回路

压力控制回路中溢流不正常。

故障分析　溢流阀主阀心卡住。在如图 6-11 所示的压力控制回路中，液压泵为定量泵，采用三位四通换向阀，中位机能为 Y 型。所以，液压缸停止运行时，系统不卸荷，液压泵输出的压力油全部由溢流阀溢回油箱。系统中的溢流阀通常为先导式溢流阀，这种溢流阀的结构为三级同心式。三处同轴度要求较高，但这种溢流阀用在高压大流量系统中，调压溢流性能较好。将系统中的换向阀置于中位，调整溢流阀的压力时发现：当压力值调在 10 MPa 以下时，溢流阀工作正常；而当压力调整到高于 10 MPa 的任一压力值时，系统会发出像吹笛一样的尖叫声，此时可看到压力表指针剧烈振动，并发现噪声来自溢流阀。其原因是在三级同轴高压溢流阀中，主阀心与阀体、阀盖有两处滑动配合，如果阀体和阀盖装配后的内孔同轴度超出规定要求，主阀心就不能灵活地动作，而是贴在内孔的某一侧做不正常运动。当压力调整到一定值时，就必然激起主阀心振动。这种振动不是主阀心在运动中出现的常规振动，而是主阀心卡在某一位置(此时因主阀心同时承受着液压卡紧力)而激起的高频振动。这种高频振动必将引起弹簧，特别是调压弹簧的强烈振动，并出现共振噪声。另外，由于高压油不通过正常的溢流口溢流，而是通过被卡住的溢流口和内泄油道溢回油箱，这股高压油流将发出高频率的流体噪声。而这种振动和噪声是在系统特定的运行条件下激发出来的，这就是在压力低于10 MPa时不发生尖叫声的原因。

经过分析之后，排除故障就有方向了。首先可以调整阀盖，因为阀盖与阀体配合处有调整余地。装配时，调整同轴度，使主阀心能灵活运动，无卡紧现象，然后按装配工艺要求，依照一定的顺序用定转矩扳手拧紧，使拧紧力矩基本相同。当阀盖孔有偏心时，应进行修磨，消除偏心。主阀心与阀体配合滑动面若有污物，应清除干净，目的就是保证主阀心处于滑动灵活的工作状态，避免产生振动和噪声。另外，主阀心上的阻尼孔在主阀心振动时有阻尼作用，当工作油液黏度降低或温度过高时，阻尼作用将相应减小。因此，选用合适黏度的油液和控制系统温升也有利于减振降噪。

【例6-27】 方向控制回路的故障维修。

方向控制回路中滑阀没有完全回位。

故障分析 在方向控制回路中，换向阀的滑阀因回位阻力增大而没有完全回位是最常见的故障，将造成液压缸回程速度变慢。排除故障首先应更换合格的弹簧。如果是滑阀精度差而使径向卡紧，则应对滑阀进行修磨或重新配制。一般阀心的圆度和锥度允差为0.003～0.005 mm，最好使阀心有微量的锥度，并使它的大端在低压腔一边，这样可以自动减小偏心量，从而减小摩擦力，减小或避免径向卡紧力。引起卡紧的原因还可能有：脏物进入滑阀缝隙中使阀心移动困难；间隙配合过小，以致当油温升高时阀心膨胀而卡死；电磁铁推杆的密封圈处阻力过大；安装紧固电动阀时阀孔变形等。找到卡紧的原因，就好排除故障了。

【例6-28】 换向阀滞后引起的故障维修。

在图6-12(a)所示的系统中，液压泵为定量泵，采用三位四通换向阀，中位机能为Y型。系统为进口节流调速。液压缸快进、快退时，二位二通阀接通。系统故障是液压缸在开始完成快退动作时，首先向工件方向前冲，然后再完成快返动作。此种现象会影响加工精度，严重时还可能损坏工件和刀具。

故障分析 从系统中可以看出：在执行快退动作时，三位四通电动换向阀和二位二通换向阀必须同时换向。由于三位四通换向阀换向时间滞后，在二位二通换向阀接通的一瞬间，有部分压力油进入液压缸工作腔，使液压缸前冲。当三位四通换向阀换向结束时，压力油才全部进入液压缸的有杆腔，无杆腔的油液才经二位二通阀回油箱。

改进后的系统如图6-12(b)所示。在二位二通换向阀和节流阀上并联一个单向阀，液压缸快退时，无杆腔油液经单向阀回油箱，二位二通阀仍处于关闭状态，这样就避免了液压缸前冲的故障。

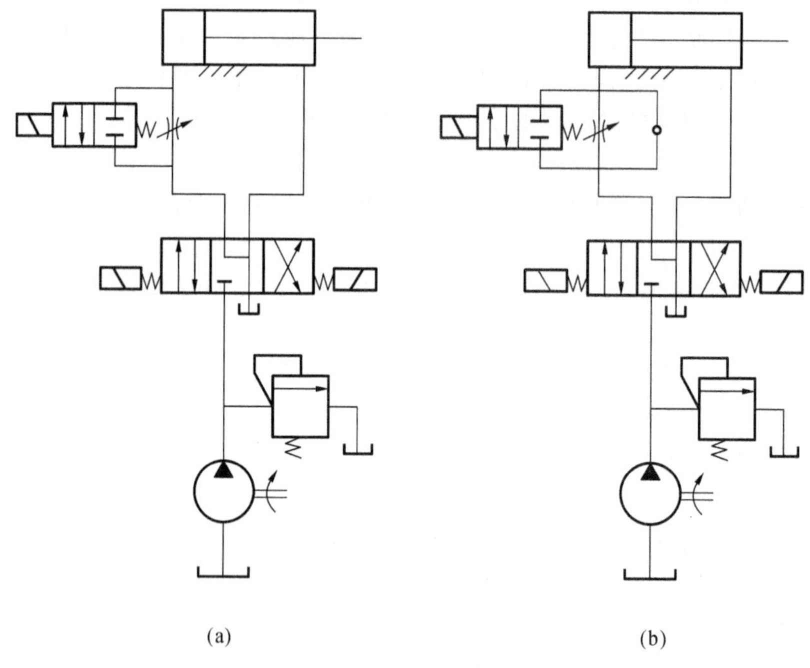

图 6-12　液压系统原理图

6.7　气动系统的故障诊断与维修

气动系统的工作原理与液压系统的工作原理类似。由于气动装置的气源容易获得，且结构简单，工作介质不污染环境，工作速度快，动作频率高，因此在数控机床上得到广泛应用，通常用来完成频繁启动的辅助工作，如机床防护门的自动开关、主轴锥孔的吹气、自动吹屑、清理定位基准面等。

6.7.1　气动系统的维护与检查

1. 气动系统维护的要点

(1) 保证供给清洁的压缩空气。

压缩空气中通常含有水分、油分和粉尘等杂质。水分会使管道、阀和气缸腐蚀；油分会使橡胶、塑料和密封材料变质；粉尘会造成阀体动作失灵。选用合适的过滤器，可以清除压缩空气中的杂质。使用过滤器时应及时排除积存的液体，否则当积存液体接近挡水板时，气流仍可将积存物卷起。

(2) 保证空气中含有适量的润滑油。

大多数气动执行元件和控制元件都要求适当的润滑。润滑不良将会发生以下故障。

① 摩擦阻力增大造成气缸推力不足，阀心动作失灵。

② 密封材料的磨损造成空气泄漏。

③ 生锈造成元件的损坏及动作失灵。

一般采用油雾器进行喷雾润滑，油雾器一般安装在过滤器和减压阀之后。油雾器的供油量一般不宜过多，通常每 10 m^3 的自由空气供 1 mL(即 40～50 滴油)的油量。检查润滑是否良好的一个方法是：找一张清洁的白纸放在换向阀的排气口附近，如果阀在工作三至四个循环后，白纸上只有很淡的斑点，则表明润滑是良好的。

(3) 保持气动系统的密封性。

漏气不仅会增加能量的消耗，也会导致供气压力的下降，甚至造成气动元件工作失常。在气动系统停止运行时，严重漏气引起的响声很容易被发现，轻微的漏气则利用仪表或用涂抹肥皂水的方法进行检查。

(4) 保证气动元件中运动零件的灵敏性。

从空气压缩机排出的压缩空气，包含有粒度为 0.01～0.08 μm 的压缩机油微粒，在排气温度为 120～220 ℃的高温下，这些油粒会迅速氧化。氧化后油粒颜色变深，黏度增大，并逐步由液体固化成油泥。这种微米数量级以下的颗粒，一般过滤器无法滤除。在它们进入换向阀后便附着在阀心上，使阀的灵敏度逐渐降低，甚至动作失灵。为了清除油泥，保证阀的灵敏度，可在气动系统的过滤器之后，安装油雾分离器，将油泥分离出来。此外，定期清洗阀也可以保证阀的灵敏度。

(5) 保证气动装置具有合适的工作压力和运动速度。

调节工作压力时，压力表应当工作可靠，读数准确。减压阀与节流阀调节好后，必须紧固调压阀盖或锁紧螺母，防止松动。

2. 气动系统的点检与定检

(1) 管路系统点检。

主要内容是对冷凝水和润滑油的管理。冷凝水的排放，一般应当在气动装置运行之前进行。但是当夜间温度低于 0 ℃时，为防止冷凝水冻结，气动装置运行结束后，应开启放水阀门排放冷凝水。补充润滑油时，要检查油雾器中油的质量和滴油量是否符合要求。此外，点检还应包括检查供气压力是否正常，有无漏气现象等。

(2) 气动元件的定检。

主要内容是彻底处理系统的漏气现象，例如更换密封元件，处理管接头或连接螺钉松动，定期检验测量仪表、安全阀和压力继电器等。具体方法如表 6-10 所示。

表 6-10 气动元件的定检

元件名称	点检内容
气缸	① 活塞杆与端面之间是否漏气； ② 活塞杆是否划伤、变形； ③ 管接头、配管是否划伤、损坏； ④ 气缸动作时有无异常声音； ⑤ 缓冲效果是否合乎要求
电磁阀	① 电磁阀外壳温度是否过高； ② 电磁阀动作时，工作是否正常； ③ 气缸行程到末端时，通过检查阀的排气口是否漏气来判断电磁阀是否漏气； ④ 紧固螺栓及管接头是否松动； ⑤ 电压是否正常，电线有无损伤； ⑥ 排气口是否被油润湿或排气是否会在白纸上留下油雾斑点
油雾器	① 油杯内油量是否足够，润滑油是否变色、混浊，油杯底部是否沉积有灰尘和水； ② 滴油量是否合适
调压阀	① 压力表读数是否在规定范围内； ② 调压阀盖或锁紧螺母是否锁紧； ③ 有无漏气
过滤器	① 储水杯中是否积存冷凝水； ② 滤芯是否应该清洗或更换； ③ 冷凝水排放阀动作是否可靠
安全阀及压力继电器	① 在调定压力下动作是否可靠； ② 检验合格后是否有铅封或锁紧； ③ 电线是否损坏，绝缘是否可靠

6.7.2 气动系统故障维修

【例 6-29】 刀柄和主轴故障维修。

TH5840 立式加工中心换刀时，向主轴锥孔吹气，把含有铁锈的水滴吹出，使其附着在主轴锥孔和刀柄上致使刀柄和主轴接触不良。

故障分析 TH5840 立式加工中心气动控制原理图如图 6-13 所示。故障产生的原因是压缩空气中含有水分。采用空气干燥机，使用干燥后的压缩空气，问题即可解决。若受条件限制没有空气干燥机，也可在主轴锥孔吹气的管路上进行两次水分过滤，设置自动放水装置，并对气路中相关零件进行防锈处理，故障即可排除。

【例 6-30】 松刀动作缓慢的故障维修。

TH5840 立式加工中心换刀时，主轴松刀动作缓慢。

故障分析 根据图 6-13 所示的气动控制原理图进行分析，主轴松刀动作缓慢的

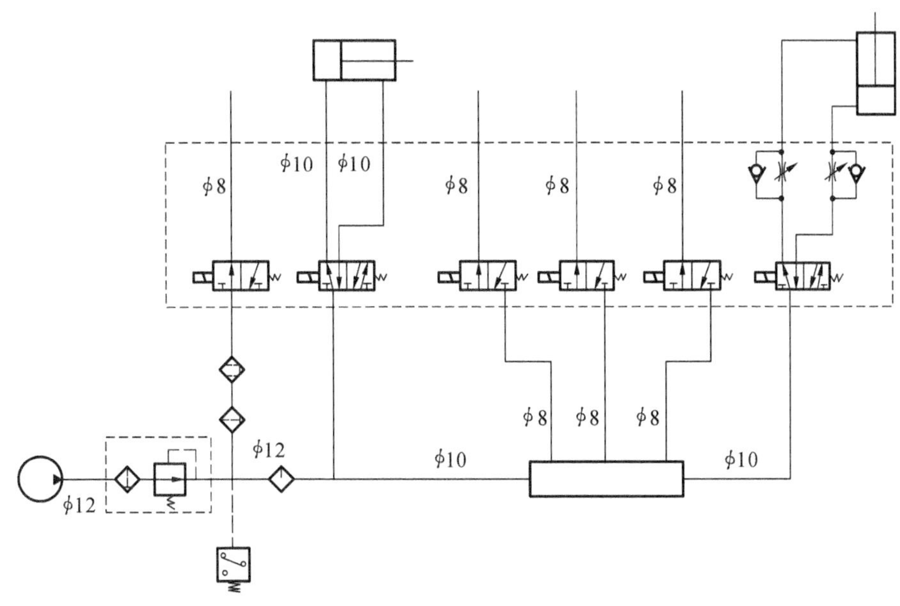

图 6-13　TH5840 立式加工中心的气动控制原理图

原因有:气动系统压力太低或流量不足;机床主轴拉刀系统有故障,如碟型弹簧破损等;主轴松刀气缸有故障。根据分析,首先检查气动系统的压力,压力表显示气压为 0.6 MPa,压力正常;将机床操作转为手动,手动控制主轴松刀,发现系统压力下降明显,气缸的活塞杆缓慢伸出,故判定气缸内部漏气。拆下气缸,打开端盖,压出活塞和活塞环,发现密封环破损,气缸内壁拉毛。更换新的气缸后,故障排除。

【例 6-31】 变速无法实现的故障维修。

TH5840 立式加工中心换挡变速时,变速气缸不动作,无法变速。

故障分析　根据图 6-13 所示的气动控制原理图进行分析,变速气缸不动作的原因有:气动系统压力太低或流量不足,气动换向阀未得电或换向阀有故障,变速气缸有故障。根据分析,首先检查气动系统的压力,压力表显示气压为 0.6 MPa,压力正常;检查换向阀电磁铁已带电,手动调节换向阀,变速气缸动作,故判定气动换向阀有故障。拆下气动换向阀,检查发现有污物卡住阀心。将气动换向阀清洗后,重新装好,故障排除。

第7章　数控机床安装、调试、检测与验收

机床的正确安装和调试是保证机床正常使用，充分发挥其效益的首要条件。数控机床是高精度的机床，其安装和调试的失误，往往会造成机床精度的丧失，故障率的上升，因此数控机床的安装和调试应受到高度重视，精度的检测也就显得十分重要。机床的精度一般包括机床静态精度（包括几何精度、位置精度等）和机床加工精度。

本章首先介绍数控机床的安装与调试，然后介绍数控机床精度的检测与验收，最后介绍数控机床软件补偿原理，这是提高机床精度的有效办法，它可用较低精度的机床，加工出较高精度的产品。

7.1　数控机床的安装

数控机床的安装就是按照安装的技术要求，将机床固定在基础上，以使它具有确定的坐标位置和稳定的运行性能。

7.1.1　工作环境

良好的工作环境是提高数控机床可靠性的必要条件。

精密数控机床要求工作在恒温条件下，以保证机床的可靠运行，保持机床的静态精度与加工精度。普通数控机床虽不要求工作在恒温条件下，但是环境温度过高会导致机床故障率的上升，这是由于数控系统的电子元器件有工作温度的限制。例如，某些电子元器件的工作温度最高为40～45 ℃，而当室温达到35 ℃时，工作中的计算机数控装置与电气柜内的温度可能达到40 ℃，上述电子元器件就有可能不能正常工作。

数控机床对工作车间的洁净度亦有一定的要求。必须保持车间空气流通与干净。油雾和金属粉末会使电子元器件之间的绝缘电阻下降，甚至短路，造成系统故障和元器件损坏。

潮湿的环境会使数控机床的印制电路板、元器件、接插件、电气柜、机械零部件等锈蚀，造成接触不良、控制失灵，导致机床的精度降低。

电网供电要满足数控机床正常运行所需总容量的要求，电压波动按我国标准不

能超过－15％～＋10％，否则会造成电子元器件的损坏。

为了安全和减少电磁干扰，数控机床要有良好的接地，接地电阻要小于 4～5 Ω。数控机床的数控装置、伺服驱动系统虽进行了电磁兼容设计，但其抗干扰能力还是有限度的。强电磁干扰会导致数控系统失控，所以数控机床要远离焊机、大型吊车和产生强电磁干扰的设备。

7.1.2　数控机床的基础处理和落位

机床到货后应及时开箱检查，按照装箱单清点技术资料、零部件、备用件和工具等是否齐全、是否有缺损，核对实物与装箱单及订货合同是否一致。

仔细阅读机床资料中的机床安装说明书，按照说明书或《动力机器基础设计规范》的要求做好安装准备工作。在基础养护期满后，调整机床水平用的垫铁、垫板等摆放到位，按机床吊装要求，将机床及部件吊装到位，同时将地脚螺栓放进预留孔内，并完成找平工作。应当按机床说明书要求做好相应的"液""气"准备工作，如液压油、润滑油、切削液、空气站等的准备工作。

7.1.3　数控机床部件组装

机床落到位后，应当由机床生产厂家人员进行机床部件的组装和数控系统的连接。

机床部件的组装是指将分解运输的机床部件重新组装成整机的过程。组装前应将所有连接面、导轨、定位和运动面上的防锈油清洁干净，并准确、可靠地将各部件连接组装成整机。

在完成机床部件的组装后，按照相应部分说明书和电缆、管道接头的标记连接电缆、油管、气管和水管，并将其可靠地插接和密封连接到位，不可出现漏油、漏气和漏水的问题，特别注意要避免污染物进入管路，否则将会带来意想不到的问题。总之，机床部件的组装要达到定位精度高、连接可靠、构件布局合理的安装效果。

数控系统的连接是针对数控装置及其配套的进给和主轴伺服驱动单元进行的，主要包括外部电缆的连接和数控系统电源的连接。在连接前要认真检查数控装置与 MDI/CRT 单元、位置显示单元、电源单元、各印制电路板和伺服驱动单元等。注意是否有损伤和污染，电缆和屏蔽层有无破损或伤痕，脉冲编码器的码盘是否有磕碰痕迹。如有问题应及时修理或更换。

数控系统的外部电缆的连接，包括数控装置与 MDI/CRT 单元、强电柜、操作面板、进给伺服电动机和主轴电动机动力线、反馈信号的连接等。连接中的插件是否到位，紧固螺钉是否可靠，都应当引起重视。

数控机床要有良好的地线连接，保证设备、人身安全，并减少电气干扰。数控柜与强电柜的接地线电缆截面积要求在 5.5 mm^2 以上。伺服驱动单元、伺服变压器和强电柜都要连接保护接地线。

7.2 数控机床的调试

7.2.1 通电试车

数控机床通电试车调整包括粗调数控机床的主要几何精度与通电试运转。其目的是考核数控机床的基础及其安装的可靠性；考核数控机床的各机械传动，电气控制，数控机床的润滑、液压和气动系统是否正常与可靠。通电试车前应擦除各导轨及滑动面上的防锈油，并涂上一层干净的润滑油。

数控机床通电试车前应检查以下内容。

(1) 检查数控机床与电气柜外观。

数控机床与电气柜外部是否有明显的碰撞痕迹；显示器是否固定如初，有无碰撞；数控机床的操作面板是否碰伤；电气柜内部插头是否松脱；紧固螺钉是否松脱；有无悬空未接的线。

(2) 粗调数控机床的主要几何精度。

(3) 安装前期工作完成后，再安装数控机床及机械部分。

厂家与用户确定电气柜、吊挂放置位置及现场布线方式后，确定数控机床外部线(即电气柜至数控机床各部分电气接线；电气柜至伺服电动机的电源线、编码器线等)的长度，然后开始布线、焊线、接线等安装前期工作。与此同时，可同步进行机械部分的安装(如伺服电动机的安装连接，各个坐标轴的限位开关的安装等)。

(4) 通电调试。

① 检查380 V主电源进线电压是否符合要求(我国标准为380×(1－15%)～380×(1＋10%)V，即323～418 V)，确认正常后接入电气柜。

② 通电检查系统是否正常启动，显示器是否正常显示；各个轴的伺服电动机脱离机械运行，检查其是否运行正常，有无跳动、飞车等异常现象。如无异常，电动机可与机械连接。

③ 检查床身各部分电气开关(包括限位开关、参考点开关、行程开关、无触点开关、油压开关、气压开关、液压开关等)的动作有效性，有无输入信号，输入信号是否与原理图一致。

④ 根据丝杠螺距及机械齿轮传动比，设置好相应的轴参数。

松开“急停”按钮，点动各坐标轴，检查机械运动的方向是否正确，若不正确，应修改轴参数。

以低速点动各坐标轴，使之压触其正、负限位开关，仔细观察各轴是否能够压触到限位开关。若到位后压触不到限位开关，应立即停止点动；若压触到，则应观察轴是否立即自动停止移动，屏幕上是否显示正确的报警号。报警号不对应，则调换正、负限位开关的线。

将工作方式选到“手摇”挡，正向旋转手摇脉冲发生器，观察轴转动方向是否为正方向。若不对应，则调换手摇脉冲发生器中 A、B 两相的线。

将工作方式选到“回零”挡，令所选坐标轴执行回零操作，仔细观察轴能否压触到参考点开关。若到位后压触不到开关，应立即按下“急停”按钮；若压触到，则应观察回零过程是否正确，参考点是否已找到。

找到参考点后再回到手动方式，点动坐标轴去压触正、负限位开关，屏幕上显示的正、负数值即为此坐标轴的正、负行程，以此为基准减微小裕量，即可作为正、负软极限写入轴参数。按上述步骤依次调整各坐标轴。

回参考点后手动检查正、负软极限位是否正常。

⑤ 用万用表的电阻挡检查机床的辅助电动机，如冷却、液压、排屑等电动机的三相是否平衡，是否缺相或短路。若正常可逐一控制辅助电动机运行，确认电动机转向是否正确。若电动机转向不正确，应调换电动机任意两相的接线。

⑥ 用万用表的电阻挡检查电磁阀等执行器件的控制线圈是否断路或短路及控制线是否对地短路，然后依次控制各电磁阀动作，观察电磁阀是否动作正确。若不正确，应检查相应的线或修改 PLC 程序。启动液压装置，调整压力至正常，依次控制各阀动作，观察数控机床各部分是否正确到位，回答信号（通常为开关信号）是否反馈回 PLC。

⑦ 用万用表的电阻挡检查主轴电动机的三相是否平衡，是否缺相或短路。若正常可控制主轴旋转，检查其转向是否正确。有降压启动的，应检查是否有降压启动过程，星形-三角形启动切换延时时间是否合适；有主轴调速装置或换挡装置的，应检查速度是否调整有效，各挡速度是否正确。

⑧ 涉及换刀等组合控制的数控机床应进行联调，观察整个控制过程是否正确。

（5）检查有无异常情况。

检查数控机床运转时是否有异常声音，主轴是否有跳动现象，各电动机是否有过热现象。

7.2.2　水平调整

一般数控机床的绝对水平调整为 0.04 mm/1000 mm 以内。对于车床，除了水平和不扭曲要达到要求外，还应进行导轨直线度的调整，确保导轨的直线度为凸的合格水平。对于铣床、加工中心，应确保运动水平（工作台导轨不扭曲）也在合格范围内。水平调整合格后，才可以进行机床的试运行。

7.3 数控机床的检测与验收

7.3.1 检测与验收的工具

数控机床几何精度检测主要用的工具有平尺、带锥柄的检验棒、顶尖、角尺、精密水平仪、百分表、千分表、杠杆卡规、磁力表等；位置精度检测主要用的工具是激光干涉仪及块规；加工精度检验工具主要有千分尺及三坐标测量仪等。机床运行时测试噪声可以用噪声仪，机床的温升测试可以用点温计或红外热像仪，外观测试用的设备主要有光电光泽度仪等。

7.3.2 噪声、温升及外观的检测与验收

外观检测主要检测机床油漆的表面质量，包括油漆有无损伤、油漆色差、流挂及油漆的光泽度等，一般要求反光率不低于 72%。启动机床，检查其运行的噪声情况，一般噪声不允许超过 83 dB。机床不得有渗油、渗水、渗气现象。检查主轴运行温度稳定后的温升情况，一般其温度最高不超过 70 ℃，温升不超过 32 ℃。

7.3.3 几何精度的检测与验收

数控机床种类繁多，每一类数控机床都有其精度标准，应按照其精度标准检测与验收。现以常用的数控车床、数控铣床为例，说明其几何精度的检测方法。

1. 数控车床几何精度的检测

根据数控车床的加工特点及使用范围，要求其加工的零件外圆圆度和圆柱度、加工平面的平面度在要求的公差范围内，位置精度也要达到一定的精度等级，以保证被加工零件的尺寸精度和几何公差。因此，数控车床的每个部件均有相应的精度要求，CJK6032-1 数控车床的具体精度要求如表 7-1 所示。

2. 数控铣床的几何精度的检测

数控铣床 ZJK7532A 的三个基本直线运动轴构成了空间直角坐标系的三个坐标轴，因此三个坐标应该互相垂直。铣床几何精度均围绕着“垂直”和“平行” 展开，其精度要求如表 7-2 所示。

3. 工作精度的验收

机床的质量好坏，其最终的考核标准还是看该机床加工零件的质量好坏。一般来讲，机床一般项精度与标准存在一定范围的偏差时，以该机床的加工精度为准。车床、铣床分别以数控车床 CJK6032-1、数控铣床 ZJK7532A 为例进行说明，一般是以一个综合试件的加工质量来进行评价，具体要求如表 7-1、表 7-2 所示。

表 7-1　几何精度检验项目及方法(CJK6032-1 数控车床)

序号	简　图	检验项目	检验工具	允差范围/mm	检验方法
G1	(a) (b)	导轨调平。 (a) 纵向：床身导轨在垂直平面内的直线度； (b) 横向：床身导轨的平行度	精密水平仪	(a)0.020(凸)； (b) 0.04 /1 000	(a) 水平仪沿 Z 轴方向放在溜板上，如图(a)所示。按直线度的角度测量法，沿导轨全长在等距离各位置上检验；记录水平仪读数，用作图法计算出床身导轨在垂直平面内的直线度误差； (b) 水平仪沿 X 轴方向放在溜板上，如图(b)所示。在导轨上移动溜板，记录水平仪读数，其读数最大差值即为床身导轨的平行度误差
G2		溜板移动在水平面内的直线度	指示器和检验棒或指示器和平尺($D_c \leqslant$ 2 000 mm)	$D_c \leqslant 500$ 时，0.015； $500 < D_c \leqslant 1\ 000$ 时，0.02	如图所示，将检验棒顶在主轴和尾座顶尖上，检验棒长度最好等于机床最大顶尖距；将指示器固定在溜板上，指示器水平触及检验棒母线；全程移动溜板，调整尾座，使指示器在行程两端读数相等，检测溜板移动在水平面内的直线度误差
G3	a　b 固定距离 第二指示器用做基准，保持溜板和尾座的相对位置不变	尾座移动对溜板移动的平行度。 (a) 在垂直平面内； (b) 在水平平面内	指示器	$D_c \leqslant 1\ 500$ 时为 0.03； 在任意 500 mm 测量长度上为0.02	如图所示，将尾座套筒伸出后，按正常工作状态锁紧，尾座尽可能靠近溜板，把安装在溜板上的第二个指示器相对于尾座套筒端面调整为零；溜板移动时，手动移动尾座直至第二指示器读数为零，使尾座与溜板相对距离保持不变。按此法使溜板和尾座全行程移动，只要第二指示器读数始终为零，则第一指示器相应指示出平行度误差；或沿行程在每隔 300 mm 处记录第一指示器读数，指示器读数的最大差值为平行度误差。第一指示器分别在图中 a、b 位置测量，误差单独计算

续表

序号	简图	检验项目	检验工具	允差范围/mm	检验方法
G4	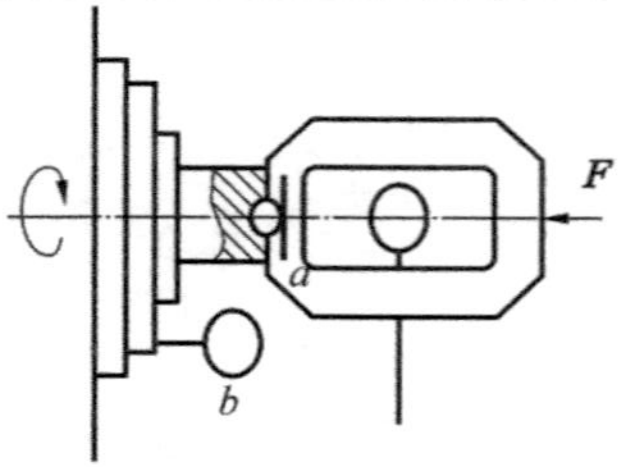 a b F	(a) 主轴的轴向窜动； (b) 主轴轴肩支承面的跳动	指示器和专用装置	(a) 0.010； (b) 0.020 (包括周期性的轴向窜动)	如图所示，用专用装置在主轴轴线上加力 ***F***(***F*** 的值为消除轴向间隙的最小值)，把指示器安装在机床固定部件上，使指示器测头沿主轴轴线分别触及专用装置的钢球和主轴轴肩支承面；旋转主轴，指示器最大读数差值即为主轴的轴向窜动误差和主轴轴肩支承面的跳动误差
G5	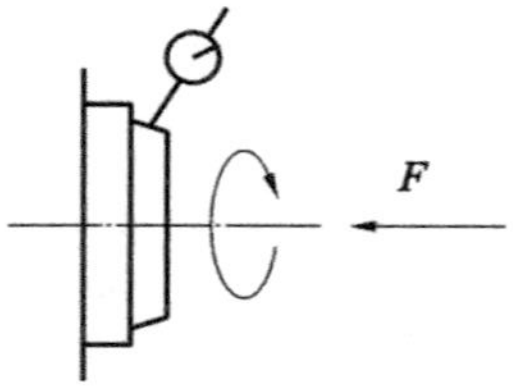 F	主轴定心轴颈的径向跳动	指示器和专用装置	0.01	如图所示，用专用装置在主轴轴线上加力 ***F***(***F*** 的值为消除轴向间隙的最小值)，把指示器安装在机床固定部件上，使指示器测头垂直于主轴定心轴颈并触及主轴定心轴颈；旋转主轴，指示器最大读数差值即为主轴定心轴颈的径向跳动误差
G6	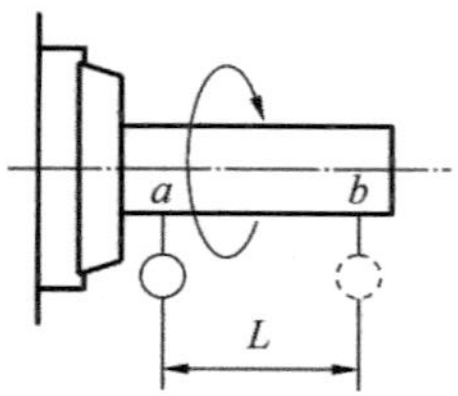 a b L	主轴锥孔轴线的径向跳动。 (a) 靠近主轴端面； (b) 距主轴端面 L (L = 300 mm)处	指示器和检验棒	(a) 0.01； (b) 0.02	如图所示，将检验棒插在主轴锥孔内，把指示器安装在机床固定部件上，使指示器测头垂直触及被测表面，旋转主轴，记录指示器的最大读数差值，在 a、b 处分别测量。 标记检验棒与主轴的圆周方向的相对位置，取下检验棒，同向分别旋转检验棒 90°、180°、270°后重新插入主轴锥孔，在每个位置分别检测。 4 次检测的平均值即为主轴锥孔轴线的径向跳动误差

续表

序号	简　图	检验项目	检验工具	允差范围/mm	检 验 方 法
G7	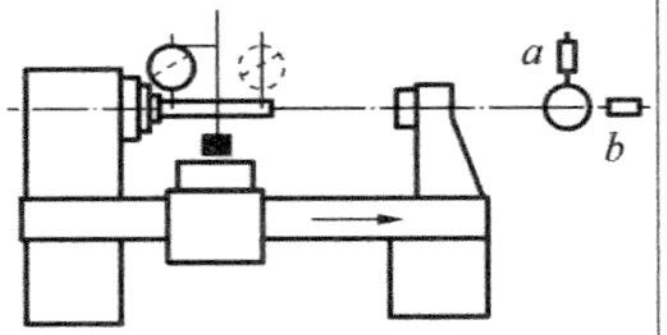	主轴轴线对溜板移动的平行度。 (a) 在垂直平面内； (b) 在水平平面内	指示器和检验棒	(a) 0. 02/300 (只许向上偏)； (b) 0. 02/300 (只许向前偏)	如图所示，将检验棒插在主轴锥孔内，指示器安装在溜板(或刀架)上。 (a) 使指示器测头在垂直平面内垂直触及被测表面(检验棒)，移动溜板，记录指示器的最大读数差值及方向；旋转主轴 180°，重复测量一次，取两次读数的算术平均值作为在垂直平面内主轴轴线对溜板移动的平行度误差； (b) 使指示器测头在水平平面内垂直触及被测表面(检验棒)，按上述(a)的方法重复测量一次，即得在水平平面内主轴轴线对溜板移动的平行度误差
G8	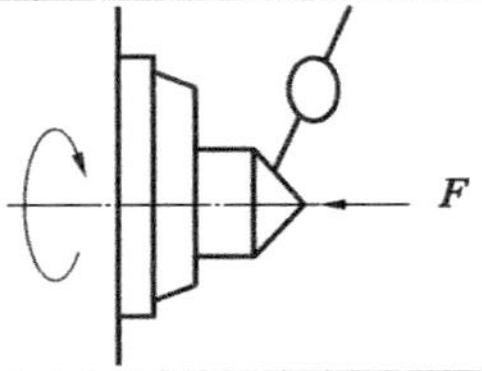	主轴顶尖的跳动	指示器和专用顶尖	0.015	如图所示，将专用顶尖插在主轴锥孔内，用专用装置在主轴轴线上加力 **F**(**F** 的值为消除轴向间隙的最小值)；把指示器安装在机床固定部件上，使指示器测头垂直触及被测表面；旋转主轴，记录指示器的最大读数差值
G9	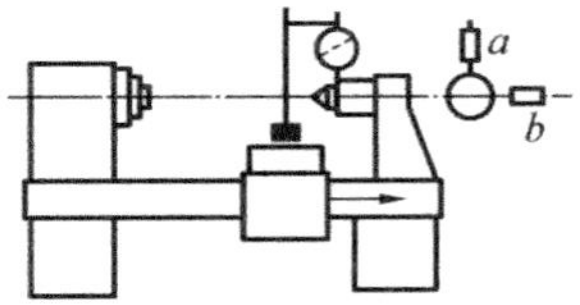	尾座套筒轴线对溜板移动的平行度。 (a) 在垂直平面内； (b) 在水平平面内	指示器	(a) 0. 015/100 (只许向上偏)； (b) 0. 01/100 (只许向前偏)	如图所示，将尾座套筒伸出有效长度后，按正常工作状态锁紧。指示器安装在溜板(或刀架)上。 (a) 使指示器测头在垂直平面内垂直触及被测表面(尾座套筒)，移动溜板，记录指示器的最大读数差值及方向，即得在垂直平面内尾座套筒轴线对溜板移动的平行度误差； (b) 使指示器测头在水平平面内垂直触及被测表面(尾座套筒)，按上述(a)的方法重复测量一次，即得在水平平面内尾座套筒轴线对溜板移动的平行度误差

续表

序号	简　图	检验项目	检验工具	允差范围/mm	检验方法
G10	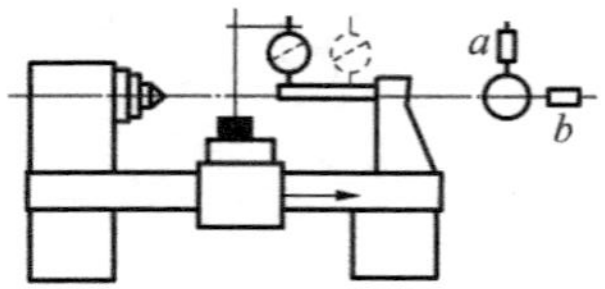	尾座套筒锥孔轴线对溜板移动的平行度。 (a) 在垂直平面内； (b) 在水平平面内	指示器和检验棒	(a) 0.03/300(只许向上偏)； (b) 0.03/300(只许向前偏)	如图所示，尾座套筒不伸出并按正常工作状态锁紧；将检验棒插在尾座套筒锥孔内，指示器安装在溜板(或刀架)上。 (a) 使指示器测头在垂直平面内垂直触及被测表面(尾座套筒)，移动溜板，记录指示器的最大读数差值及方向；取下检验棒，旋转180°后重新插入尾座套筒锥孔，重复测量一次，取两次读数的算术平均值作为在垂直平面内尾座套筒锥孔轴线对溜板移动的平行度误差； (b) 使指示器测头在水平平面内垂直触及被测表面，按上述(a)的方法重复测量一次，即得在水平平面内尾座套筒锥孔轴线对溜板移动的平行度误差
G11	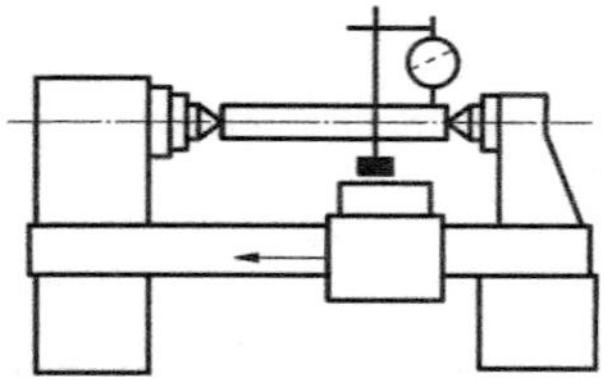	床头和尾座两顶尖的等高度	指示器和检验棒	0.04(只许尾座高)	如图所示，将检验棒顶在床头和尾座两顶尖上，把指示器安装在溜板(或刀架)上，使指示器测头在垂直平面内垂直触及被测表面(检验棒)；移动溜板至行程两端，移动小拖板(X 轴)，记录指示器在行程两端的最大读数值的差值，即为床头和尾座两顶尖的等高度。测量时注意方向
G12	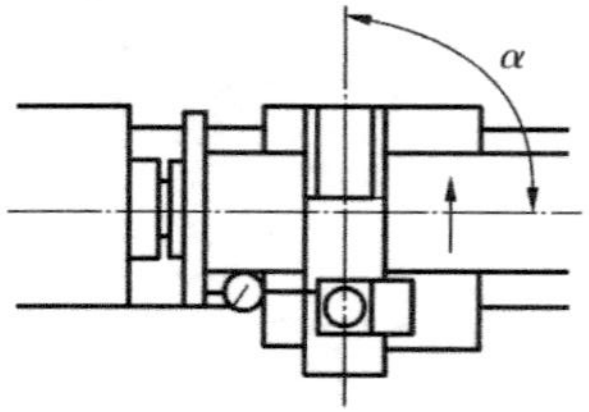	横刀架横向移动对主轴轴线的垂直度	指示器和圆盘或平尺	0.02/300($\alpha>90°$)	如图所示，把圆盘安装在主轴锥孔内，指示器安装在刀架上，使指示器测头在水平平面内垂直触及被测表面(圆盘)；再沿 X 轴方向移动刀架，记录指示器的最大读数差值及方向；将圆盘旋转180°，重新测量一次，取两次读数的算术平均值作为横刀架横向移动对主轴轴线的垂直度误差

续表

序号	简图	检验项目	检验工具	允差范围/mm	检验方法
G13	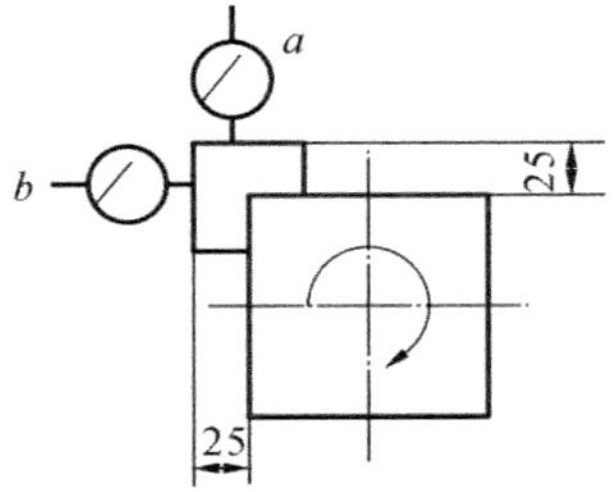	回转刀架转位的重复定位精度。 (a) X 轴方向； (b) Z 轴方向	指示器和检验棒或检具	(a) 0.005； (b) 0.01	如图所示，把指示器安装在机床固定部件上，使指示器测头垂直触及被测表面（检具），在回转刀架的中心行程处记录读数；用自动循环程序使刀架退回，转位360°，再返回原来的位置，记录新的读数。误差以回转刀架至少回转三周的最大和最小读数差值计。对回转刀架的每一个位置都应重复进行检验，对每一个位置指示器都应调到零
G14	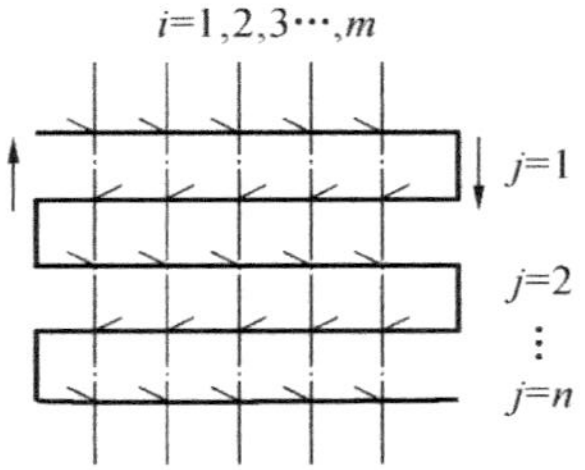	位置精度。 (a) 重复定位精度 R； (b) 反向差值 B； (c) 定位精度 A	激光干涉仪（或线纹尺读数显微镜，或专用检具）	Z 轴： R 0.02； B 0.02； A 0.04。 X 轴： R 0.02； B 0.013； A 0.03	检验方法及评定标准参照"7.3.4 数控机床位置精度测试常用的测量方法及评定标准"
P1	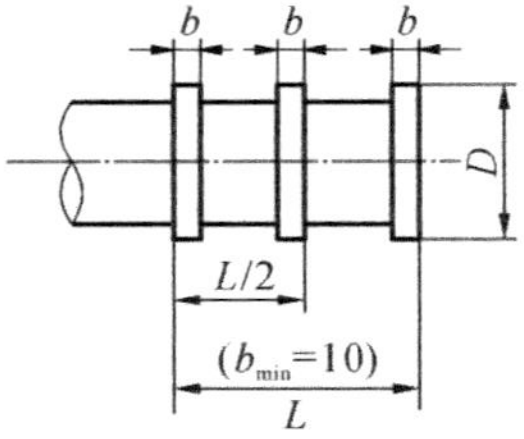	(a) 精车圆柱试件圆度（靠近主轴轴端的检验试件的半径变化）； (b) 切削加工直径的一致性（检验零件的每一个环带直径之间的变化）	圆度仪或千分尺	(a) 0.005； (b) 0.03/300	精车试件（试件材料为45钢，正火处理；刀具材料为YT30）外圆 D，用千分尺测量靠近主轴轴端的检验试件的半径变化，取半径变化最大值近似作为圆度误差。 用千分尺测量每一个环带直径之间的变化，取最大差值作为该项误差

续表

序号	简　图	检验项目	检验工具	允差范围/mm	检验方法
P2	b　b　φ10　D (b_{min}=10)	精车端面的平面度	平尺和量块(或指示器)	φ300 mm 上为 0.025(只许凹)	精车试件端面(试件材料为 HT150,180～200 HB,外形如图;刀具材料为 YG8),使刀尖回到车削起点位置,把指示器安装在刀架上,使指示器测头在水平平面内垂直触及圆盘中间沿负 X 轴方向移动刀架,记录指示器的读数及方向;用终点时读数减起点时读数除以 2 即为精车端面的平面度误差。数值为正,则平面是凹的
P3	L　D	螺距精度	丝杠螺距测量仪或工具显微镜	任意 50 mm 测量长度上为 0.025	可取外径为 50 mm,长度为 75 mm,螺距为 3 mm的丝杠作为试件。试件加工完成后,应充分冷却后进行检测
P4	R82　φ50　φ18　126　190 (试件材料:45 钢)	精车圆柱形零件。 (a) 直径尺寸精度,直径尺寸差; (b) 长度尺寸精度	杠杆卡规和测高仪(或其他测量仪)	(a) ±0.025; (b) ±0.035	用程序控制加工圆柱形零件,零件轮廓用一把刀精车成,测量其实际轮廓与理论轮廓的偏差

注:表 7-1 中检测方法参照标准《简式数控卧式车床　精度》(JB/T 8324.1-1996)和标准《机床检验通则　第 1 部分:在无负荷或精加工条件下机床的几何精度》(GB/T 17421.1-1998)。

表 7-2　几何精度检验项目及方法(ZJK7532A 数控铣钻床)

序号	简　图	检验项目	检验工具	允差范围/mm	检验方法
G0	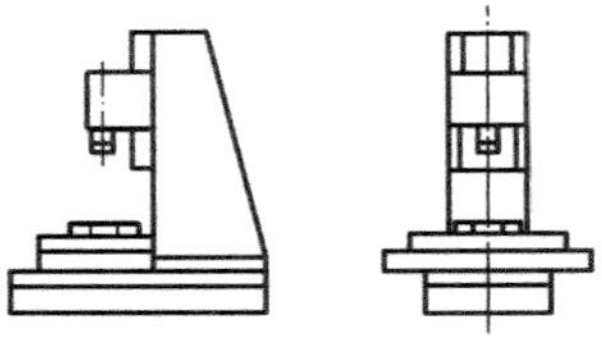 (a)　(b)	机床调平	精密水平仪	0.06/1000	将工作台置于导轨行程中间位置，将两个水平仪分别沿 X 轴和 Y 轴坐标放置于工作台中央，调整机床垫铁高度，使水平仪水泡处于读数中间位置；分别沿 Y 轴和 X 轴坐标全行程移动工作台，观察水平仪读数的变化，调整机床垫铁高度，使工作台沿 Y 轴和 X 轴坐标全行程移动时水平仪读数的变化范围小于 2 格，且读数处于中间位置即可
G1	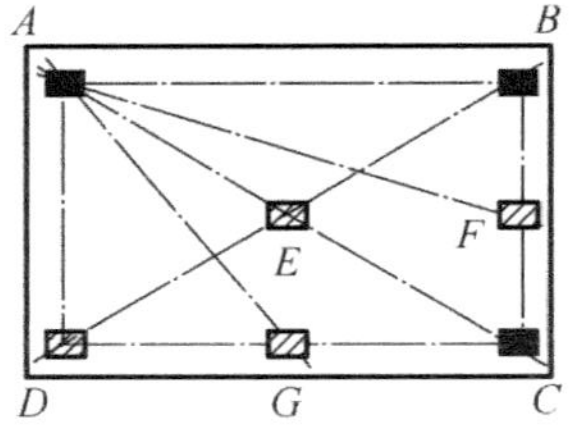 A　B　E　F　D　G　C	工作台面的平面度	指示器，平尺，可调量块，等高块，精密水平仪	0.08/全长	如图所示，首先在检验面上选 A、B 和 C 点作为零位标记，将三个等高量块放在这三点上，这三个量块的上表面就确定了与被检面做比较的基准面。然后将平尺置于 A 点和 C 点上，并在检验面点 E 处放一可调量块，使其与平尺的下表面接触。这时，量块 A、B、C、E 的上表面均在同一表面上。再将平尺放在 B 点和 E 点上即可找到 D 点的偏差。在 D 点放一可调量块，并将其上表面调到由已经就位的量块的上表面所确定的平面中。将平尺分别放在 A 点和 D 点及 B 点和 C 点上，即可找到被检面上处于 A 点和 D 点之间及 B 点和 C 点之间的各点的偏差。处于 A 点和 B 点之间及 C 点和 D 点之间的偏差可用同样的方法找到

续表

序号	简图	检验项目	检验工具	允差范围/mm	检验方法
G2	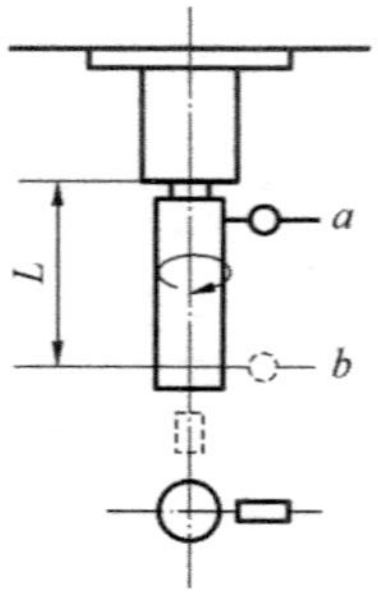	主轴锥孔轴线的径向跳动。 (a) 靠近主轴端部； (b) 距主轴端部 L 处	检验棒，指示器	(a) 0.01； (b) 0.02	如图所示，将检验棒插在主轴锥孔内，指示器安装在机床固定部件上，使指示器测头垂直触及被测表面，旋转主轴，记录指示器的最大读数差值，在 a、b 处分别测量。 标记检验棒与主轴的圆周方向的相对位置，取下检验棒，同向分别旋转检验棒 90°、180°、270°后重新插入主轴锥孔，在每个位置分别检测。 4 次检测的平均值即为主轴锥孔轴线的径向跳动误差
G3	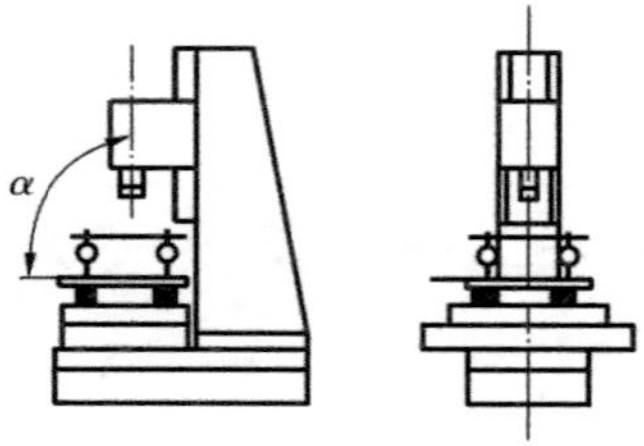	主轴轴线对工作台面的垂直度。 (a) 在 Y-Z 平面内； (b) 在 X-Z 平面内	平尺，可调量块，指示器，专用表架	0.05/300 ($\alpha \leqslant 90°$)	(a) 如图所示，将带有百分表的表架装在轴上，并将百分表的测头调至平行于主轴轴线，被测平面与基准面之间的平行度偏差可以通过百分表测头在被测平面上摆动的检查方法测得。主轴旋转一周，百分表读数的最大差值即为垂直度偏差，在 Y-Z 平面内记录百分表在相隔 180°的两个位置上的读数差值。为了消除测量误差，可在第一次检验后将检具相对于轴旋转 180°再重复检验一次； (b) 同理，在 X-Z 平面内记录百分表在相隔 180°的两个位置上的读数差值，即为在 X-Z 平面内主轴轴线对工作台面的垂直度误差

续表

序号	简　图	检验项目	检验工具	允差范围/mm	检验方法
G4	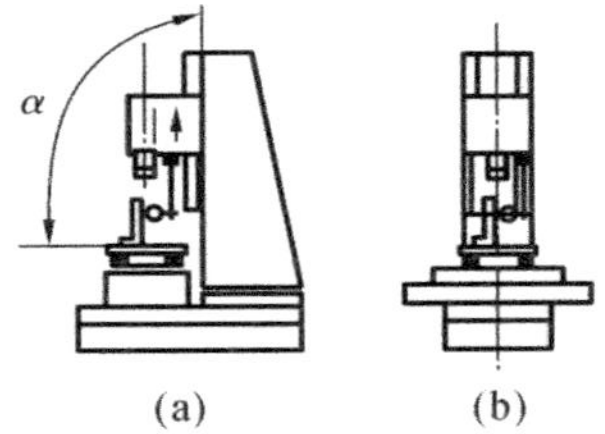 (a)　(b)	主轴箱垂直移动对工作台面的垂直度。 (a) 在 Y-Z 平面内； (b) 在 X-Z 平面内	等高块，平尺，角尺，指示器	(a) 0.05/300（$\alpha \leqslant 90°$）； (b) 0.05/300	(a) 如图所示，将等高块沿 Y 轴轴向放在工作台上，平尺置于等高块上，将角尺置于平尺上（在 Y-Z 平面内），把指示器固定在主轴箱上，使指示器测头垂直触及角尺，移动主轴箱，记录指示器读数及方向，其读数最大差值为在 Y-Z 平面内主轴箱垂直移动对工作台面的垂直度误差； (b) 同理，将等高块、平尺、角尺置于 X-Z 平面内重新测量一次，指示器读数最大差值为在 X-Z 平面内主轴箱垂直移动对工作台面的垂直度误差
G5	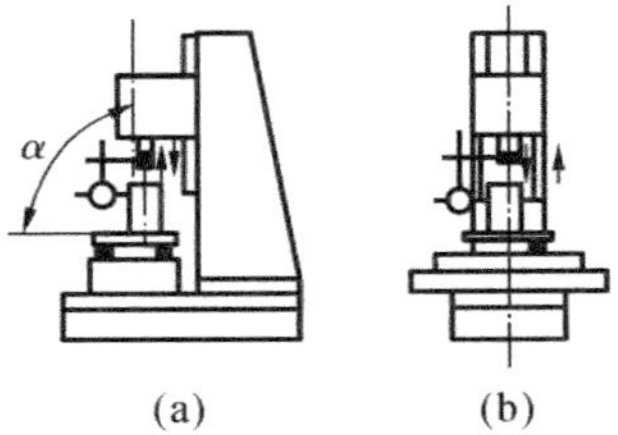 (a)　(b)	主轴套筒垂直移动对工作台面的垂直度。 (a) 在 Y-Z 平面内； (b) 在 X-Z 平面内	等高块，平尺，角尺，指示器	(a) 0.05/300（$\alpha \leqslant 90°$）； (b) 0.05/300	(a) 如图所示，将等高块沿 Y 轴轴向放在工作台上，平尺置于等高块上，将圆柱角尺置于平尺上，并调整角尺位置使角尺轴线与主轴轴线同轴；把指示器固定在主轴上，使指示器测头在 Y-Z 平面内垂直触及角尺，移动主轴，记录指示器读数及方向，其读数最大差值为在 Y-Z 平面内主轴垂直移动对工作台面的垂直度误差； (b) 同理，指示器测头在 X-Z 平面内垂直触及角尺重新测量一次，指示器读数最大差值为在 X-Z 平面内主轴箱垂直移动对工作台面的垂直度误差

续表

序号	简图	检验项目	检验工具	允差范围/mm	检验方法
G6	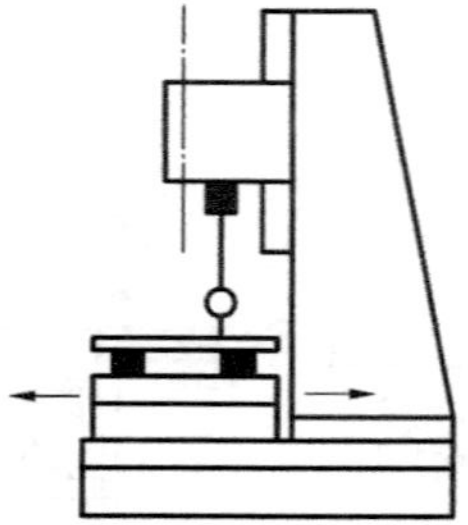	工作台 X 轴、Y 轴坐标方向移动对工作台面的平行度	等高块，平尺，指示器	X：0.056/全长 Y：0.04/全长	如图所示，将等高块沿 Y 轴轴向放在工作台上，平尺置于等高块上，把指示器固定在主轴箱上，使指示器测头垂直触及平尺，Y 轴轴向移动工作台，记录指示器读数，其读数最大差值为工作台 Y 轴坐标方向移动对工作台面的平行度 将等高块沿 X 轴轴向放在工作台上，X 轴轴向移动工作台，重复测量一次，其读数最大差值为工作台 X 轴坐标方向移动对工作台面的平行度
G7	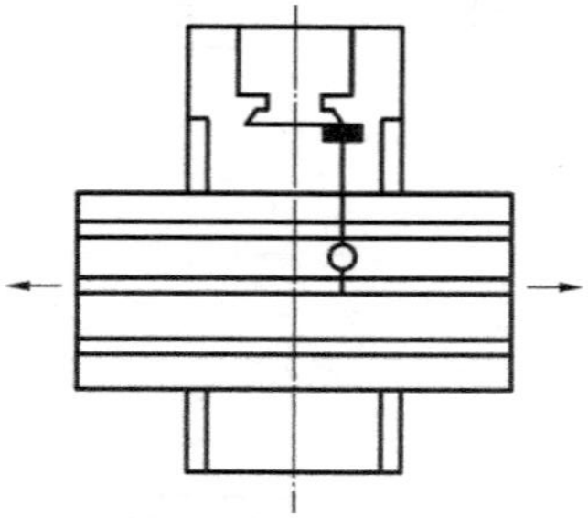	工作台沿 X 轴坐标方向移动对工作台面基准 T 形槽的平行度	指示器，表架	0.03/500	如图所示，把指示器固定在主轴箱上，使指示器测头垂直触及基准（T 形槽），X 轴轴向移动工作台，记录指示器读数，其读数最大差值为工作台沿 X 轴坐标方向移动对工作台面基准（T 形槽）的平行度误差
G8	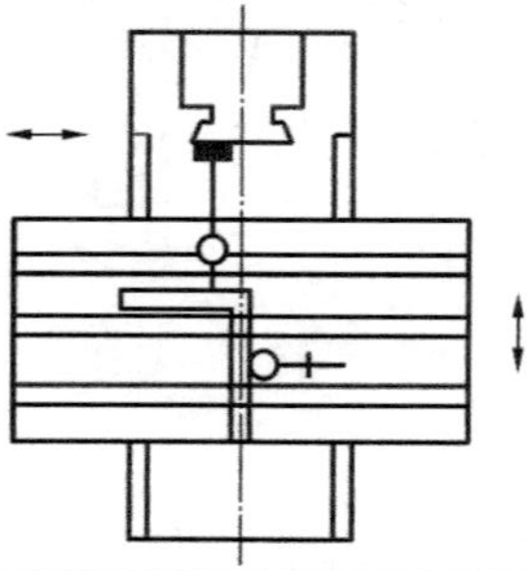	工作台 X 轴坐标方向移动对 Y 轴坐标方向移动的工作垂直度	角尺，指示器	0.04/500	如图所示，工作台处于行程中间位置，将角尺置于工作台上，指示器固定在主轴箱上，使指示器测头垂直触及角尺（Y 轴轴向），Y 轴轴向移动工作台，调整角尺位置，使角尺的一个边与 Y 轴轴线平行，将指示器测头垂直触及角尺另一边（X 轴轴向），X 轴轴向移动工作台，记录指示器读数，其读数最大差值为工作台 X 轴坐标方向移动对 Y 轴坐标方向移动的工作垂直度误差

续表

序号	简　图	检验项目	检验工具	允差范围/mm	检 验 方 法
G9	−10 0 100 200 300 400(410) −10 100 200 300 400(410)	(a) X 坐标直线运动的定位精度 A； (b) 重复定位精度 R； (c) 反向差值 B	激光干涉仪（或专用检具）	(a) 0.06； (b) 0.03； (c) 0.03	检验方法及评定标准参照“7.3.4　数控机床位置精度测试常用的测量方法及评定标准”
G10	−10 0 80 160 240(250) −10 0 80 160 240(250)	(a) Y 坐标直线运动的定位精度 A； (b) 重复定位精度 R； (c) 反向差值 B	激光干涉仪（或专用检具）	(a) 0.06； (b) 0.03； (c) 0.03	检验方法及评定标准参照“7.3.4　数控机床位置精度测试常用的测量方法及评定标准”
G11	−10 0 100 200 300 (310) −10 0 100 200 300 (310)	(a) Z 坐标直线运动的定位精度 A； (b) 重复定位精度 R； (c) 反向差值 B	激光干涉仪（或专用检具）	(a) 0.06； (b) 0.03； (c) 0.03	检验方法及评定标准参照“7.3.4　数控机床位置精度测试常用的测量方法及评定标准”

续表

序号	简图	检验项目	检验工具	允差范围/mm	检验方法
P1	L=1/2 纵向行程； h=1/8 纵向行程； 纵向切削超越两端试件长度； 试切材料：HT200	(a) A 面平面度； (b) A 面与加工基面的平行度； (c) C 和 B 面，D 和 B 面的相互垂直度及 B、C、D 面分别对 A 面的垂直度	平尺，块规，千分尺，角尺，块规，平板	(a) 0.025； (b) 0.030； (c) 0.030/50	刀具：ϕ25 棒铣刀。 用自动程序加工各面。 (a) A 面平面度的检测参照平尺测量平面度的方法检测工作台面的平面度误差； (b) A 面与加工基面的平行度参照“平尺和指示器法”； (c) 垂直度的检测参照互成 90°的两平面的垂直度的测量方法
P2	ϕ200~250	圆度	指示器，专用检具（或圆度仪）	0.04	在对试件的圆度进行检测前，要先用 X 轴、Y 轴坐标轴的圆弧插补程序对圆周面进行精铣（刀具：ϕ25 棒铣刀），并检测其表面粗糙度。 如图所示，将指示器固定在主轴上，指示器测头垂直触及加工外圆面，转动主轴，微调工件的位置，使主轴轴线与工件圆心同轴，记录指示器读数，其最大差值为圆度误差

注：表 7-2 中检测方法参照标准《铣钻床　第 1 部分：精度检验》(JB/T 7421.1-2006)和《机床检验通则　第 1 部分：在无负荷或精加工条件下机床的几何精度》(GB/T 17421.1-1998)。

7.3.4　数控机床位置精度测试常用的测量方法及评定标准

1. 定位精度和重复定位精度的确定

(1) 国家标准 GB/T 17421.2-2016 评定方法。

① 目标位置 P_i($i=1$ 至 m):运动部件编程要达到的位置。下标 i 表示沿轴线或绕轴线选择的目标位置中的特定位置。

② 实际位置 P_{ij}($i=1$ 至 m;$j=1$ 至 n):运动部件第 j 次向第 i 个目标位置趋近时实际测得的到达位置。

③ 位置偏差 X_{ij}:运动部件到达的实际位置减去目标位置之差。即

$$X_{ij}=P_{ij}-P_i$$

④ 单向趋近:运动部件以相同的方向沿轴线(指直线运动)或绕轴线(指旋转运动)趋近某目标位置的一系列测量。符号↑表示从正向趋近所得参数,符号↓表示从负向趋近所得参数,如 $X_{ij}\uparrow$ 或 $X_{ij}\downarrow$。

⑤ 双向趋近:运动部件从两个方向沿轴线或绕轴线趋近某目标位置的一系列测量所得的参数。

⑥ 某一位置的单向平均位置偏差 $\overline{X_i}\uparrow$ 或 $\overline{X_i}\downarrow$:运动部件由 n 次单向趋近某一位置 P_i 所得的位置偏差的算术平均值。即

$$\overline{X_i}\uparrow=\frac{1}{n}\sum_{j=1}^{n}X_{ij}\uparrow \quad 和 \quad \overline{X_i}\downarrow=\frac{1}{n}\sum_{j=1}^{n}x_{ij}\downarrow$$

⑦ 某一位置的双向平均位置偏差 $\overline{X_i}$:运动部件从两个方向趋近某一位置 P_i 所得的单向平均位置偏差 $\overline{X_i}\uparrow$ 和 $\overline{X_i}\downarrow$ 的算术平均值。即

$$\overline{X_i}=\frac{\overline{X_i}\uparrow+\overline{X_i}\downarrow}{2}$$

⑧ 某一位置的反向差值 B_i:运动部件从两个方向趋近某一位置时两单向平均位置偏差之差。即

$$B_i=\overline{X_i}\uparrow-\overline{X_i}\downarrow$$

⑨ 轴线反向差值 B 和轴线平均反向差值 $\overline{B}$:运动部件沿轴线或绕轴线的各目标位置的反向差值的绝对值 $|B_i|$ 中的最大值即为轴线反向差值 B;沿轴线或绕轴线的各目标位置的反向差值的 B_i 的算术平均值即为轴线平均反向差值 $\overline{B}$。即

$$B=\max[\ |B_i|\ ]$$

$$\overline{B}=\frac{1}{m}\sum_{i=1}^{m}B_i$$

⑩ 在某一位置的单向定位标准不确定度的估算值 $S_i\uparrow$ 或 $S_i\downarrow$:通过对某一位置 P_i 的 n 次单向趋近所获得的位置偏差标准不确定度的估算值。即

$$S_i\uparrow=\sqrt{\frac{1}{n-1}\sum_{j=1}^{n}(X_{ij}\uparrow-\overline{X_i}\uparrow)^2} \quad 和 \quad S_i\downarrow=\sqrt{\frac{1}{n-1}\sum_{j=1}^{n}(X_{ij}\downarrow-\overline{X_i}\downarrow)^2}$$

⑪ 在某一位置的单向重复定位精度 $R_i\uparrow$ 或 $R_i\downarrow$ 及双向重复定位精度 R_i：$R_i\uparrow$ 或 $R_i\downarrow$ 是指由某一位置 P_i 的单向位置偏差的扩展不确定度确定的范围，覆盖因子为 2。即

$$R_i\uparrow = 4S_i\uparrow \text{ 和 } R_i\downarrow = 4S_i\downarrow$$

$$R_i = \max[2S_i\uparrow + 2S_i\downarrow + |B_i|; R_i\uparrow; R_i\downarrow]$$

⑫ 轴线单向重复定位精度 $R\uparrow$ 或 $R\downarrow$ 以及轴线双向重复定位精度 R：沿轴线或绕轴线的任一位置 P_i 的重复定位精度的最大值。即

$$R\uparrow = \max[R_i\uparrow],\quad R_i\downarrow = \max[R_i\downarrow] \quad \text{和} \quad R = \max[R_i]$$

⑬ 轴线双向定位精度 A：由双向定位系统偏差和双向定位标准不确定度估算值的 2 倍的组合来确定的范围。即

$$A = \max(\overline{X}_i\uparrow + 2S_i\uparrow; \overline{X}_i\downarrow + 2S_i\downarrow) - \min(\overline{X}_i\uparrow - 2S_i\uparrow; \overline{X}_i\downarrow - 2S_i\downarrow)$$

(2) 定位精度和重复定位精度的确定(JIS B6330-1980(日本))。

① 定位精度 A：在测量行程范围内(运动轴)测 2 点，一次往返目标点检测(双向)。测试后，计算出每一点的目标值与实测值之差，取最大位置偏差与最小位置偏差之差除以 2，加正负号(±)作为该轴的定位精度。

$$A = \pm\frac{1}{2}\{\max[(\max X_j\uparrow - \min X_j\uparrow),\quad (\max X_j\downarrow - \min X_j\downarrow)]\}$$

② 重复定位精度 R：在测量行程范围内任取左中右三点，在每一点重复测试 2 次，取每点最大值最小值之差除以 2 就是重复定位精度。

$$R = \frac{1}{2}[\max(\max X_i - \min X_i)]$$

2. 定位精度测量工具和方法

定位精度和重复定位精度的测量仪器有激光干涉仪、线纹尺、步距规等。其中用步距规测量定位精度因其操作简单而在批量生产中被广泛采用。无论采用哪种测量仪器，其在全行程上的测量点数不应少于 5 点，测量间距按下式确定。

$$P_i = i \times P + k$$

式中：P 为测量间距；k 在各目标位置取不同的值，以获得全测量行程上各目标位置的不均匀间隔，以保证周期误差被充分采样。

(1) 步距规测量。

步距规结构如图 7-1 所示。尺寸 $P_1, P_2, \cdots, P_i$ 按 100 mm 间距设计，加工后测量出 $P_1, P_2, \cdots, P_i$ 的实际尺寸作为定位精度检测时的目标位置坐标(测量基准)。以 ZJK2532A 铣床 X 轴定位精度测量为例，测量时，将步距规置于工作台上，并将步距规轴线与 X 轴轴线校平行，令 X 轴回零；将杠杠千分表固定在主轴箱上(不移动)，表头接触在 P_0 点，表针置零；用程序控制工作台按标准检验循环图移动，移动距离依次为 $P_1, P_2, \cdots, P_i$，表头则依次接触到 $P_1, P_2, \cdots, P_i$ 点。表盘在各点的读数则为该位置的单向位置偏差。按标准检验循环图测量 5 次，如图 7-2 所示。将各点读数

(单向位置偏差)记录下来,对数据进行处理,可确定该坐标的定位精度和重复定位精度。

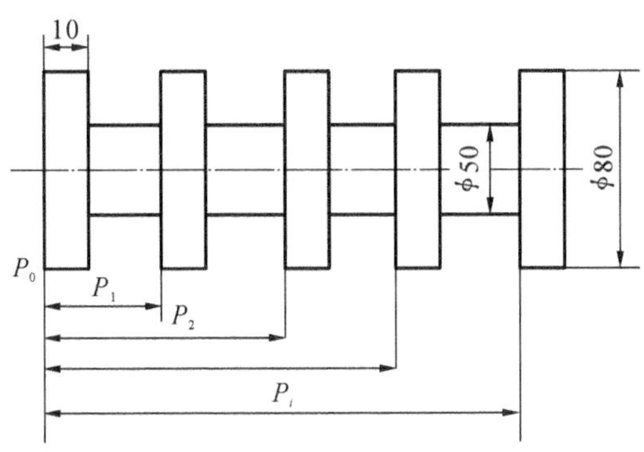

图 7-1　步距规结构图

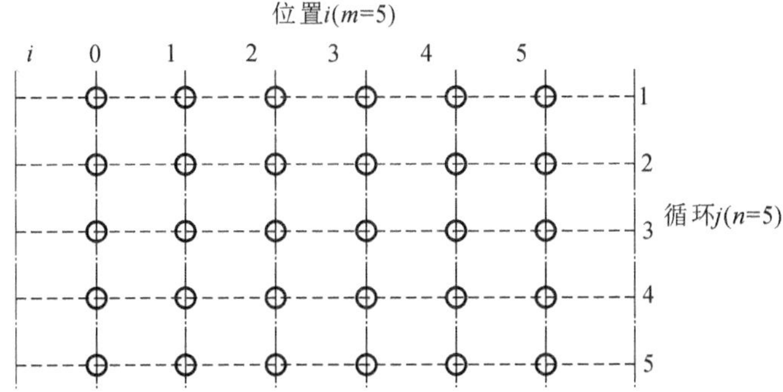

图 7-2　标准检验循环图

(2) 激光干涉仪测位置精度。

① 测量原理。激光干涉仪一般采用氦氖激光器,其名义波长为 0.633 μm,其长期波长稳定性高于 0.1 ym(1 ym＝10^{-24} m)。干涉技术是一种测量距离精度等于甚至高于 1 ym 的测量方法。其机理是:把两束相干光波合并相干(或引起相互干涉),其合成结果为两个波的相位差,用该相位差来确定两个光波的光路差值的变化。当两个相干光波在相同相位时,即两个相干光束波峰重叠,其合成结果为相长干涉,其输出波的幅值等于两个输入波幅值之和;当两个相干光波在相反相位时,即一个输入波波峰与另一个输入波波谷重叠时,其合成结果为相消干涉,其幅值为两个输入波幅值之差。因此,若两个相干波的相位差随着其光程长度之差逐渐变化而相应变化,那么合成干涉波的强度也会相应进行周期性变化,即产生一系列明暗相间的条纹。激光器内的检波器,根据记录的条纹数来测量长度,其长度为条纹数乘以半波长。

② 测试方法。首先将反射镜置于机床上不动的某个位置,让激光束经过反射镜形成一束反射光;其次将干涉镜置于激光器与反射镜之间,并置于机床的移动部件

上，形成另一束反射光，两束光同时进入激光器的回光孔产生干涉；然后根据定义的目标位置编制循环移动程序，记录各个位置的测量值（机器自动记录）；最后进行数据处理与分析，计算出机床的位置精度。测量示意图如图 7-3 所示。

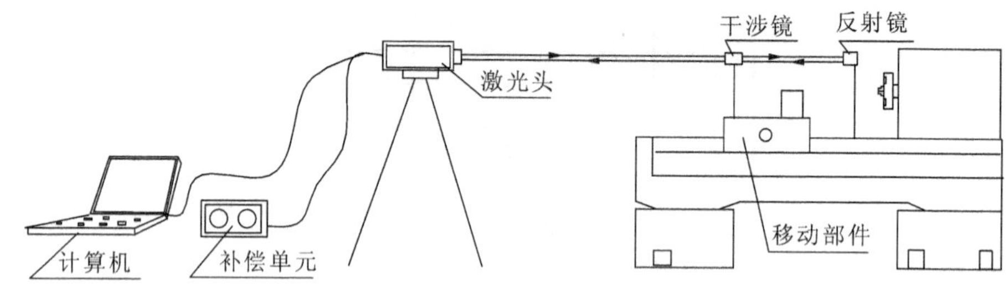

图 7-3　激光干涉仪测量示意图

7.4　数控机床软件补偿原理

一般来讲，数控机床的优势在于软件（数控系统）和硬件（机床）的有机结合，只有这样才能更好地发挥数控机床的各种特性及先进的功能。一台数控设备经过一年的运行，很多移动部件都发生了不同程度的磨损，其位置精度都会发生变化。即使未到大修年限，一般精密级的数控机床，都要重新进行位置精度的测试及补偿，这也属于机床维护及维修过程中很重要的一部分。当然，大修后数控机床就必须进行位置精度的测试及补偿了。本节着重介绍一下精度补偿的一般性原理及方法。

7.4.1　螺距补偿原理

数控机床软件补偿的基本原理是在机床坐标系中，在无补偿的条件下，在轴线测量行程内将测量行程等分为若干段，测量出各目标位置 P_i 的平均位置偏差$\overline{X_i}\uparrow$，把平均位置偏差反向叠加到数控系统的插补指令上。如图 7-4 所示，指令要求沿 X 轴运动到目标位置 P_i，目标实际位置为 P_{ij}，该点的平均位置偏差为$\overline{X_i}\uparrow$；将该值输入系统，则数控系统在计算时自动将目标位置 P_i 的平均位置偏差$\overline{X_i}\uparrow$叠加到插补指令上，实际运动位置 $P_{ij}=P_i+\overline{X_i}\uparrow$，使误差部分抵消，实现误差的补偿。螺距误差可进行单向和双向补偿。

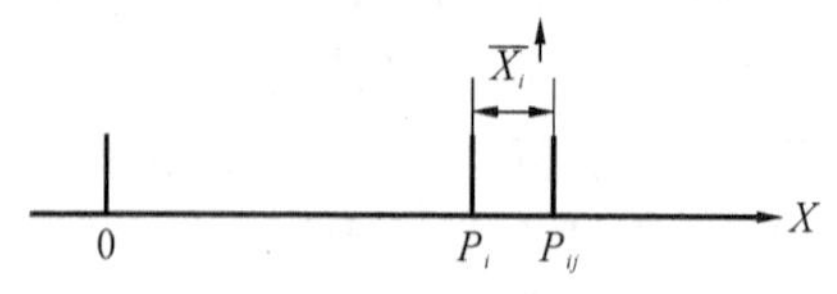

图 7-4　螺距误差补偿原理

7.4.2　反向间隙补偿原理

反向间隙补偿又称为齿隙补偿。机械传动链在改变转向时，由于反向间隙的存在，导致伺服电动机转动而无工作台的实际运动，又称失动。反向间隙补偿原理是在无补偿的条件下，在轴线测量行程内将测量行程等分为若干段，测量出各目标位置 P_i 的平均反向差值 $\overline{B}$，作为机床的补偿参数输入系统。数控系统在控制坐标轴反向运动时，自动先让该坐标反向运动 $\overline{B}$ 值，然后按指令进行运动。如图 7-5 所示，工作台正向移动到 O 点，然后反向移动到 P_i 点。反向时，电动机（滚珠丝杠）先移动 $\overline{B}$ 值，后移动到 P_i 点。该过程数控系统实际指令运动值 L 为

$$L = P_i + \overline{B}$$

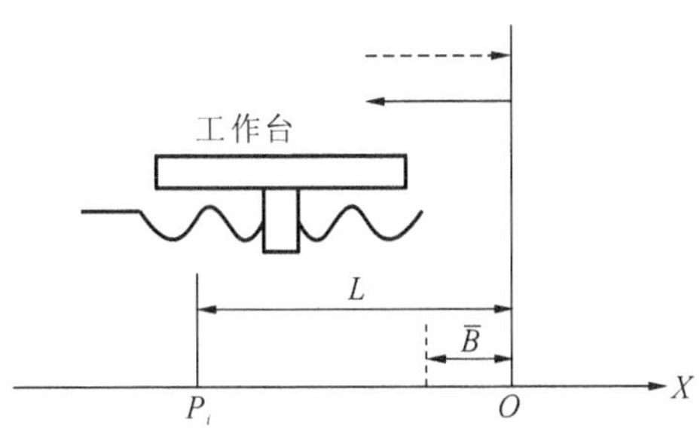

图 7-5　反向间隙补偿

反向间隙补偿在坐标轴处于任何方式时均有效。在系统进行了双向螺距补偿时，双向螺距补偿的值已经包含了反向间隙，因此，此时不需设置反向间隙的补偿值。

7.4.3　误差补偿的适用范围

从数控机床进给传动装置的结构和数控系统的三种控制方法可知，误差补偿对半闭环控制系统和开环控制系统具有显著的效果，可明显提高数控机床的定位精度和重复定位精度。全闭环数控系统，其控制精度高，采用误差补偿的效果不显著，但也可进行误差补偿。

7.4.4　误差补偿实例

已知：补偿对象为 X 轴，正向回参考点，正向软限位为 2 mm，负向软限位为 −602 mm。

相关螺距误差补偿参数设定如下。

补偿类型：2（双向补偿）

补偿起点坐标：−600.0 mm

补偿点数：16

补偿点间距：40.0 mm

取模补偿使能：0（禁止取模补偿）

补偿倍率：1.0

误差补偿表起始参数号：700000

确定各采样补偿点的步骤如下。

按照以上设定，补偿行程为 600 mm，各补偿点的坐标从小到大依次为：

－600，－560，－520，－480，－440，－400，－360，－320，－280，－240，－200，－160，－120，－80，－40，0。

确定分配给 X 轴的螺距误差补偿表参数号如下。

正向补偿表起始参数号为：700000

正向补偿表终止参数号为：700015

负向补偿表起始参数号为：700016

负向补偿表终止参数号为：700031

测量螺距误差的程序如下。

```
%0110
G54                     ;G54 坐标系应设置为与机床坐标系相同
G00 X0 Y0 Z0
WHILE TRUE
G91 G01 X1 F2000        ;X 轴正向移动 1 mm
G04 P4000               ;暂停 4 s
G91 X-1                 ;X 轴负向移动 1 mm，返回测量开始位置，消除反向间隙
                        ;此时测量系统清零
G04 P40006              ;暂停 4 s，测量系统开始记录负向进给螺距误差数据
M98 P1111 L15           ;调用负向移动子程序 15 次，程序号为 1111
G91 X-1 F1000           ;X 轴负向移动 1 mm
G04 P4                  ;暂停 4 s
G91 X1                  ;X 轴正向移动 1 mm，返回测量开始位置，消除反向间隙
G04 P4000               ;暂停 4 s，测量系统开始记录正向进给螺距误差数据
M98 P2222 L15           ;调用正向移动子程序 15 次，程序号为 2222
ENDW                    ;循环程序尾
M30                     ;停止返回

%1111                   ;X 轴负向移动子程序
G91 X-40 F1000          ;X 轴负向移动 40 mm
G04 P4000               ;暂停 4 s，测量系统记录数据
M99                     ;子程序结束

%2222                   ;X 轴正向移动子程序
G91 X40 F500            ;X 轴正向移动 40 mm
G04 P4000               ;暂停 4 s，测量系统记录数据
M99                     ;子程序结束
```

注意:测量螺距误差前,应首先禁止使用该轴上的其他各项误差补偿功能。标定结果按如下方式输入。

将坐标轴沿正向移动时各采样补偿点处的补偿值依次输入数据表参数(参数号 700000 到参数号 700015)。

将坐标轴沿负向移动时各采样补偿点处的补偿值依次输入数据表参数(参数号 700016 到参数号 700031)。

参 考 文 献

[1] 唐小琦,徐建春.华中数控系统电气联接与控制手册[M].北京:机械工业出版社,2012.

[2] 华中8型数控系统连接说明书.武汉华中数控股份有限公司,2012.

[3] 华中8型数控系统参数说明书.武汉华中数控股份有限公司,2012.

[4] 华中8型数控系统PLC编程说明书.武汉华中数控股份有限公司,2012.

[5] 华中8型机电联调简明手册——车床.武汉华中数控股份有限公司,2012.

[6] 华中8型机电联调简明手册——铣床.武汉华中数控股份有限公司,2012.

[7] HSV-180US系列交流主轴驱动单元使用说明书.武汉华中数控股份有限公司,2012.

[8] HSV-180UD系列交流伺服驱动单元使用说明书.武汉华中数控股份有限公司,2012.

[9] HSV-160UD系列交流伺服驱动单元使用说明书.武汉华中数控股份有限公司,2012.